MATEMÁTICA
CENTURIÓN · LA SCALA · RODRIGUES

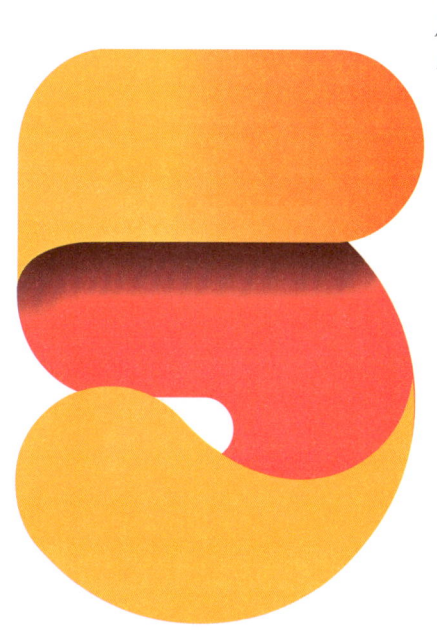

5

Escrevemos esse livro pensando em você. Ele traz um novo olhar sobre a matemática, oferecendo espaço para pensar e fazer matemática de uma forma gostosa e criativa.

Marília Centurión
Júnia La Scala
Arnaldo Rodrigues

MARÍLIA RAMOS CENTURIÓN
Bacharel e licenciada em Matemática pela FFCL de Moema (SP).
Professora de Matemática no Ensino Fundamental e no Médio.
Assessora de Metodologia da Matemática em escolas das redes pública e particular.

JÚNIA LA SCALA TEIXEIRA
Licenciada em Matemática pela Faculdade Paulistana de Ciências e Letras (SP).
Licenciada em Pedagogia pela FFCL Nove de Julho (SP).
Professora de Matemática no Ensino Fundamental e no Médio.

ARNALDO BENTO RODRIGUES
Bacharel em Ciências com habilitação em Matemática pela Universidade de Guarulhos (SP).
Licenciado em Pedagogia pela União das Faculdades Francanas (SP).
Professor de Matemática no Ensino Fundamental e no Médio.

FTD

FTD

Matemática Centurión, La Scala, Rodrigues - Matemática - 5º ano
Copyright © Marília Ramos Centurión, Júnia La Scala Teixeira, Arnaldo Bento Rodrigues, 2018

Diretor editorial	Lauri Cericato
Diretora editorial adjunta	Silvana Rossi Júlio
Gerente editorial	Natalia Taccetti
Editora	Luciana Pereira Azevedo Remião
Editoras assistentes	Silvana dos Santos Alves Balsamão, Tatiana Ferrari D'Addio
Gerente de produção editorial	Mariana Milani
Coordenador de produção editorial	Marcelo Henrique Ferreira Fontes
Gerente de arte	Ricardo Borges
Coordenadora de arte	Daniela Máximo
Projeto gráfico	Bruno Attili, Juliana Carvalho
Projeto de capa	Sérgio Cândido
Ilustração de capa	Rodrigo Pascoal
Supervisora de arte	Isabel Cristina Corandin Marques
Editor de arte	Lucas Trevelin
Diagramação	Dayane Santiago, Débora Jóia, José Aparecido Amorim, Sara Slovac
Tratamento de imagens	Ana Isabela Pithan Maraschin, Eziquiel Racheti
Coordenadora de ilustrações e cartografia	Marcia Berne
Ilustrações	Adalberto Cornavaca, Aida Cassiano, Alexander Santos, Alexandre Matos, Artur Fujita, Bentinho, Cosmic Cartoons, Estúdio Lab307, Faifi, Ilustra Cartoon, Lucas Farauj, Lúcia Hiratsuka, Marcos Machado, Mariângela Haddad, Peterson Mazzoco, Rafael Maragni, Renato Bassani, Simone Ziaschi
Cartografia	Renato Bassani
Coordenadora de preparação e revisão	Lilian Semenichin
Supervisora de preparação e revisão	Viviam Moreira
Revisão	Carolina Manley, Desirée Araújo, Iara R. S. Mletchol, Kátia Cardoso, Pedro Fandi, Renato Colombo Jr., Solange Guerra, Yara Affonso
Supervisora de iconografia e licenciamento de textos	Elaine Bueno
Iconografia	Mário Coelho, Priscilla Liberato Narciso
Licenciamento de textos	André Luís da Mota
Supervisora de arquivos de segurança	Silvia Regina E. Almeida
Diretor de operações e produção gráfica	Reginaldo Soares Damasceno

Dados Internacionais de Catalogação na Publicação (CIP)
(Câmara Brasileira do Livro, SP, Brasil)

Centurión, Marília Ramos
  Matemática : Centurión, La Scala e Rodrigues, 5º ano /
— 1. ed. — São Paulo : FTD, 2018.

  Bibliografia.
  ISBN 978-85-96-01622-3 (aluno)
  ISBN 978-85-96-01623-0 (professor)

  1. Matemática (Ensino fundamental) I. Teixeira, Júnia
La Scala. II. Rodrigues, Arnaldo Bento. III. Título.

18-15386   CDD-372.7

Índices para catálogo sistemático:
  1. Matemática : Ensino fundamental   372.7
  Maria Alice Ferreira - Bibliotecária - CRB-8/7964

1 2 3 4 5 6 7 8 9

Envidamos nossos melhores esforços para localizar e indicar adequadamente os créditos dos textos e imagens presentes nesta obra didática. No entanto, colocamo-nos à disposição para avaliação de eventuais irregularidades ou omissões de crédito e consequente correção nas próximas edições. As imagens e os textos constantes nesta obra que, eventualmente, reproduzam algum tipo de material de publicidade ou propaganda, ou a ele façam alusão, são aplicados para fins didáticos e não representam recomendação ou incentivo ao consumo.

Reprodução proibida: Art. 184 do Código Penal e Lei 9.610 de 19 de fevereiro de 1998.
Todos os direitos reservados à **EDITORA FTD**.

Produção gráfica
FTD EDUCAÇÃO | GRÁFICA & LOGÍSTICA
Avenida Antônio Bardella, 300 - 07220-020 GUARULHOS (SP)
Fone: (11) 3545-8600 e Fax: (11) 2412-5375

Rua Rui Barbosa, 156 – Bela Vista – São Paulo – SP
CEP 01326-010 – Tel. 0800 772 2300
Caixa Postal 65149 – CEP da Caixa Postal 01390-970
www.ftd.com.br
central.relacionamento@ftd.com.br

A comunicação impressa
e o papel têm uma ótima
história ambiental
para contar
TWO SIDES
www.twosides.org.br

A - 755.009/22

APRESENTAÇÃO

NESTE LIVRO, VOCÊ VAI ENCONTRAR MUITA COISA INTERESSANTE, PORQUE A MATEMÁTICA É ASSIM: GOSTOSA DE FAZER E ENTENDER.

DURANTE ESTE ANO INTEIRO EU VOU ESTAR COM VOCÊ, PARA A GENTE CAMINHAR JUNTO.

NÃO É LEGAL?

SUMÁRIO

UNIDADE 1 — ESPAÇO E FORMA ... 8

LOCALIZAÇÃO E DESLOCAMENTOS: EXPLORANDO O ESPAÇO ... 10
- TRATANDO A INFORMAÇÃO ... 16
- **POLIEDROS E CORPOS REDONDOS** ... 17
- **FIGURAS GEOMÉTRICAS PLANAS** ... 23
- QUAL É A CHANCE? ... 23
- INVESTIGANDO PADRÕES E REGULARIDADES ... 28
- SÓ PARA LEMBRAR ... 29
- TRATANDO A INFORMAÇÃO ... 33
- PRODUÇÃO • NÓ EM TIRA DE PAPEL ... 33

UNIDADE 2 — SISTEMAS DE NUMERAÇÃO E MONETÁRIO ... 34

ALGUNS SISTEMAS DE NUMERAÇÃO ... 36
- O SISTEMA DE NUMERAÇÃO EGÍPCIO ... 36
- O SISTEMA DE NUMERAÇÃO ROMANO ... 38

SISTEMA DE NUMERAÇÃO DECIMAL ... 40
- QUAL É A SUA OPINIÃO? ... 42
- O SISTEMA MONETÁRIO BRASILEIRO ... 43
- INVESTIGANDO PADRÕES E REGULARIDADES ... 43
- TRATANDO A INFORMAÇÃO ... 45
- A CLASSE DOS MILHARES ... 46
- PRODUÇÃO • JOGO DA MEMÓRIA COM DIFERENTES DECOMPOSIÇÕES ... 51

FAZENDO ARREDONDAMENTOS ... 52
- A CLASSE DOS MILHÕES ... 54
- TRATANDO A INFORMAÇÃO ... 55
- INVESTIGANDO PADRÕES E REGULARIDADES ... 57
- QUAL É A CHANCE? ... 57
- TRATANDO A INFORMAÇÃO ... 58
- PRODUÇÃO • JOGO DE CARTELAS COM ALGARISMOS ... 60
- SÓ PARA LEMBRAR ... 61

UNIDADE 3
OPERAÇÕES: CÁLCULOS DO DIA A DIA — 64

- **ADIÇÃO** 66
  - PROPRIEDADES DA ADIÇÃO 71
- **SUBTRAÇÃO** 74
  - TRABALHANDO COM O CÁLCULO MENTAL 79
  - QUAL É A CHANCE? 80
  - TRATANDO A INFORMAÇÃO 81
  - PROPRIEDADES DA IGUALDADE 82
- **MULTIPLICAÇÃO** 83
  - PROBLEMAS DE CONTAGEM 83
  - A IDEIA DA PROPORCIONALIDADE 85
  - QUAL É A SUA OPINIÃO? 85
  - INVESTIGANDO PADRÕES E REGULARIDADES ... 88
  - DIFERENTES MANEIRAS DE MULTIPLICAR 89
  - TRABALHANDO COM O CÁLCULO MENTAL 91
  - PROPRIEDADES DA MULTIPLICAÇÃO 92
- **DIVISÃO** 95
  - DIFERENTES MANEIRAS DE DIVIDIR 95
  - QUAL É A SUA OPINIÃO? 100
  - PROBLEMAS DE PARTILHA 102
- **AS EXPRESSÕES NUMÉRICAS** 103
  - PROPRIEDADES DA IGUALDADE 106
  - TRATANDO A INFORMAÇÃO 108
  - QUAL É A SUA OPINIÃO? 108
  - SÓ PARA LEMBRAR 109

UNIDADE 4
MEDIDAS DE MASSA, COMPRIMENTO, TEMPO E TEMPERATURA — 112

- **MEDIDAS DE MASSA** 114
- **MEDIDAS DE COMPRIMENTO** 118
  - QUAL É A CHANCE? 120
- **MEDIDAS DE TEMPO** 121
  - TRATANDO A INFORMAÇÃO 123
  - PRODUÇÃO • MEDINDO O TEMPO DE UMA CORRIDA ... 123
  - INVESTIGANDO PADRÕES E REGULARIDADES . 124
  - TRATANDO A INFORMAÇÃO 125
- **MEDIDAS DE TEMPERATURA** 128
  - TRATANDO A INFORMAÇÃO 131
  - SÓ PARA LEMBRAR 132

ILUSTRAÇÕES: ARTUR FUJITA

BENTINHO

UNIDADE 5 — MEDIDAS DE SUPERFÍCIE, CAPACIDADE E VOLUME ... 134

ÁREA: A MEDIDA DE UMA SUPERFÍCIE ... 136
- PRODUÇÃO • CALCULANDO ÁREAS COM AS PEÇAS DO TANGRAM ... 139
- FAZENDO ESTIMATIVAS ... 140
- O CENTÍMETRO QUADRADO ... 141
- QUAL É A CHANCE? ... 143
- OUTRAS UNIDADES DE MEDIDA DE SUPERFÍCIE ... 144
- FAZENDO ESTIMATIVAS ... 145
- TRATANDO A INFORMAÇÃO ... 148
- QUAL É A SUA OPINIÃO? ... 148

VOLUME ... 149

CAPACIDADE ... 153
- SÓ PARA LEMBRAR ... 157

UNIDADE 6 — FRAÇÕES E PORCENTAGENS ... 158

FRAÇÕES: REVENDO CONCEITOS ... 160
- QUAL É A CHANCE? ... 163

FRAÇÃO DE UM TODO ... 164
- TRATANDO A INFORMAÇÃO ... 165
- TRATANDO A INFORMAÇÃO ... 169

FRAÇÕES EQUIVALENTES ... 170
- PRODUÇÃO • JOGO DE FRAÇÕES ... 171

SIMPLIFICAÇÃO E COMPARAÇÃO DE FRAÇÕES ... 172
- TRATANDO A INFORMAÇÃO ... 174

FRAÇÕES MAIORES QUE A UNIDADE ... 175

FRAÇÕES E PORCENTAGENS ... 178
- TRATANDO A INFORMAÇÃO ... 181
- FAZENDO ESTIMATIVAS ... 183
- SÓ PARA LEMBRAR ... 185
- INVESTIGANDO PADRÕES E REGULARIDADES ... 188

UNIDADE 7 — NÚMEROS DECIMAIS E MEDIDAS 190

- **NÚMEROS DECIMAIS: INTEIROS, DÉCIMOS E CENTÉSIMOS** 192
  - TRATANDO A INFORMAÇÃO 197
  - QUAL É A SUA OPINIÃO? 199
- **OS MILÉSIMOS** 201
- **COMPARAÇÃO DE NÚMEROS DECIMAIS** 204
  - FAZENDO ESTIMATIVAS 206
- **ADIÇÃO E SUBTRAÇÃO** 207
  - TRATANDO A INFORMAÇÃO 208
  - TRABALHANDO COM O CÁLCULO MENTAL 211
  - FAZENDO ESTIMATIVAS 212
- **MULTIPLICAÇÃO** 213
  - INVESTIGANDO PADRÕES E REGULARIDADES 215
- **DIVISÃO** 216
  - FAZENDO ESTIMATIVAS 218
- **PORCENTAGENS** 220
  - TRABALHANDO COM O CÁLCULO MENTAL 221
  - TRABALHANDO COM O CÁLCULO MENTAL 223
  - TRATANDO A INFORMAÇÃO 224
  - PRODUÇÃO • OFICINA DE PROBLEMAS COM % 225
  - QUAL É A CHANCE? 227
  - SÓ PARA LEMBRAR 228
  - QUAL É A SUA OPINIÃO? 229

UNIDADE 8 — ESPAÇO E FORMA 230

- **SEGMENTOS DE RETA** 232
  - FAZENDO ESTIMATIVAS 234
- **RETAS PARALELAS E RETAS CONCORRENTES** 235
- **ÂNGULOS** 237
  - GIROS E ÂNGULOS 240
  - PRODUÇÃO • ÂNGULOS COM DOBRADURAS DE PAPEL 242
  - MEDINDO ÂNGULOS 244
  - ÂNGULO AGUDO E ÂNGULO OBTUSO 245
- **RETAS PARALELAS E RETAS PERPENDICULARES** 247
- **POLÍGONOS** 248
  - TRIÂNGULOS 250
  - QUADRILÁTEROS 252
  - QUAL É A CHANCE? 254
  - INVESTIGANDO PADRÕES E REGULARIDADES 256
  - SÓ PARA LEMBRAR 259

- **PEQUENO GLOSSÁRIO ILUSTRADO** 261
- **BIBLIOGRAFIA** 269
  - DOCUMENTOS OFICIAIS 271
- **MATERIAL PARA DESTACAR** 273

UNIDADE 1 — ESPAÇO E FORMA

A turma do 5º ano inventou um jogo de pistas para brincar com as formas dos blocos. Vamos tentar adivinhar de quais blocos eles estão falando?

— O BLOCO EM QUE ESTOU PENSANDO TEM TODAS AS FACES PLANAS!

— HUMM... ENTÃO POSSO ELIMINAR A ESFERA, O CONE E O CILINDRO. VOU PRECISAR DE OUTRA PISTA.

NESTA UNIDADE VAMOS EXPLORAR:

- Localização e deslocamentos: explorando o espaço.
- Poliedros e corpos redondos.
- Figuras geométricas planas.

— SÃO SEIS FACES PLANAS NO TOTAL!

— ENTÃO VOU ELIMINAR OS PRISMAS DE BASE TRIANGULAR, PENTAGONAL E HEXAGONAL.

— SOBRARAM O BLOCO RETANGULAR E O CUBO.

— ÚLTIMA PISTA: ESSE BLOCO TEM SEIS FACES QUADRADAS.

— SÓ PODE SER CUBO.

— ACERTOU!

LOCALIZAÇÃO E DESLOCAMENTOS: EXPLORANDO O ESPAÇO

Você conhece Manaus, a capital do Amazonas? Lá está localizado o Teatro Amazonas, um importante edifício histórico. Vamos saber um pouco mais sobre ele?

1. O Teatro Amazonas foi inaugurado em 31 de dezembro de 1896 e é a obra arquitetônica mais significativa do período áureo da borracha e principal patrimônio artístico cultural do Estado. Funciona normalmente como casa de espetáculos, com atrações artísticas regionais, nacionais e internacionais. Hoje abriga o Coral, o Corpo de Dança e a Orquestra Filarmônica do Amazonas.

Teatro Amazonas, Manaus (AM). Foto de 2010.

Fonte de pesquisa: SECRETARIA DE CULTURA DO ESTADO DO AMAZONAS. Disponível em: <www.cultura.am.gov.br/teatro-amazonas/>. Acesso em: 31 ago. 2017.

Veja, no guia de ruas abaixo, a localização do Teatro Amazonas na cidade de Manaus:

Ilustração elaborada com base em: Localização do Teatro Amazonas. **Google Maps**. Disponível em: <https://www.google.com/maps/place/Teatro+Amazonas/@-3.1302888,-60.0256029,17z/data=!3m1!4b1!4m5!3m4!1s0x926c057d293a8be5:0xd707e6296ae8bc6!8m2!3d-3.1302888!4d-60.0234142?hl=pt-BR>. Acesso em: 7 ago. 2017.

Imagine que você está de costas para o Teatro Amazonas e à sua frente encontra-se a Praça São Sebastião. Quais são os nomes das duas ruas laterais ao teatro?

_____

2. No espaço abaixo, você vai fazer um mapa simples e localizar a sua escola. Indique o quarteirão em que fica a escola, escrevendo os nomes de algumas ruas próximas. É importante escrever o endereço completo da escola: nome da rua, número, bairro, cidade, estado e CEP (Código de Endereçamento Postal).

Endereço da escola:

_____

_____

3. (Sobral-CE) A ilustração ao lado indica o movimento de uma peça de um jogo de damas. Neste movimento, a peça será deslocada da casa **D6** para qual casa?

_____

4. Observe o tabuleiro da atividade 3 e responda:

a) Qual é a cor da peça que está na casa **A5**? _____

b) Qual é a cor da peça que está na casa **F2**? _____

5. VAMOS BRINCAR COM PERCURSOS?

Veja o esquema de algumas ruas do centro da cidade onde Mônica mora.

Agora, responda:

a) Para ir do museu até o banco pela rua 1, que ruas Mônica deve atravessar?

_____

b) Para ir do banco até o cinema, Mônica caminhou pela rua 1 e entrou à direita na rua E. Depois, seguiu pela rua E. Em que rua ela deve virar à direita para ir ao cinema?

_____

c) Para ir do cinema até o parque, Mônica caminhou pela rua 4 e entrou à direita na rua F. Depois, seguiu pela rua F.

- Em que rua ela deve virar à direita para ir ao parque?

_____

- Quantas quadras ela vai andar na rua 3 para chegar ao parque?

_____

12

FIQUE SABENDO

Podemos localizar pontos em um plano usando uma ideia brilhante do matemático francês René Descartes (1596-1650).

Imagine duas retas numéricas perpendiculares como as representadas abaixo:

René Descartes (1596-1650).

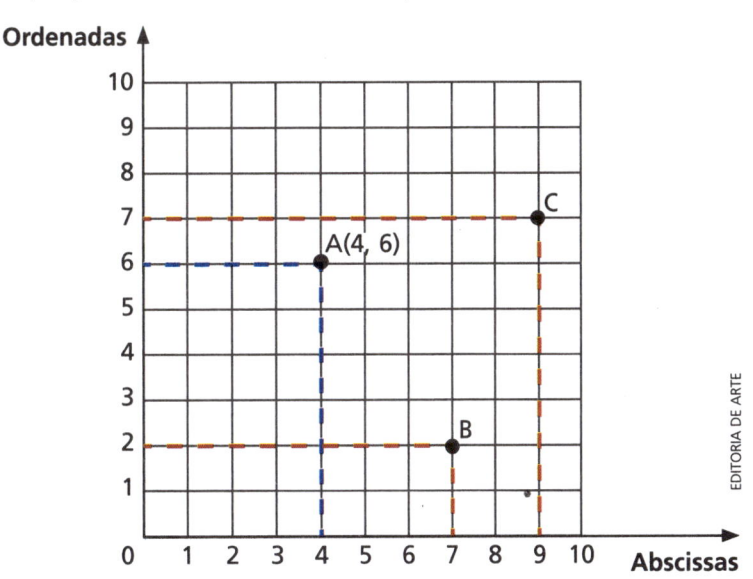

Essa representação chama-se **plano cartesiano**, em homenagem a Descartes. Cada ponto do plano cartesiano pode ser representado por um **par ordenado** de números. São as **coordenadas cartesianas** do ponto.

Veja, por exemplo, como indicamos as coordenadas cartesianas do ponto **A**: o primeiro número do par ordenado corresponde à "abscissa" desse ponto, e o segundo número, à "ordenada" desse ponto.

Dizemos que o ponto **A** está na posição (4, 6).

abscissa   ordenada

6. Com base no plano cartesiano acima, indique as coordenadas cartesianas dos pontos **B** e **C**.

B(_____ , _____)

C(_____ , _____)

É POR ISSO QUE SE CHAMA PAR ORDENADO, PORQUE A ORDEM IMPORTA!

7. Belinha representou um retângulo no **plano cartesiano**. Os pontos **A, B, C** e **D** representam os vértices desse retângulo. Quais são as coordenadas cartesianas desses pontos?

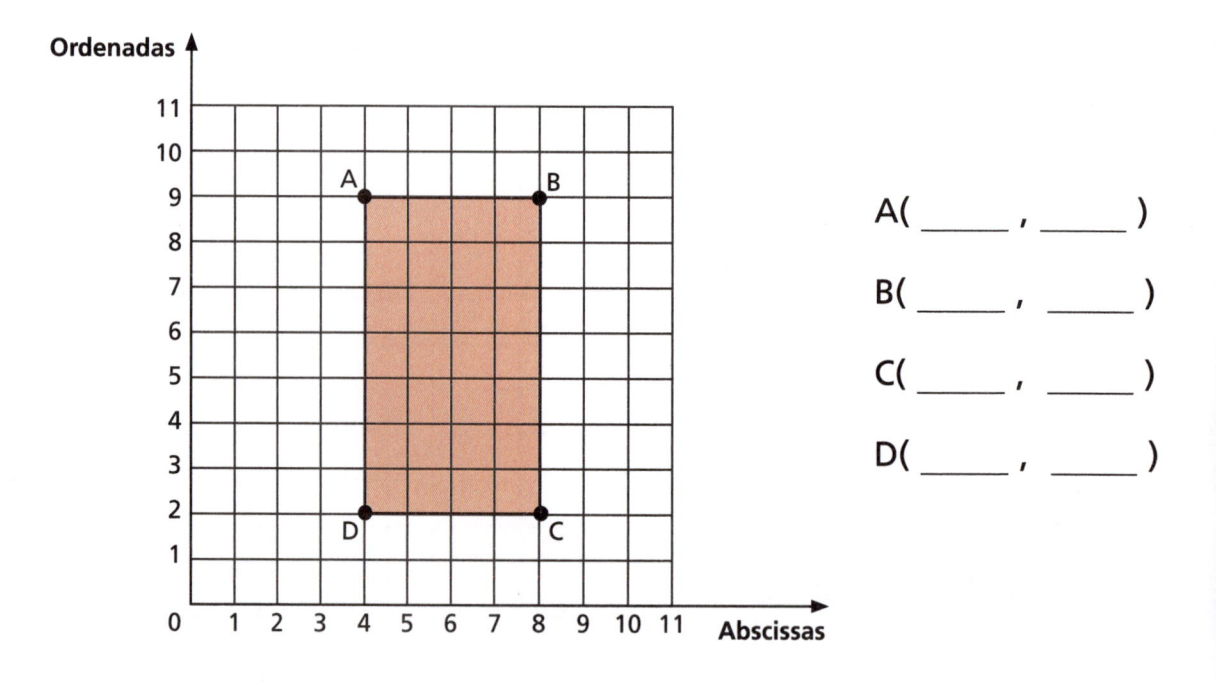

A(____ , ____)

B(____ , ____)

C(____ , ____)

D(____ , ____)

8. Localize os pontos **A**(3, 5); **B**(2, 2); **C**(5, 2) no **plano cartesiano** representado ao lado.

a) Ligue os pontos **A** e **B**, **A** e **C**, **B** e **C**.

b) Pinte o interior da figura formada.

c) Essa figura lembra qual figura geométrica?

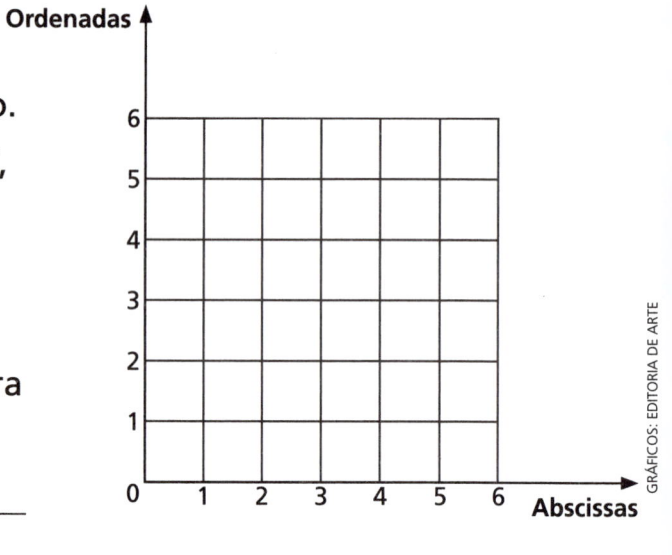

_____

_____

9. DIVIRTA-SE!

Você já jogou "Batalha Naval"? Podemos adaptar o jogo de modo que cada participante desenhe seus barcos em pontos de um plano cartesiano. A missão é acertar o barco do outro com as coordenadas corretas.

14

Batalha Naval

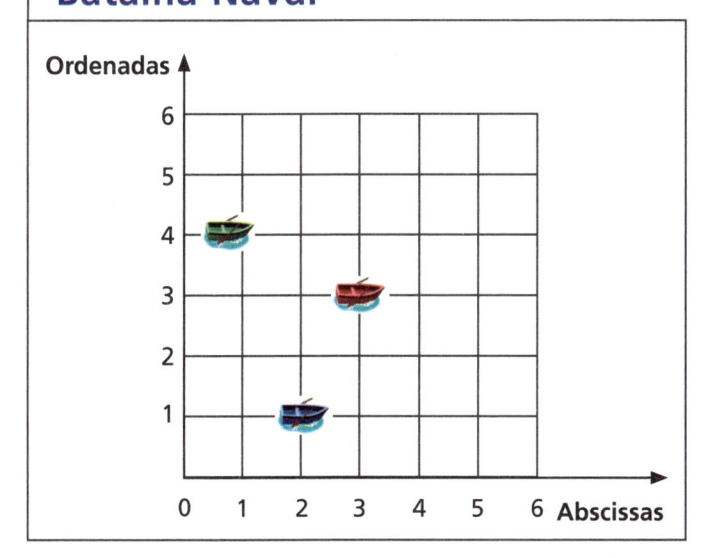

Ordenadas ↑ (grid 0–6 on both axes, **Abscissas** →)

Boats plotted at approximately:
- green boat at (1, 4)
- red boat at (3, 3)
- blue boat at (2, 1)

a) Escreva as coordenadas cartesianas dos barcos representados no plano cartesiano ao lado.

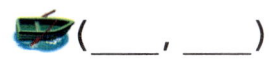

🚤 (____ , ____)

🚤 (____ , ____)

🚤 (____ , ____)

b) Agora, você desenha seus três barcos em 3 pontos da malha ao lado. Atenção: seu colega de dupla não pode ver onde eles estão!

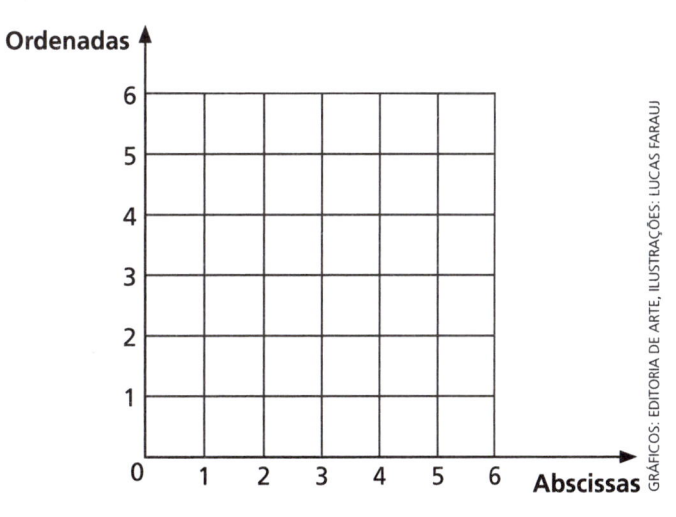

(Plano cartesiano em branco com Ordenadas 0–6 e Abscissas 0–6.)

c) Início do jogo: anotem, no quadro abaixo, as coordenadas que cada um vai dar, em cada jogada, para tentar acertar o barco do outro.

Jogada	Coordenadas	Acertou o barco? (sim ou não)
1	(___ , ___)	
2	(___ , ___)	
3	(___ , ___)	
4	(___ , ___)	
5	(___ , ___)	
6	(___ , ___)	

TRATANDO A INFORMAÇÃO

O professor perguntou aos alunos a qual desses locais cada um prefere ir: ao cinema, ao teatro ou ao parque de diversões. Cada aluno só podia escolher um desses locais. Depois, o professor organizou as respostas em um gráfico. Veja:

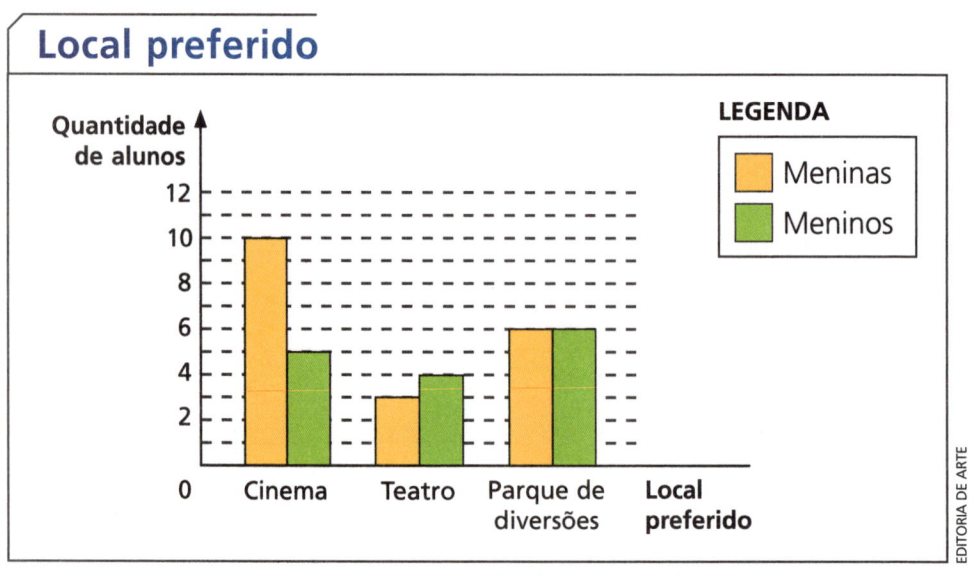

Local preferido

Eixo vertical: Quantidade de alunos
- Cinema: Meninas 10, Meninos 5
- Teatro: Meninas 3, Meninos 4
- Parque de diversões: Meninas 6, Meninos 6

LEGENDA: Meninas (amarelo), Meninos (verde)

Dados fictícios. Gráfico elaborado em 2017.

a) Com os dados do gráfico, complete a tabela de frequências.

Local preferido

Local	Meninas	Meninos
Cinema		
Teatro		
Parque de diversões		

Dados fictícios. Tabela elaborada em 2017.

b) Quantas meninas preferem ir ao teatro? _____

c) Qual é o local preferido dos meninos desta classe?

_____

d) Quantos alunos participaram desta pesquisa?

_____

16

POLIEDROS E CORPOS REDONDOS

Você já observou que existem objetos e construções que se assemelham a formas geométricas? Veja alguns exemplos.

Esta caixa lembra um bloco retangular.

OS ELEMENTOS NÃO FORAM REPRESENTADOS EM PROPORÇÃO DE TAMANHO ENTRE SI.

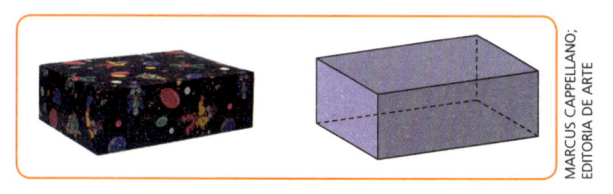

Esta lata lembra um cilindro.   Esta bola lembra uma esfera.

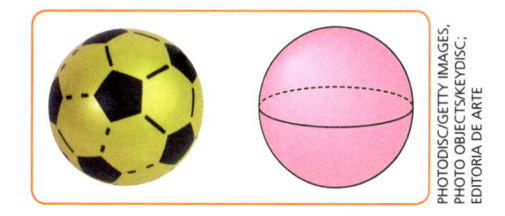

Este monumento histórico lembra uma pirâmide de base quadrada.

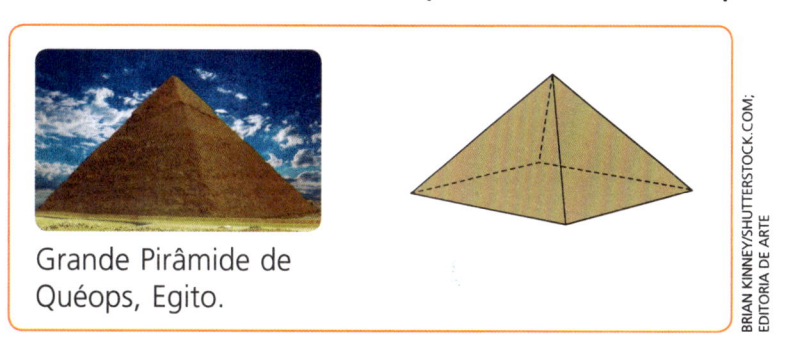

Grande Pirâmide de Quéops, Egito.

1. Pegue uma caixa qualquer que lembre um bloco retangular. Percorra com suas mãos as faces da caixa.

   a) Quantas faces tem essa caixa?

   _____

   b) Qual a forma das faces dessa caixa?

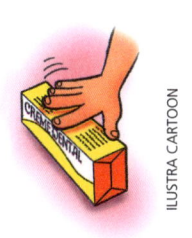

   _____

VOCÊ OBSERVOU COMO AS FACES DA CAIXA SÃO PLANAS?

17

2. Pegue uma lata qualquer que lembre um cilindro (pode ser de ervilha, leite em pó, molho de tomate etc.). Percorra com as duas mãos as superfícies dessa lata.

VOCÊ OBSERVOU QUE NEM TODAS AS SUPERFÍCIES SÃO PLANAS?

- Observe a representação de um cilindro e responda:

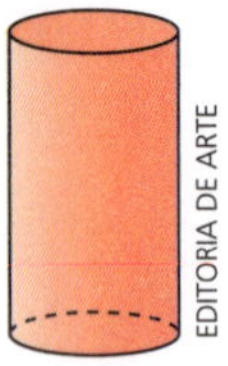

    a) Quantas superfícies tem o cilindro? _____

    b) Quantas são planas? _____

    c) Quantas não são planas? _____

    d) Qual é a forma da base de um cilindro? _____

3. Observe a representação de um cone e responda:

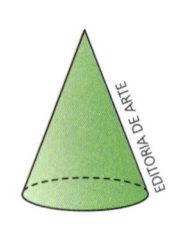

    a) Quantas superfícies tem o cone? _____

    b) Quantas são planas? _____

    c) Quantas não são planas? _____

    d) Qual é a forma da base de um cone? _____

4. Observe as figuras geométricas representadas e responda.

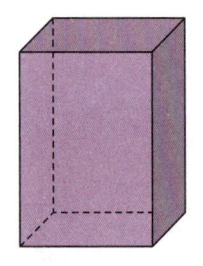

Bloco retangular.   Pirâmide de base quadrada.   Prisma de base triangular.   Cilindro.   Cone.

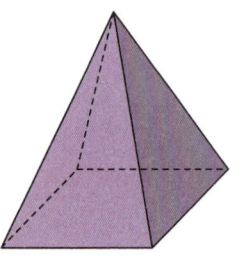

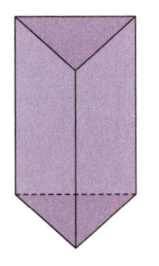

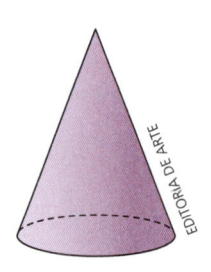

- Quais delas têm apenas superfícies planas?

_____

18

5. O que o cilindro e o cone têm de parecido? O que eles têm de diferente?

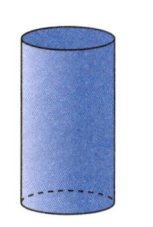

> VALE LEMBRAR... AS FIGURAS GEOMÉTRICAS SÃO CHAMADAS DE: **POLIEDROS**, SE POSSUEM TODAS AS FACES PLANAS; E DE **CORPOS REDONDOS**, SE POSSUEM SUPERFÍCIE NÃO PLANA, OU SEJA, ARREDONDADA.

6. Poliedro ou corpo redondo? Classifique as seguintes figuras geométricas.

a) 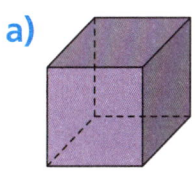 Cubo. _____

b) 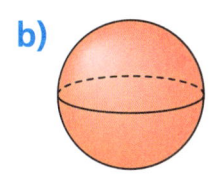 Esfera. _____

c) 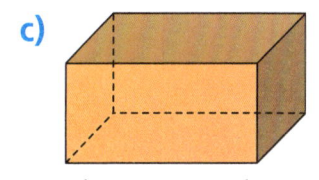 Bloco retangular. _____

d) 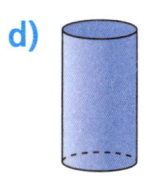 Cilindro. _____

e) 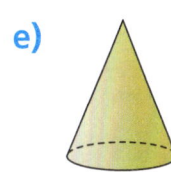 Cone. _____

f) 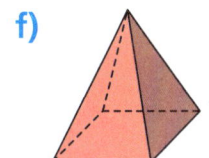 Pirâmide. _____

7. Com uma régua, meça três dimensões de uma caixa de creme dental. Anote as medidas abaixo.

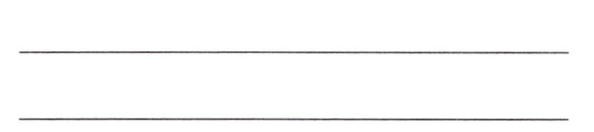

_____
_____
_____

> EM UMA CAIXA COM FORMA DE BLOCO RETANGULAR AS 3 DIMENSÕES SÃO: COMPRIMENTO, LARGURA E ALTURA.

altura
comprimento
largura

8. Quantas faces, vértices e arestas tem um bloco retangular?

_____

Bloco retangular. ← aresta, vértice, face

OBSERVAR UMA CAIXA DE CREME DENTAL PODE AJUDAR.

9. Observe as representações de algumas figuras geométricas e responda:

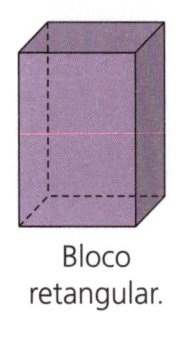

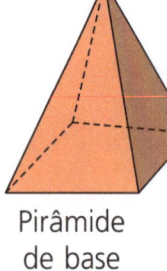

Bloco retangular.   Pirâmide de base quadrada.   Cubo.   Cilindro.   Cone.

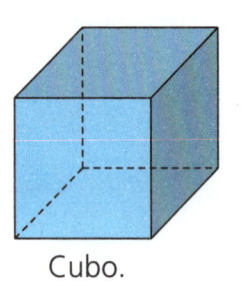

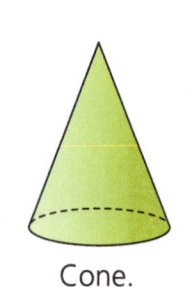

Em qual delas o número de faces é igual ao número de vértices?

_____

10. Nas pirâmides, as faces laterais têm forma triangular. A figura ao lado representa a base de uma pirâmide. Quantas faces triangulares tem essa pirâmide?

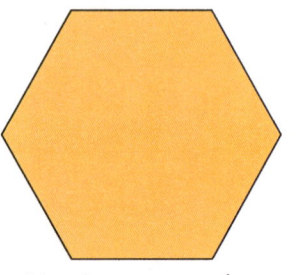

_____

Hexágono regular.

11. Emílio segura uma embalagem com forma de prisma. Nos prismas, as faces laterais têm forma retangular e as duas bases têm a mesma forma. Observe a forma da base dessa embalagem e responda: quantas faces retangulares ela tem?

_____

_____

12. Veja como Theo descreveu uma forma geométrica.

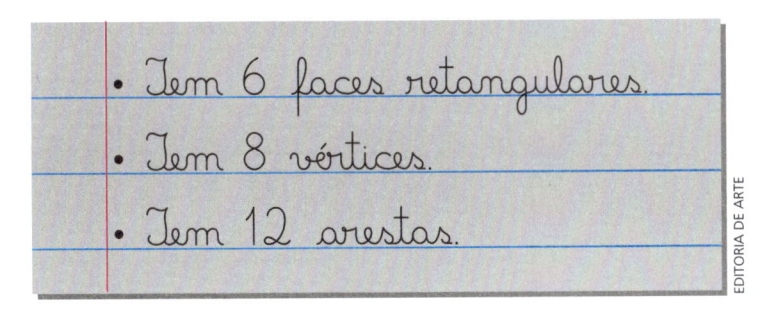

- Tem 6 faces retangulares.
- Tem 8 vértices.
- Tem 12 arestas.

Qual é a forma geométrica que tem essas características?

_____

13. Tony afirmou:

> A QUANTIDADE DE VÉRTICES DE UM PRISMA É PAR.

Você concorda com essa afirmação? Por quê?

14. Alice descreveu um prisma assim:

> Todas as faces laterais desse prisma são retangulares!

a) É possível saber, com base nessa informação, qual é esse prisma?

_____

_____

b) Escreva mais uma característica de um prisma (você escolhe qual o prisma que vai descrever). Depois, troque seu livro com o de um colega e cada um descobre o prisma que o outro descreveu.

_____

_____

15. VAMOS BRINCAR COM PERCURSOS?

Veja os dois percursos que o ratinho pode percorrer para chegar até o pedaço de queijo.

a) Apenas olhando os percursos traçados, estime qual dos dois é o mais curto.

_____

b) Usando uma régua, meça os dois percursos traçados.

_____
_____

c) Compare as medidas obtidas com a estimativa que você fez. O que você percebeu?

_____
_____

d) Você acha que existe mais algum percurso possível?

_____

> VOCÊ PODE FAZER O PERCURSO COM O DEDO.

FIGURAS GEOMÉTRICAS PLANAS

Alice observou que a caixa de bombons lembra um bloco retangular. Curiosa, ela resolveu desmontar a caixa.

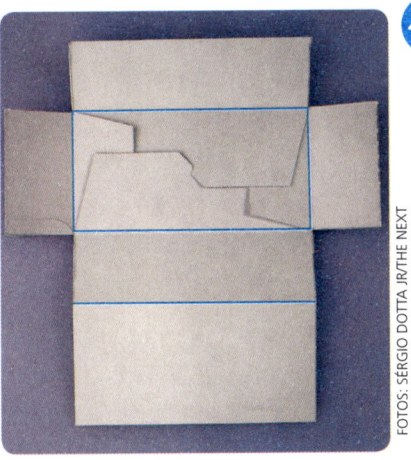

1. Procure com o seu grupo outras caixas com forma de bloco retangular para que vocês possam desmontá-las e observar suas planificações.

2. Bibi recortou a figura ao lado e, em seguida, dobrou nas linhas pontilhadas e fez uma colagem para obter uma caixa.

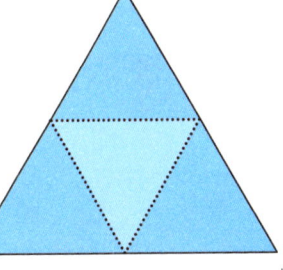

A caixa que Bibi obteve tem qual das formas abaixo?

a) 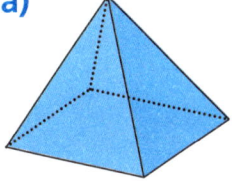 b) 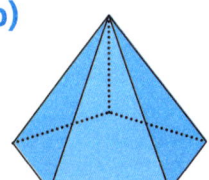 c) 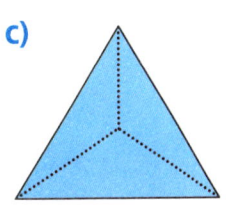 d)

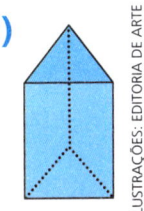

QUAL É A CHANCE?

Jogando-se um dado, qual é a chance de a face superior ser:

a) _____

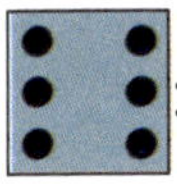

b) um número par? _____

c) um número ímpar? _____

d) um número 7? _____

JOGANDO-SE UM DADO, A CHANCE DE CAIR ⚀ É **UMA** EM **SEIS** POSSIBILIDADES.

3. Com fita adesiva, foi possível colar partes recortadas em cartolina para montar uma embalagem como esta ao lado. Quais das formas abaixo foram usadas? Quantas partes de cada forma foram usadas? _____

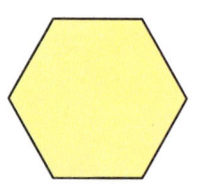

_____

FIQUE SABENDO

Sempre é bom recordar... Veja as planificações de alguns poliedros e corpos redondos.

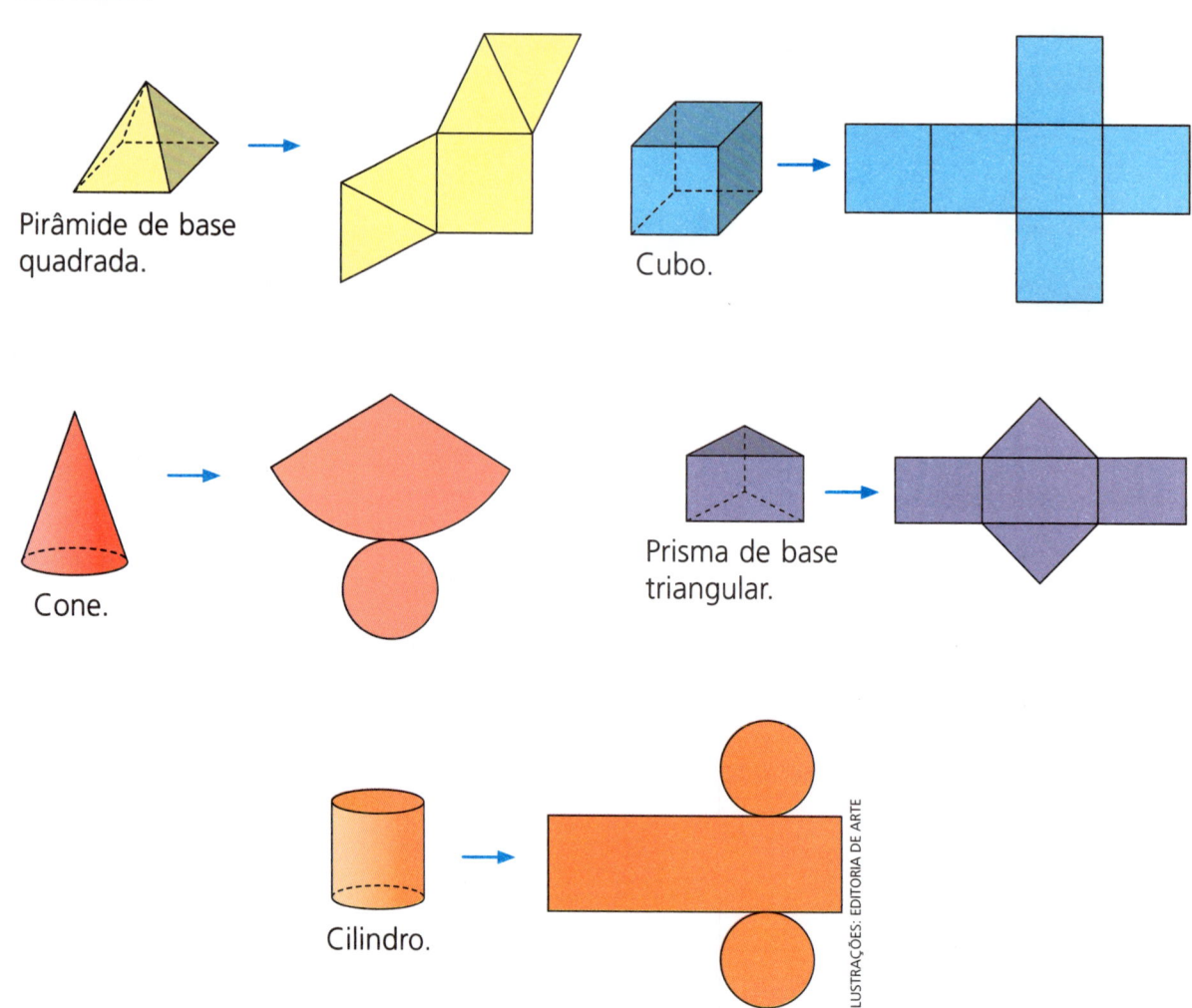

Pirâmide de base quadrada.

Cubo.

Cone.

Prisma de base triangular.

Cilindro.

4. Observe as representações de alguns prismas.

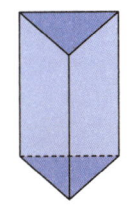

Prisma de base triangular. 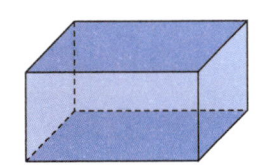   Prisma de base retangular. 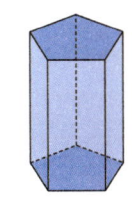   Prisma de base pentagonal. 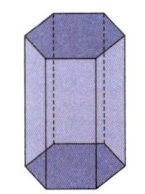   Prisma de base hexagonal.

Associe as planificações representadas abaixo aos prismas correspondentes.

a)

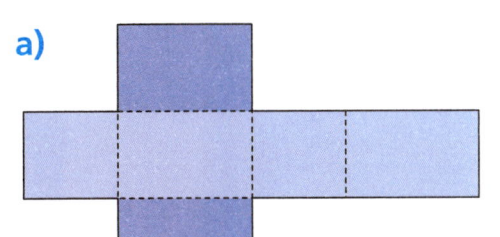

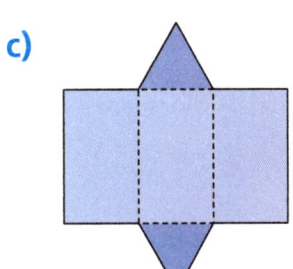

b)

c)

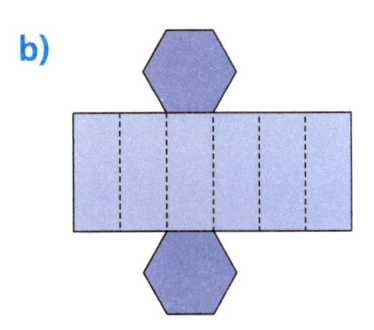

d)

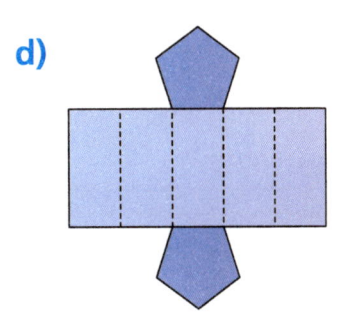

FIQUE SABENDO

Penta significa cinco, e **hexa** significa seis.

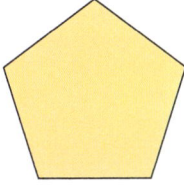

Essa figura representa um pentágono. Um pentágono tem 5 lados.

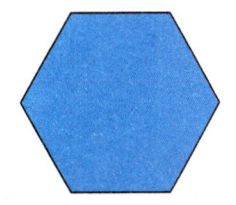

Essa outra figura representa um hexágono. Um hexágono tem 6 lados.

5. (Saresp-SP) A foto ao lado é de uma pirâmide de base quadrada, a grande pirâmide de Quéops, uma das Sete Maravilhas do Mundo Antigo. O número de faces desta pirâmide, incluindo a base, é:

a) igual ao número de arestas.
b) igual ao número de vértices.
c) a metade do número de arestas.
d) o dobro do número de vértices.

Pirâmide de Quéops, Egito.

6. Observe as planificações de algumas pirâmides.

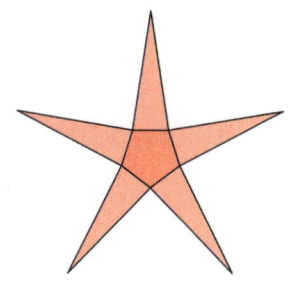

Planificação I. 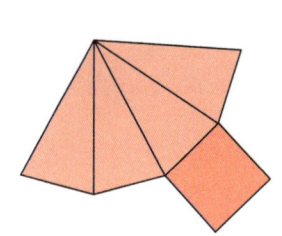   Planificação II. 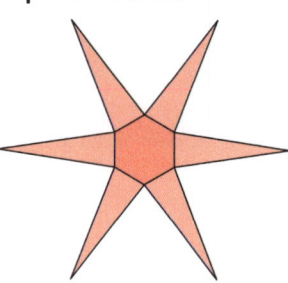   Planificação III. 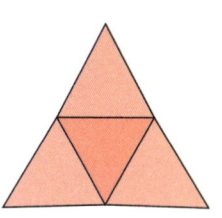   Planificação IV.

Associe essas planificações às respectivas pirâmides de base:

a) triangular. _____

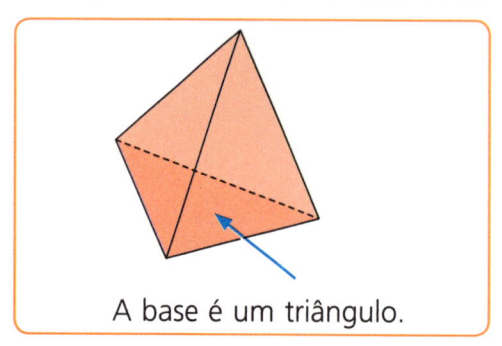

c) pentagonal. _____

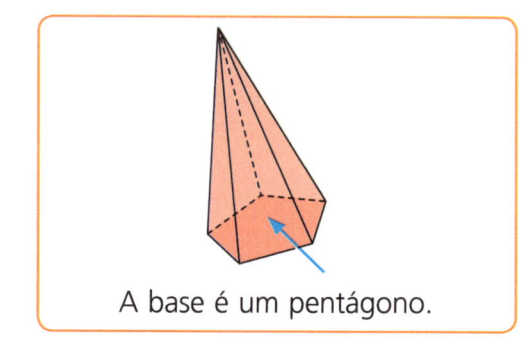

A base é um triângulo.

A base é um pentágono.

b) quadrada. _____

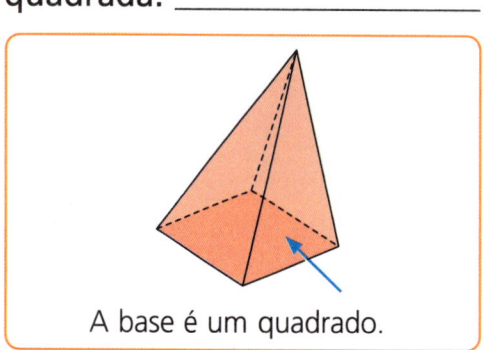

d) hexagonal. _____

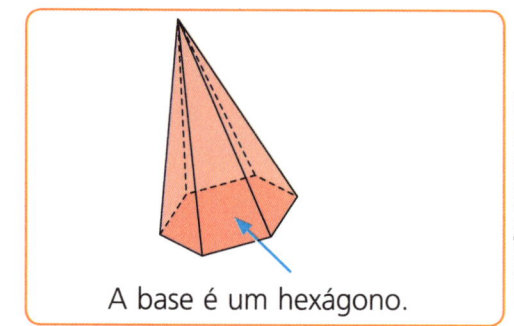

A base é um quadrado.

A base é um hexágono.

26

7. Faça um ✗ no quadrinho que identifica a figura geométrica espacial que tem como base um:

a) quadrado.

b) retângulo.

c) pentágono.

8. Beto cobriu uma embalagem usando 5 figuras recortadas de papel colorido.

- Qual é a forma dessa embalagem?

_____

_____

INVESTIGANDO PADRÕES E REGULARIDADES

a) Todas as figuras abaixo representam pirâmides.

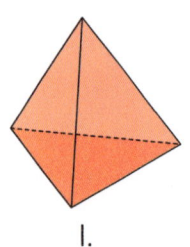

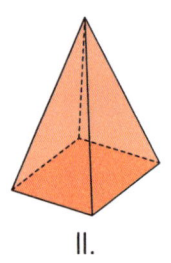

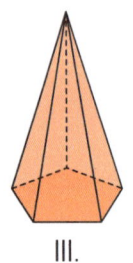

I.   II.   III.

- Quantas faces tem cada uma? _____

_____

- Quantos vértices tem cada uma? _____

_____

b) Quantos vértices tem uma pirâmide de base hexagonal?

_____

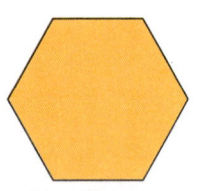

Hexágono.

c) Se o polígono da base de uma pirâmide tiver 8 lados, quantas faces triangulares terá esta pirâmide? _____

Octógono.

QUE INTERESSANTE! A QUANTIDADE DE VÉRTICES DE UMA PIRÂMIDE É IGUAL À QUANTIDADE DE FACES.

d) Veja o que Emílio concluiu observando a representação das pirâmides acima.

Você concorda? Escreva sua conclusão, justificando.

_____

_____

28

SÓ PARA LEMBRAR

1 Para enfeitar a embalagem de presente, Alice cobriu-a com folhas de papel coloridas e recortadas, como mostra a ilustração ao lado.
Quantas folhas de cada cor ela usou?

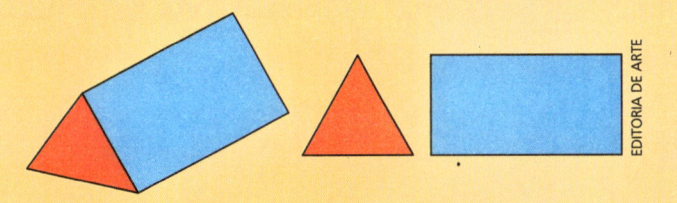

_____

2 Theo desenhou em uma folha quadriculada uma figura e traçou seu eixo de simetria. Se uma das sobrancelhas está em 7G, onde deve estar a outra? _____

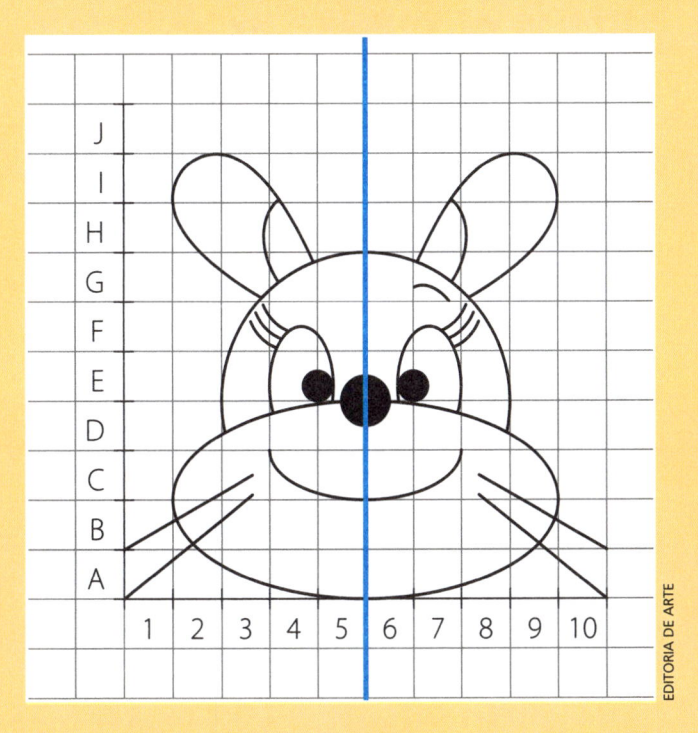

3 Qual é a figura geométrica que apresenta estas características?

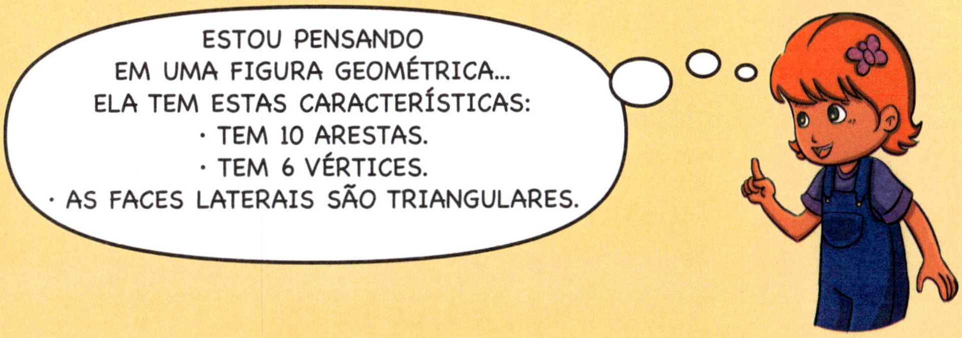

ESTOU PENSANDO EM UMA FIGURA GEOMÉTRICA...
ELA TEM ESTAS CARACTERÍSTICAS:
• TEM 10 ARESTAS.
• TEM 6 VÉRTICES.
• AS FACES LATERAIS SÃO TRIANGULARES.

_____

29

4 VAMOS BRINCAR NA MALHA!

Pintando quadrados e triângulos na malha quadriculada, Beto fez o desenho ao lado:

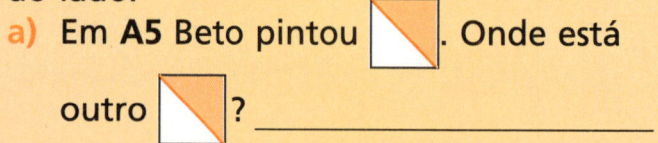

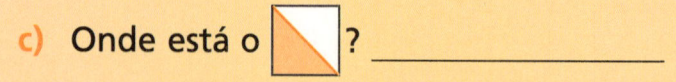

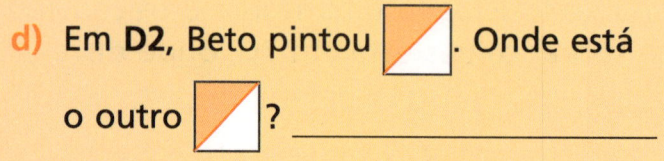

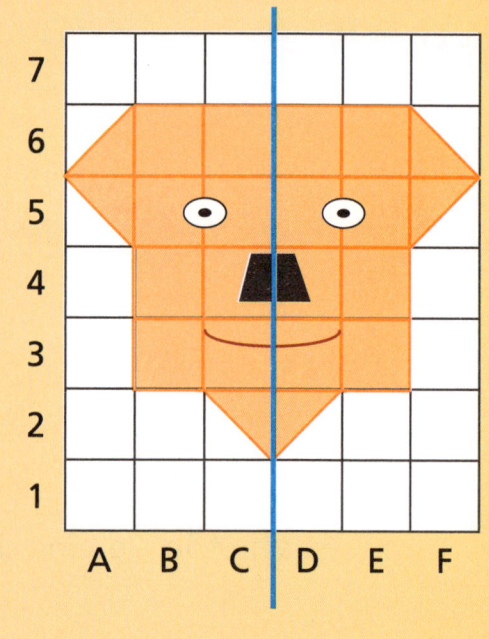

a) Em **A5** Beto pintou ◩. Onde está outro ◩? _____

b) O que Beto pintou em **A6**? _____

c) Onde está o ◩? _____

d) Em **D2**, Beto pintou ◪. Onde está o outro ◪? _____

e) Se dobrarmos o desenho na linha azul, o que poderemos observar?

_____

_____

_____

5 Escreva as coordenadas cartesianas dos pontos que indicam a localização de alguns locais no plano cartesiano.

Cinema (____ , ____)   Parque de diversões (____ , ____)

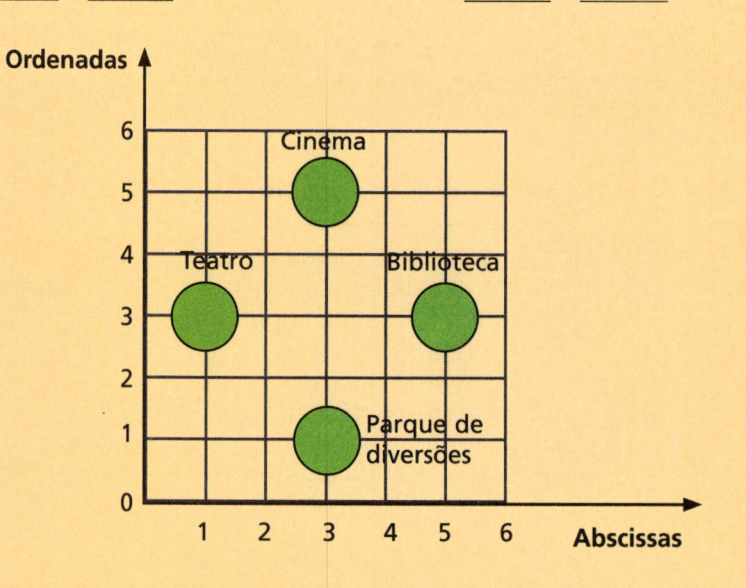

Biblioteca (____ , ____)   Teatro (____ , ____)

30

6 Quais das figuras abaixo representam planificações de um cubo?

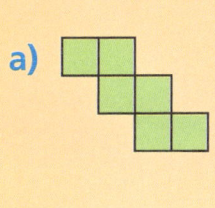

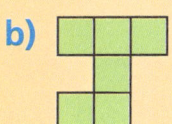

_____

a)

b)

c)

d)

e)

f)

7 VAMOS BRINCAR COM PERCURSOS?

Veja a sequência de casas da malha que o 🚣 percorrerá para chegar à ⛵.

Podemos indicar essa sequência de casas usando os seguintes códigos:

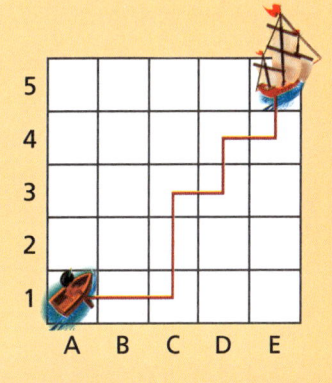

| A | 1 |, | B | 1 |, | C | 1 |, | C | 2 |, | C | 3 |, | D | 3 |, | D | 4 |, | E | 4 |, | E | 5 |

Agora, observe a sequência de casas da malha que a ⛵ percorrerá para chegar à 🏝.

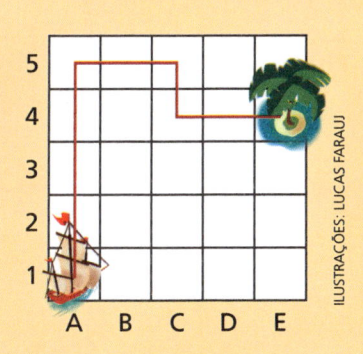

- Indique essa nova sequência de casas usando os códigos.

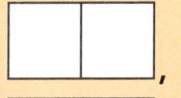

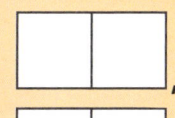

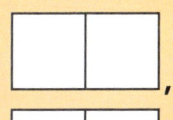

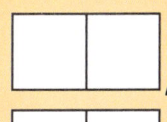

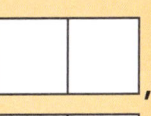

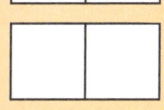

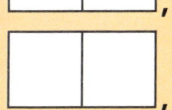

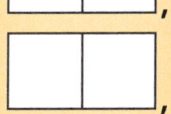

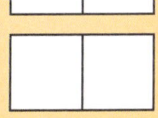

8 Você sabia que o cubo tem 11 planificações diferentes? A figura ao lado representa uma dessas planificações. Quais são as faces opostas desse cubo, depois de montado? Não vale montar o cubo!

	5		
1	2	3	4
	6		

_____

9 Imaginem um prisma de base pentagonal.

a) Quantas arestas tem esse prisma? _____

b) Quantas faces? _____

c) Quantos vértices? _____

Pentágono.

10 Pinte as faces das caixas de acordo com suas planificações.

32

TRATANDO A INFORMAÇÃO

Os alunos do 5º ano B elegeram o representante da classe. Cada aluno só podia votar uma vez.

Veja na tabela de frequências ao lado a quantidade de votos que cada aluno que se inscreveu para o cargo obteve.

Com os dados da tabela, construa um gráfico de barras para indicar o resultado dessa eleição.

Dê um título para o gráfico e, depois, responda ao que se pede.

Tabela de frequências

Aluno	Quantidade de votos
Emílio	9
Alice	7
Theo	12
Bibi	8
Total	

Dados fictícios. Tabela elaborada em 2017.

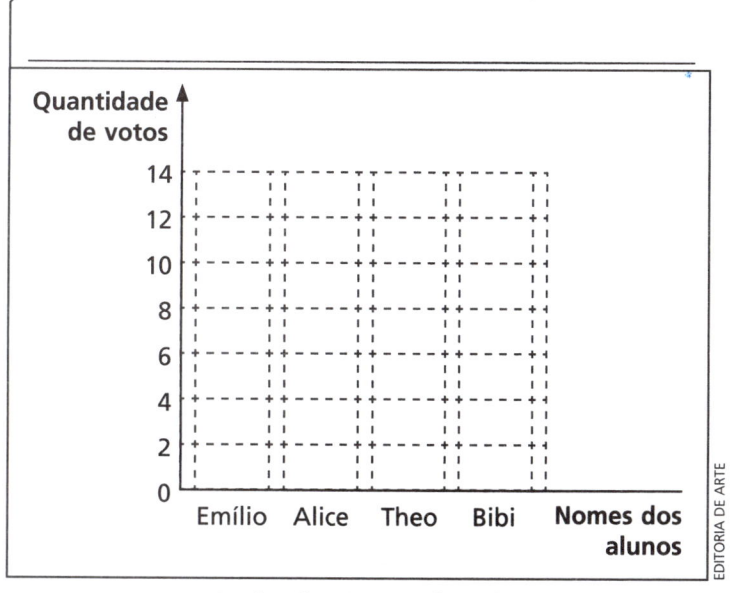

a) Quantos alunos votaram?

_____

b) Quem ganhou essa eleição?

_____

_____

Dados fictícios. Gráfico elaborado em 2017.

PRODUÇÃO

◤ NÓ EM TIRA DE PAPEL

Você já deu nó em tira de papel?
Dê um nó em uma tira de papel e puxe as extremidades. Corte.
Você vai obter uma figura com o formato do **pentágono**, como mostra a figura.

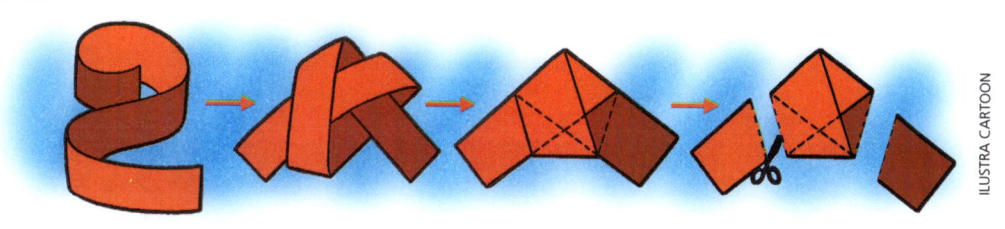

33

UNIDADE 2

SISTEMAS DE NUMERAÇÃO E MONETÁRIO

Você conhece a história do nosso sistema monetário? Veja só como nosso dinheiro mudou ao longo da história do nosso país.

No Brasil, durante muito tempo, o comércio foi feito por meio da troca de mercadorias, como o açúcar, o fumo, o algodão e a madeira. A primeira moeda fabricada no Brasil, pelos holandeses, foi o florim, entre 1645 e 1646. Eram moedas pequenas, de formato quadrado, feitas de ouro ou de prata.

III florins. VI florins. XII florins.

Esses são os réis, moedas de ouro e de prata cunhadas na primeira Casa da Moeda Brasileira, instalada em 1649 em Salvador, na Bahia.

1 000 réis 2 000 réis 4 000 réis 20 réis 40 réis

80 réis 160 réis 320 réis 640 réis

Em 1722, foram criados os escudos, moedas de ouro portuguesas. Em 1727, eles passaram a ser cunhados no Brasil com a imagem do rei em uma das faces e as Armas da Coroa Portuguesa na outra. Daí vieram os nomes CARA e COROA para indicar os dois lados da moeda.

Cara e coroa do escudo real português, de 1727.

O nome da moeda brasileira mudou ao longo da nossa história!

Real ou Réis, até 1942.

Cruzeiro, de 1942 até 1967.

Cruzeiro Novo, de 1967 até 1970.

Cruzeiro, de 1970 até 1986.

Cruzado, de 1986 até 1989.

Cruzado Novo, 1989 até 1990.

Cruzeiro, 1990 a 1993.

Cruzeiro Real, de 1993 a 1994.

Real, desde 1994 até os dias atuais.

As notas de 1 real deixaram de ser produzidas em 2006. O Banco Central resolveu substituí-las por moedas de 1 real, que são mais duráveis.

Fonte: O dinheiro no Brasil. **Banco Central do Brasil**. Disponível em: <http://bcb.gov.br/htms/museu-espacos/dinheirobrasileiro/histdinbr.asp?idpai=MUSEU>. Acesso em: 15 ago. 2017.

NESTA UNIDADE VAMOS EXPLORAR:
- Alguns sistemas de numeração.
- Sistema de Numeração Decimal.
- Sistema monetário brasileiro.

ALGUNS SISTEMAS DE NUMERAÇÃO
O SISTEMA DE NUMERAÇÃO EGÍPCIO

Os egípcios criaram um sistema de registro de quantidade e medidas utilizando desenhos de animais e objetos.

Representação egípcia antiga.

Veja, no quadro, alguns símbolos usados pelos egípcios para registrar quantidades.

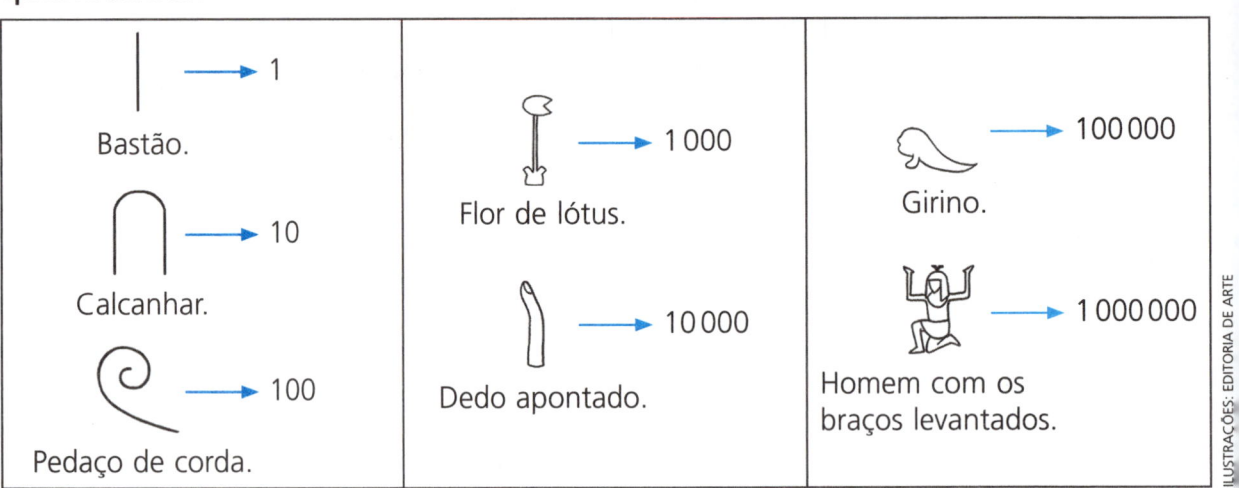

Símbolo	Valor
Bastão.	1
Calcanhar.	10
Pedaço de corda.	100
Flor de lótus.	1 000
Dedo apontado.	10 000
Girino.	100 000
Homem com os braços levantados.	1 000 000

Esses símbolos são chamados de **hieróglifos** e podem ser observados nas inscrições em monumentos do Egito.

#FICA A DICA

Para conhecer mais sobre os hieróglifos egípcios, acesse: **Ciência Hoje das Crianças:** <http://ftd.li/pvp755>; <http://ftd.li/3cjvga>. Acessos em: 15 ago. 2017.

Hieróglifos egípcios em exposição no Museu Britânico, Londres, Reino Unido. Foto de 2015.

1. Observe novamente os símbolos do quadro da página ao lado. Depois, leia o texto a seguir e responda às questões.

> Entre as ||||/||| maravilhas do mundo antigo, as pirâmides do Egito são as únicas que podem ser admiradas até hoje.
>
> Das pirâmides de Gizé, a mais alta é a de Quéops, com ⌒∩∩||||/∩∩|||| metros.
>
> A pirâmide de Quéfren tem ⌒∩∩∩ |||/||| metros de altura, e a de Miquerinos tem ∩∩∩/∩∩∩|| metros.
>
> Fonte de pesquisa: Marcelo Duarte.
> **O guia dos curiosos**. 2. ed. São Paulo: Panda Books, 2001. p. 301.

As grandes pirâmides Quéops, Quéfren e Miquerinos no Egito atual.

DAS ∩∩∩/∩∩∩/∩∩ PIRÂMIDES DO EGITO, AS MAIS CÉLEBRES SÃO: QUÉOPS, QUÉFREN E MIQUERINOS.

a) Quantas eram as maravilhas do mundo antigo? _____

b) Qual é a altura da pirâmide de:
- Quéops? _____
- Quéfren? _____
- Miquerinos? _____

NO SISTEMA DE NUMERAÇÃO EGÍPCIO, OS SÍMBOLOS PODEM OCUPAR QUALQUER POSIÇÃO E CONTINUAR REPRESENTANDO O MESMO VALOR.

POR EXEMPLO, E REPRESENTAM 136.

2. Você acha mais fácil representar números usando nosso atual sistema de numeração ou o Sistema de Numeração Egípcio? Justifique.

_____
_____

O SISTEMA DE NUMERAÇÃO ROMANO

OS ROMANOS CRIARAM UM SISTEMA DE NUMERAÇÃO COM APENAS 7 SÍMBOLOS.

I → um   C → cem
V → cinco   D → quinhentos
X → dez   M → mil
L → cinquenta

As regras do antigo Sistema de Numeração Romano são as seguintes:

1ª) Os símbolos **I**, **X**, **C** e **M** podem ser repetidos, no máximo, 3 vezes.

I → um	X → dez	C → cem	M → mil
II → dois	XX → vinte	CC → duzentos	MM → dois mil
III → três	XXX → trinta	CCC → trezentos	MMM → três mil

2ª) Quando temos símbolos diferentes escritos juntos e o de maior valor está antes do símbolo de menor valor, seus valores são adicionados.

VII → sete   CL → cento e cinquenta
XI → onze   DC → seiscentos
XV → quinze   MI → mil e um
LXX → setenta   MCC → mil e duzentos
CV → cento e cinco   MD → mil e quinhentos

3ª) Quando temos símbolos diferentes escritos juntos e o de menor valor está antes do símbolo de maior valor, subtraímos os seus valores.

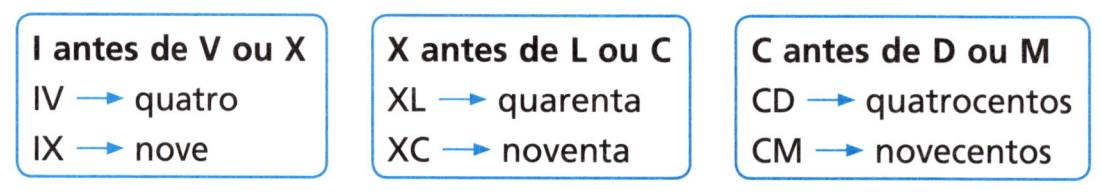

I antes de V ou X	**X antes de L ou C**	**C antes de D ou M**
IV → quatro	XL → quarenta	CD → quatrocentos
IX → nove	XC → noventa	CM → novecentos

4ª) Um traço sobre um ou mais símbolos multiplica o valor por 1 000.

$\overline{V}$ → cinco mil $\overline{XV}$ → quinze mil $\overline{L}$ → cinquenta mil
$\overline{X}$ → dez mil $\overline{XXX}$ → trinta mil $\overline{C}$ → cem mil

1. Os símbolos romanos são usados em diversas situações hoje em dia. Faça uma pesquisa e descreva algumas situações em que isso ocorre.

2. Leia. Depois, responda usando os algarismos do sistema de numeração que usamos atualmente.

Uma construção colossal

Você já ouviu falar do Coliseu de Roma?

Trata-se de uma construção magnífica, iniciada no ano de **LXX** pelo imperador Vespasiano e concluída no ano **LXXXII** pelo imperador Tito, filho de Vespasiano.

O Coliseu tinha **IV** andares e **L** metros de altura.

Fonte de pesquisa: Marcelo Duarte. **O guia dos curiosos**. São Paulo: Panda Books, 2005. p. 95.

Coliseu: parte da construção foi destruída por terremotos. Foto de 2006.

a) Em que ano começou a construção do Coliseu? Em que ano foi concluída?

b) Quantos andares tinha o Coliseu? Quantos metros de altura?

_____ _____

3. No Brasil já circularam moedas em que o valor era indicado com símbolos romanos. Qual é o valor, em réis, das moedas a seguir?

a)  X b)  XX c)  XL d)  LXXX

_____ _____ _____ _____

4. Observe a quantidade representada no ábaco.

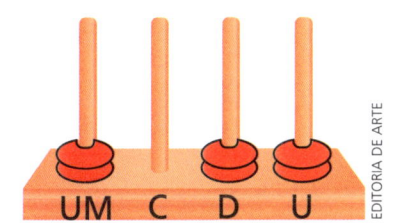

> VOCÊ SABIA? O SISTEMA DE NUMERAÇÃO DO EGITO ANTIGO NÃO ERA POSICIONAL, MAS NO SISTEMA ROMANO A POSIÇÃO DOS SÍMBOLOS ERA IMPORTANTE, EMBORA NÃO FOSSE UM SISTEMA POSICIONAL.

Agora, represente essa quantidade com símbolos do:

a) Sistema de Numeração Egípcio;

b) Sistema de Numeração Romano.

_____ _____

SISTEMA DE NUMERAÇÃO DECIMAL

O sistema de numeração que usamos é o **Sistema de Numeração Decimal**, também conhecido como **Sistema de Numeração Indo-Arábico**.

Esse sistema utiliza dez símbolos ou algarismos: 1, 2, 3, 4, 5, 6, 7, 8, 9 e 0.

Com esses símbolos, podemos representar qualquer número.

Vamos conhecer um pouco mais dessa história?

O Sistema de Numeração Indo-arábico foi criado pelos antigos habitantes do Vale do rio Indo, que fica onde hoje é o Paquistão.

Localização do Vale do rio Indo

Fonte: ATLANTE Geografico de Agostini, 1996.

> OS SÍMBOLOS DO SISTEMA DE NUMERAÇÃO DECIMAL FICARAM CONHECIDOS COMO **ALGARISMOS INDO-ARÁBICOS**.

O Sistema de Numeração Indo-Arábico chegou à Europa por volta do século VIII. Os europeus, que estavam acostumados com a numeração romana, demoraram para aceitar o novo sistema. Isso só aconteceu definitivamente no século XVI.

A forma de escrever os algarismos **sofreu mudanças** com o tempo. Veja no quadro.

Período	Representação dos algarismos									
Século XIII	I	7	3	R	4	G	ʌ	8	9	ℰ
Século XIV	ι	z	3	8	4	6	7	8	9	o
Século XV	ι	2	3	2	5	6	ʌ	8	9	∅
Por volta de 1524	)	z	3	2	5	6	ʌ	8	9	o
Atualmente	1	2	3	4	5	6	7	8	9	0

Fonte: Georges Ifrah. **Os números**: a história de uma invenção. 4. ed. São Paulo: Globo, 1992. p. 28.

Com a invenção da imprensa, por volta de 1450, os algarismos passaram a ser impressos e deixaram de sofrer tantas modificações.

Representação da prensa criada por Gutemberg e página de uma **Bíblia**, o primeiro livro impresso no mundo.

1. Atualmente é muito comum a forma digital dos algarismos. Em que situações você observa o uso dessa forma de apresentação dos algarismos?

   _____
   _____

41

Vamos recordar os números ordinais?

10º	décimo
20º	vigésimo
30º	trigésimo
40º	quadragésimo
50º	quinquagésimo

60º	sexagésimo
70º	septuagésimo
80º	octogésimo
90º	nonagésimo
100º	centésimo

2. Cem atletas estão participando de uma corrida.

a) Já cruzaram a linha de chegada 30 atletas. Em que lugar chegará o próximo?

___

b) Quantos atletas cruzaram a linha de chegada antes do trigésimo nono colocado?

___

NOVENTA E NOVE ATLETAS JÁ CRUZARAM A LINHA DE CHEGADA.

CHEGADA

NÃO FAZ MAL! O IMPORTANTE É QUE EU CONSEGUI!

c) Em que lugar esse atleta chegou?

___

QUAL É A SUA OPINIÃO?

Em jogos ou competições, o que você acha mais importante: participar ou ganhar?

- Converse com seus colegas sobre a frase: "O importante não é ganhar, e sim competir.". Depois, escreva o que vocês concluíram.

___
___

O SISTEMA MONETÁRIO BRASILEIRO

1. Estas são as cédulas de real que fazem parte do sistema monetário brasileiro.

Estas são as moedas de real que fazem parte do sistema monetário brasileiro.

> **CÉDULA** É O NOME DADO AO PAPEL QUE REPRESENTA A MOEDA USADA. TAMBÉM É COSTUME FALAR **NOTA** EM VEZ DE CÉDULA.

- Qual padrão você observa na sequência dessas moedas de real?

INVESTIGANDO PADRÕES E REGULARIDADES

Observe novamente os valores desta sequência de moedas de prata cunhadas em 1694.

| 20 réis |  40 réis |  80 réis |  160 réis |  320 réis |  640 réis |

- Qual padrão você observa nessa sequência?

_____
_____
_____

43

2. Estas quantias em real foram registradas no Quadro de Ordens a seguir. Observe o valor que o algarismo 1 representa em cada posição.

> UM MESMO ALGARISMO PODE REPRESENTAR VALORES DIFERENTES, DEPENDENDO DA POSIÇÃO QUE ELE OCUPA NA ESCRITA DO NÚMERO.

Classe das unidades simples		
3ª ordem	2ª ordem	1ª ordem
centenas simples	dezenas simples	unidades simples
		1
	1	0
1	0	0

- Quantas unidades o algarismo 1 representa:

a) nessa posição? _____

b) nessa outra posição? _____

c) nessa posição? _____

3. Quantas cédulas de 10 reais você precisa para trocar por uma de 100 reais? _____

4. O que você acha que é possível comprar com [10 reais]?
_____
_____

5. Quantas [1 real] podem ser trocadas por [100 reais]?
_____

FIQUE SABENDO

Trocar dinheiro é dar uma cédula de certo valor e receber o equivalente em moedas e cédulas de menor valor.

Ou dar uma moeda de certo valor e receber o equivalente em moedas de menor valor.

> NÃO É MUITO PRÁTICO LEVAR NA CARTEIRA UMA NOTA DE 100 REAIS. SABE POR QUÊ? PORQUE É DIFÍCIL DE TROCAR...

TRATANDO A INFORMAÇÃO

1 Diego precisa ir de São Paulo ao Rio de Janeiro e decidiu pesquisar na internet qual a distância rodoviária entre essas duas capitais.
Essa distância pode ser obtida no cruzamento de linhas e colunas da tabela que Diego encontrou na internet.

Distância rodoviária aproximada entre capitais da região Sudeste (em quilômetros)

Capitais	Belo Horizonte	Rio de Janeiro	São Paulo	Vitória
Belo Horizonte	–	434	586	524
Rio de Janeiro	434	–	429	521
São Paulo	586	429	–	882
Vitória	524	521	882	–

Fonte de pesquisa: ITATRANS. **Distância entre as capitais brasileiras** – em km. <http://www.itatrans.com.br/distancia.html>. Acesso em: 11 set. 2017.

a) Qual é a distância rodoviária entre a capital de São Paulo e a capital do Rio de Janeiro? _____

b) A tabela registra as distâncias entre as capitais dos estados do Sudeste. Entre que capitais dessa região a distância é maior?
_____

c) E qual é a menor distância entre duas capitais dessa região?
_____

2 Em grupo, pesquise a distância rodoviária entre a capital e as principais cidades do seu estado. Construam uma tabela como essa acima. Depois, elaborem algumas questões sobre as distâncias registradas na tabela. Para finalizar, troque de tabela e questões com outro grupo para que cada grupo responda às questões formuladas pelo outro.

A CLASSE DOS MILHARES

1. Veja nos Quadros de Ordens a representação do valor de cada nota a seguir.

a) Esta nota de cruzeiro, de 1943, homenageava Pedro Álvares Cabral.

Lê-se: mil cruzeiros.

Classe dos milhares			Classe das unidades simples		
6ª ordem	5ª ordem	4ª ordem	3ª ordem	2ª ordem	1ª ordem
centenas de milhar	dezenas de milhar	unidades de milhar	centenas simples	dezenas simples	unidades simples
		1	0	0	0

• Quantas unidades o algarismo 1 representa nessa posição?

___

b) Esta cédula de cruzado, de 1988, homenageava o cientista Carlos Chagas.

Lê-se: dez mil cruzados.

Classe dos milhares			Classe das unidades simples		
6ª ordem	5ª ordem	4ª ordem	3ª ordem	2ª ordem	1ª ordem
centenas de milhar	dezenas de milhar	unidades de milhar	centenas simples	dezenas simples	unidades simples
	1	0	0	0	0

• Quantas unidades o algarismo 1 representa nessa posição?

___

c) Esta cédula de cruzeiro, de 1985, homenageava o presidente Juscelino Kubitschek.

Lê-se: cem mil cruzeiros.

Classe dos milhares			Classe das unidades simples		
6ª ordem	5ª ordem	4ª ordem	3ª ordem	2ª ordem	1ª ordem
centenas de milhar	dezenas de milhar	unidades de milhar	centenas simples	dezenas simples	unidades simples
1	0	0	0	0	0

- Quantas unidades o algarismo 1 representa nessa posição?

FIQUE SABENDO

Você já ouviu falar em Juscelino Kubitschek? Também conhecido como JK, ele foi presidente do Brasil. Nasceu em 12 de setembro de 1902 e morreu em 22 de agosto de 1976.

Para comemorar os 100 anos do nascimento de JK, o Banco Central do Brasil lançou, em 12 de setembro de 2002, as moedas de R$ 1,00 com a imagem dele.

#FICA A DICA

Que tal ler o livro **Dinheiro**, de Caroline Grimshaw. Tradução de Mirian Gabbai, São Paulo, Callis, 1998. (Série Conexões!).

Você já se perguntou o que é dinheiro e por que precisamos dele? Ou por que há pessoas que enriquecem e outras que vão à falência? Descubra respostas para essas e outras perguntas sobre o dinheiro neste livro.

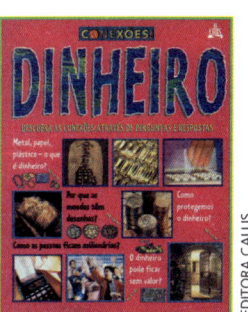

2. Observe no Quadro de Ordens o número que indica o preço do *notebook* do anúncio ao lado.

OFERTA DO MÊS

Notebook à vista 2 395 reais

Classe dos milhares			Classe das unidades simples		
6ª ordem	5ª ordem	4ª ordem	3ª ordem	2ª ordem	1ª ordem
centenas de milhar	dezenas de milhar	unidades de milhar	centenas simples	dezenas simples	unidades simples
		2	3	9	5

a) Decomponha o número 2 395.

2 395 = _____ + _____ + _____ + _____

b) Nesse número, qual é o valor posicional do algarismo 3? _____

3. Represente agora o número que indica o preço deste automóvel.

PREÇO À VISTA

35 990 reais

Classe dos milhares			Classe das unidades simples		
6ª ordem	5ª ordem	4ª ordem	3ª ordem	2ª ordem	1ª ordem
centenas de milhar	dezenas de milhar	unidades de milhar	centenas simples	dezenas simples	unidades simples

• Registre a decomposição do número representado.

_____

4. Qual número foi **decomposto** em cada item?

a) 70 000 + 900 + 80 + 6 = _____

b) 80 000 + 6 000 + 700 + 9 = _____

c) 90 000 + 9 000 + 900 + 90 + 9 = _____

5. DIVIRTA-SE!

Que tal se divertir com o "Jogo do Ábaco"?

- Com seu grupo, construa um ábaco usando copinhos de iogurte e palitos de sorvete.
- Usem seis dados para jogar.

1º Cada um na sua vez joga os dados.

2º Em seguida, investiga qual o maior número que pode ser formado com os pontos sorteados e representa esse número no ábaco, colocando palitos nos copinhos de acordo com as quantidades indicadas em cada dado.

3º Cada um registra o número formado no Quadro de Ordens e na forma decomposta polinomial.

4º Depois, investiga qual o menor número que pode ser formado com os pontos sorteados, representa no ábaco e registra no Quadro de Ordens e na forma decomposta polinomial.

CM	DM	UM	C	D	U	Forma Decomposta Polinomial

6. Descubra o número que falta em cada igualdade.

a) 7 × 10 000 + 8 × _____ = **70 800**

b) **200 990** = 2 × 100 000 + 9 × 100 + 9 × _____

c) **30 459** = 3 × _____ + 4 × 100 + 5 × 10 + 9

d) 1 × 100 000 + 4 × _____ + 1 = **100 401**

7. VAMOS BRINCAR COM PERCURSOS?

Lia adora ir com o pai aos jogos de futebol do time da cidade onde moram.

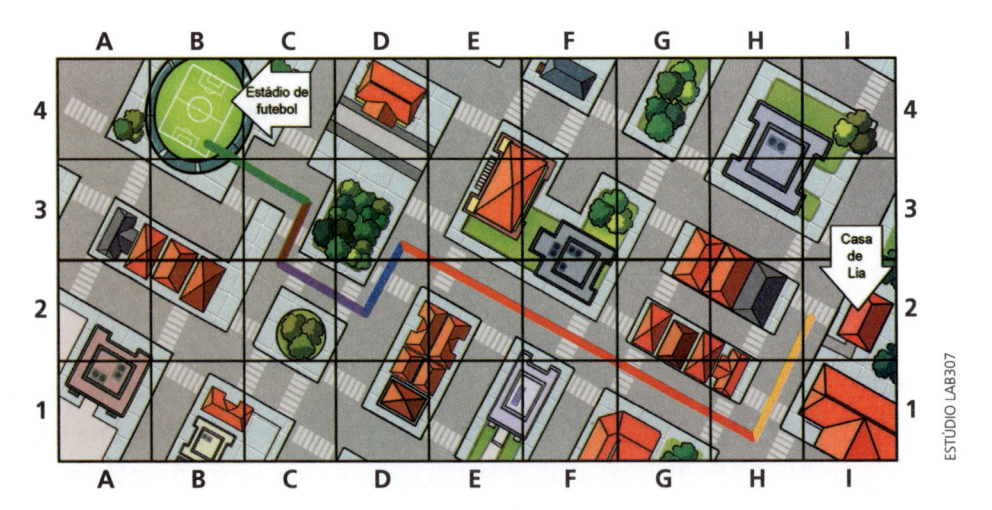

Observe o percurso e responda às questões.

a) A localização da casa de Lia no mapa é indicada por **I2** (coluna **I** e linha **2**). Qual é a localização do estádio de futebol? _____

b) Observe, no percurso acima, os trechos destacados em cores diferentes representando a caminhada que Lia e o pai fazem de casa até o estádio.

• Imagine-se com eles realizando esse percurso. Ao saírem de casa, os dois percorrem inicialmente o trecho destacado em amarelo. Depois, devem virar:

☐ à direita.   ☐ à esquerda.

• Após percorrerem o trecho destacado em vermelho, devem virar:

☐ à direita.   ☐ à esquerda.

• Após percorrerem o trecho destacado em azul, devem virar:

☐ à direita.   ☐ à esquerda.

• Ao término do trecho destacado em lilás, devem virar:

☐ à direita.   ☐ à esquerda.

• No final do trecho destacado em marrom, devem virar:

☐ à direita.   ☐ à esquerda.

PRODUÇÃO

▼ JOGO DA MEMÓRIA COM DIFERENTES DECOMPOSIÇÕES

Luiz descobriu um jogo da memória *on-line* que explora a decomposição dos números de quatro ordens.

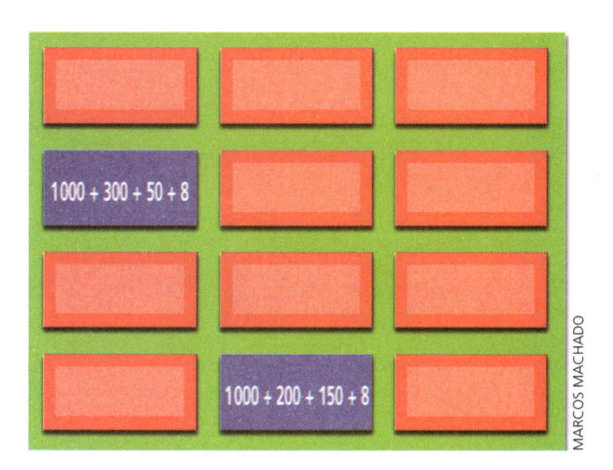

Veja que as duas cartelas formam par, pois:

1 000 + 300 + 50 + 8 = 1358   e   1 000 + 200 + 150 + 8 = 1358

Assim:

1 000 + 300 + 50 + 8 = 1 000 + 200 + 150 + 8

Que tal confeccionar com o seu grupo um jogo da memória com base no jogo *on-line*?

1º Destaquem os dez pares de cartelas retangulares, da página 273.

2º Escolham dez números e pensem em duas decomposições diferentes para cada número.

3º Registrem as duas decomposições feitas para cada número nos pares de cartelas recortadas. Vejam um exemplo:

3 000 + 800 + 10   3 000 + 400 + 410

Com as cartelas prontas, é só brincar com esse novo jogo da memória!

51

FAZENDO ARREDONDAMENTOS

1. A distância rodoviária entre Rio Branco e Brasília é de aproximadamente 3 123 km.

Fonte: DISTÂNCIA entre Rio Branco e Brasília. Disponível em: <http://www.geografos.com.br/distancia-entre-cidades/distancia-entre-rio-branco-e-brasilia.php>. Acesso em: 11 set. 2017.

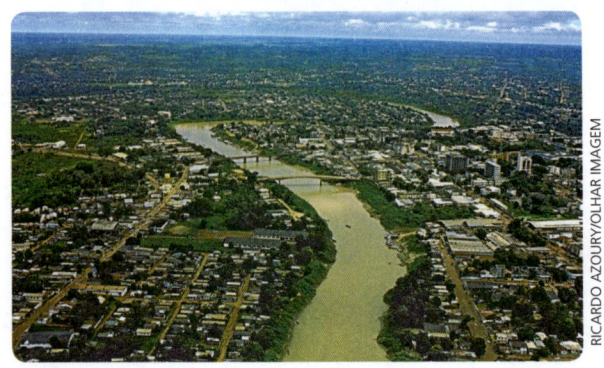

Rio Branco, AC. Foto de 2000.

Brasília, DF. Foto de 2009.

a) Vamos arredondar 3 123 para a dezena exata mais próxima.

3 120   3 121   3 122   3 123   3 124   3 125   3 126   3 127   3 128   3 129   3 130

- O número 3 123 está mais próximo de 3 120 ou de 3 130?

_____

b) Vamos arredondar 3 123 para a centena exata mais próxima.

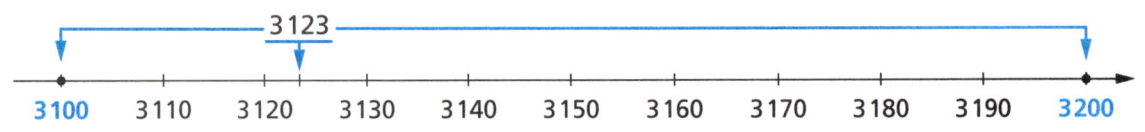

3 100   3 110   3 120   3 130   3 140   3 150   3 160   3 170   3 180   3 190   3 200

- O número 3 123 está mais próximo de 3 100 ou de 3 200?

_____

c) Vamos arredondar 3 123 para a unidade de milhar exata mais próxima.

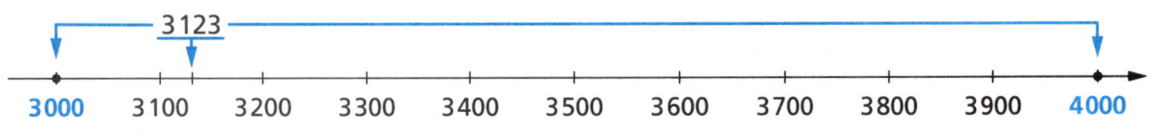

3 000   3 100   3 200   3 300   3 400   3 500   3 600   3 700   3 800   3 900   4 000

- O número 3 123 está mais próximo de 3 000 ou de 4 000?

_____

2. A distância entre Florianópolis e Natal é de aproximadamente 3 662 quilômetros.

Fonte: DISTÂNCIA entre Florianópolis e Natal. Disponível em: <http://www.geografos.com.br/distancia-entre-cidades/distancia-entre-florianopolis-e-natal.php>.Acesso em: 11 set. 2017.

Florianópolis, SC. Foto de 2012.

Natal, RN. Foto de 2009.

Arredonde o número 3 662 para:

a) a dezena exata mais próxima. _____

b) a centena exata mais próxima. _____

c) a unidade de milhar exata mais próxima. _____

FIQUE SABENDO

Você já ouviu falar em Blaise Pascal? Foi em 1642 que ele criou a **Pascalina**, nome pelo qual ficou conhecida a sua máquina de calcular.

Fonte: MARCOLIN, Neldson. **Máquina de calcular**. Pesquisa FAPESP, São Paulo, maio 2002. Disponível em: <http://www.revistapesquisa.fapesp.br/2002/05/01/maquina-de-calcular>. Acesso em: 28 nov. 2017.

Agora arredonde o número 1 642 para:

a) a dezena exata mais próxima. _____

b) a centena exata mais próxima. _____

c) a unidade de milhar mais próxima. _____

A CLASSE DOS MILHÕES

1. Em 1º de julho de 2017, o Instituto Brasileiro de Geografia e Estatística (IBGE) estimou que a população do Brasil era de 207 660 929 pessoas. Esse número está representado no Quadro de Ordens.

Fonte de pesquisa: Daniel Silveira. Brasil tem mais de 207 milhões de habitantes, segundo IBGE. **G1**. 30 ago. 2017. <http://g1.globo.com/economia/noticia/brasil-tem-mais-de-207-milhoes-de-habitantes-segundo-ibge.ghtml?utm_source=push&utm_medium=app&utm_campaign=pushg1>. Acesso em: 11 set. 2017.

Classe dos milhões			Classe dos milhares			Classe das unidades simples		
9ª ordem	8ª ordem	7ª ordem	6ª ordem	5ª ordem	4ª ordem	3ª ordem	2ª ordem	1ª ordem
Centenas de milhão	Dezenas de milhão	Unidades de milhão	Centenas de milhar	Dezenas de milhar	Unidades de milhar	Centenas simples	Dezenas simples	Unidades simples
2	0	7	6	6	0	9	2	9

Lê-se: Duzentos e sete milhões, seiscentos e sessenta mil, novecentos e vinte e nove.

• Quantas classes e quantas ordens tem esse número?
_____

2. Registre o valor do algarismo **6** de acordo com as posições ocupadas no número:

2 0 7 6 6 0 9 2 9

↳ Nesta posição, o **6** representa _____
_____

↳ Aqui, o algarismo **6** representa _____
_____

3. O IBGE estimou que, em 1º de julho de 2016, o número de habitantes do Brasil era 206 081 432. Escreva como se lê esse número.

Fonte de pesquisa: ESTIMATIVAS DA POPULAÇÃO residente no Brasil e unidades da federação com data de referência em 1º de julho de 2016. IBGE. Disponível em: <ftp://ftp.ibge.gov.br/Estimativas_de_Populacao/Estimativas_2016/estimativa_dou_2016_20160913.pdf>. Acesso em: 15 ago. 2017.

_____

> **#FICA A DICA**
>
> No *site* <http://ftd.li/dm7w5w> é possível acessar um contador automático que vai atualizando o número de habitantes do Brasil a cada 20 segundos.

4. No dia 26 de março de 2017, às 20 horas em ponto, o *site* indicado no **Fica a dica** informava que o número de habitantes do Brasil era 207 265 464.

- Com o auxílio de um adulto, acesse o *site* indicado. Registre o total de habitantes do Brasil informado, o dia e o horário do acesso.

TRATANDO A INFORMAÇÃO

Veja a seguir o número estimado de habitantes do Brasil e, também, por região.

Estimativas da população no Brasil e por regiões com data de referência em 1º de julho de 2016

Brasil e regiões	População estimada
Brasil	206 081 432
Região Norte	
Região Nordeste	56 915 936
Região Sudeste	86 356 952
Região Sul	29 439 773
Região Centro-Oeste	15 660 988

Fonte: ESTIMATIVAS DA POPULAÇÃO residente no Brasil e unidades da federação com data de referência em 1º de julho de 2016. IBGE. Disponível em: <ftp://ftp.ibge.gov.br/Estimativas_de_Populacao/Estimativas_2016/estimativa_dou_2016_20160913.pdf>. Acesso em: 15 ago. 2017.

a) Escreva na tabela o número de habitantes da Região Norte: **dezessete milhões, setecentos e sete mil, setecentos e oitenta e três**.

b) Qual é a região do Brasil cujo número de habitantes está entre:

- 10 milhões e 20 milhões? _____

- 20 milhões e 30 milhões? _____

- 50 milhões e 60 milhões? _____

- 80 milhões e 90 milhões? _____

5. INVESTIGANDO COM A CALCULADORA.

a) Digite na calculadora as sequências de teclas a seguir. Que números apareceram no visor da calculadora?

ON 1 0 0 0 0 0 0 0 _____

ON 0 0 0 0 0 0 0 1 _____

b) Faça outras investigações digitando a tecla 0 antes e depois de teclas com outros algarismos. O que você observa?

c) Quantos algarismos é possível ler no visor da sua calculadora?

_____

d) Qual é o maior número com algarismos diferentes que é possível digitar na sua calculadora? _____

6. VAMOS BRINCAR COM PERCURSOS?

Observe o percurso que cada carro realizou.

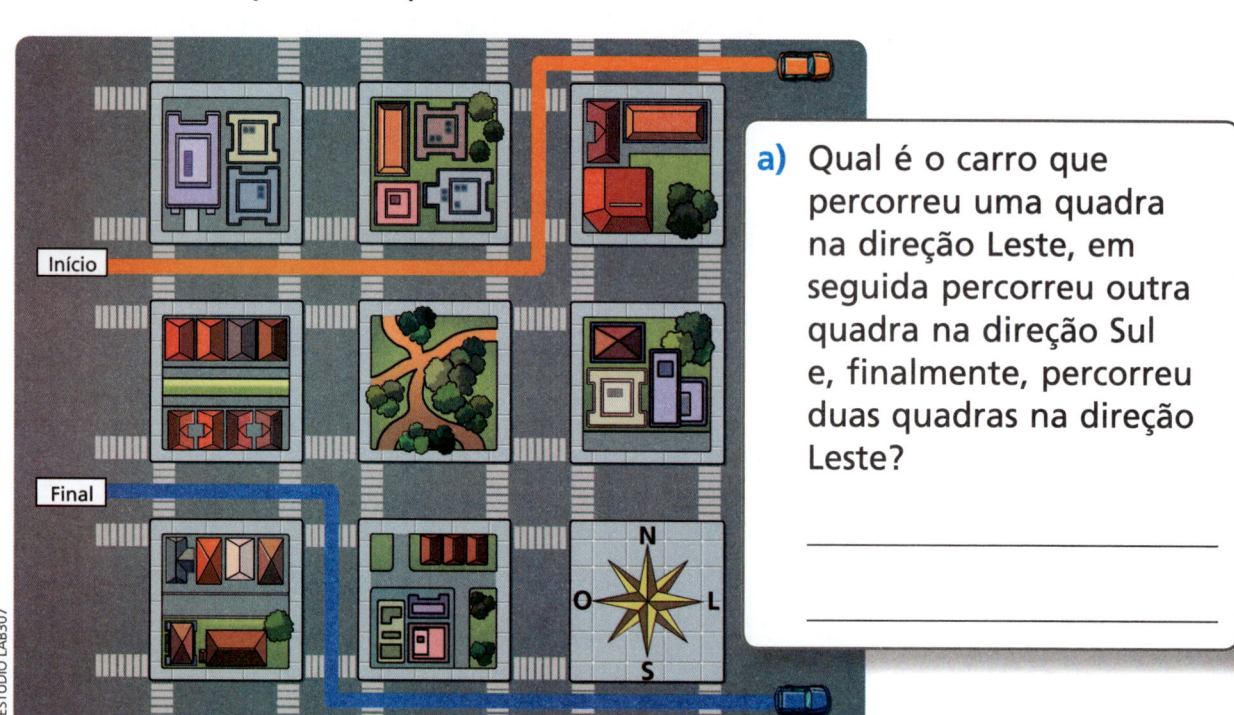

a) Qual é o carro que percorreu uma quadra na direção Leste, em seguida percorreu outra quadra na direção Sul e, finalmente, percorreu duas quadras na direção Leste?

_____

_____

b) Descreva o percurso feito pelo outro carro.

_____

_____

INVESTIGANDO PADRÕES E REGULARIDADES

a) Vanessa construiu algumas "pontes" com **pedras de dominó**. Use pedras de dominó para construir "pontes" como as de Vanessa.

b) Quantas pedras de dominó ela usou para fazer a "ponte" com:

- 1 pedra na horizontal? _____

- 2 pedras na horizontal? _____

- 3 pedras na horizontal? _____

c) Descubra o segredo da sequência do item **anterior e calcule** quantas pedras de dominó serão necessárias para construir uma "ponte" com:

- 4 pedras na horizontal. _____
- 5 pedras na horizontal. _____

QUAL É A CHANCE?

1. Leia.

- No jogo de cara ou coroa, quem tem **mais chance de** ganhar: o que aposta na cara ou o que aposta na coroa? _____

2. Contorne uma moeda duas vezes em uma folha. Recorte os círculos e pinte um de amarelo e o outro de verde. Depois, cole um de cada lado da moeda. Lançando a moeda, é **certo**, **provável** ou **impossível** você conseguir:

a) face 🟢? _____

b) face 🔴? _____

c) face 🟡? _____

d) face 🟢 ou 🟡? _____

57

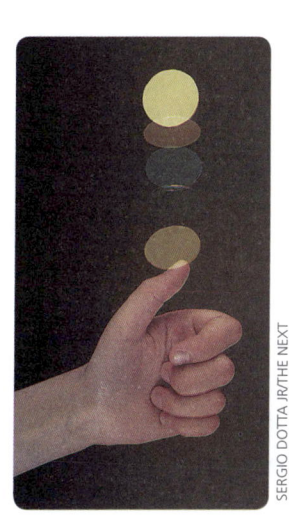

TRATANDO A INFORMAÇÃO

1 Em uma pesquisa sobre o mês de aniversário dos alunos, as respostas foram organizadas em uma tabela de frequências:

Aniversariantes da classe

Mês de aniversário	Jan.	Fev.	Mar.	Abr.	Maio	Jun.	Jul.	Ago.	Set.	Out.	Nov.	Dez.	Total final
Número de alunos	5	2	5	2	4	7	0	1	4	6	3	1	40

Fonte: Dados fictícios. Tabela elaborada em 2017.

Com os dados da tabela, um gráfico de colunas foi construído pintando-se um quadrinho para cada aluno.

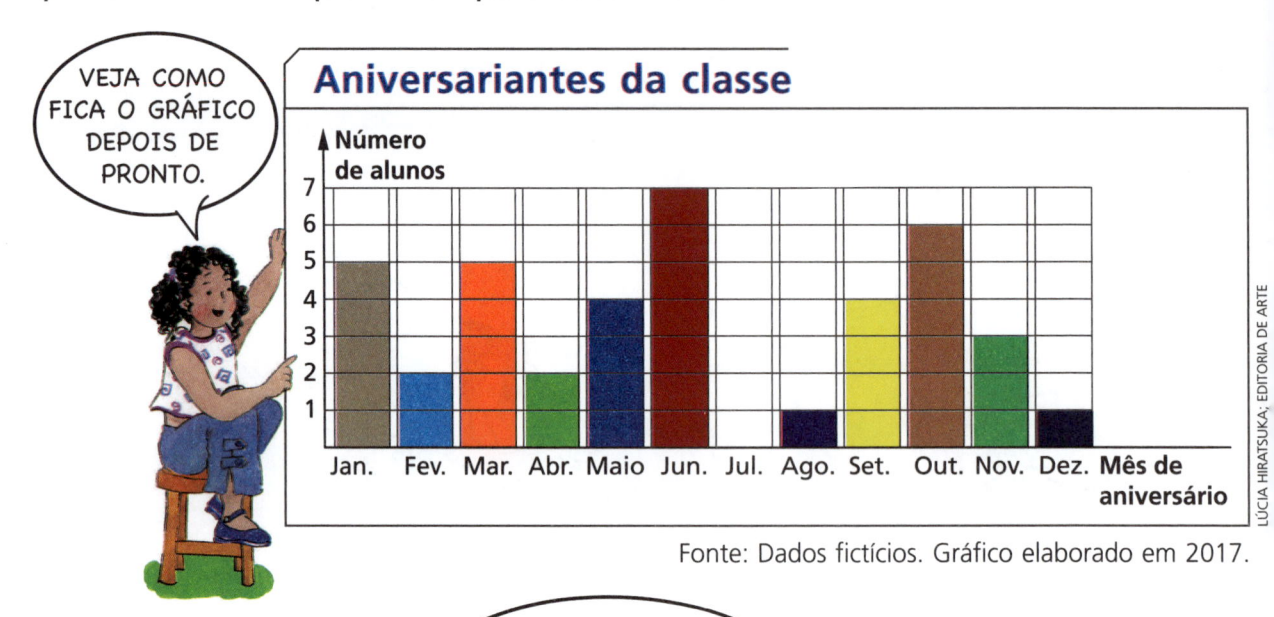

VEJA COMO FICA O GRÁFICO DEPOIS DE PRONTO.

Aniversariantes da classe

Fonte: Dados fictícios. Gráfico elaborado em 2017.

VAMOS CONTAR OS QUADRINHOS PARA VER QUANTOS ALUNOS PARTICIPARAM.

PODEMOS ANALISAR OS MESES COM MAIOR E COM MENOR FREQUÊNCIA DE ANIVERSARIANTES.

QUE TAL VERIFICAR EM QUAL BIMESTRE, TRIMESTRE OU SEMESTRE HÁ MAIS ANIVERSARIANTES NA CLASSE?

• Com seu grupo, troque ideias sobre as informações que vocês observaram nessa pesquisa.

2 Com sua turma, faça um levantamento sobre o dia de nascimento dos alunos da classe. À medida que vocês receberem a informação, vão anotando o nome da pessoa e a data de nascimento, colocando-os em ordem dos que nasceram primeiro para os que nasceram por último.

a) Com base na pesquisa feita, registre na tabela de frequências a seguir o número de aniversariantes de cada mês:

Aniversariantes do 5º ano

Mês de aniversário	Jan.	Fev.	Mar.	Abr.	Maio	Jun.	Jul.	Ago.	Set.	Out.	Nov.	Dez.	Total de alunos
Número de alunos													

Fonte: Dados coletados pelos alunos da classe em _____.

b) Compare seu registro com o de seus colegas. Os resultados foram os mesmos? Vocês registraram da mesma forma?

c) Construa um gráfico de colunas com base nos dados da tabela de frequências.

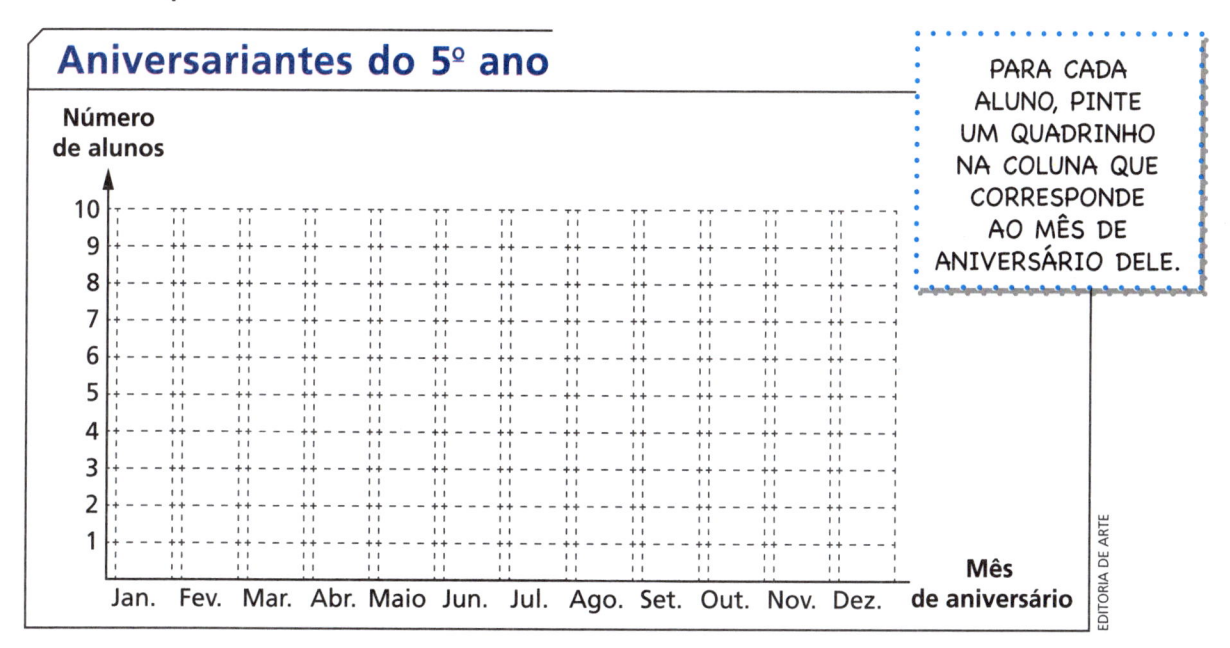

Aniversariantes do 5º ano

Número de alunos (eixo y: 1 a 10)
Mês de aniversário (eixo x: Jan., Fev., Mar., Abr., Maio, Jun., Jul., Ago., Set., Out., Nov., Dez.)

> PARA CADA ALUNO, PINTE UM QUADRINHO NA COLUNA QUE CORRESPONDE AO MÊS DE ANIVERSÁRIO DELE.

Fonte: Dados coletados pelos alunos da classe em _____.

d) Com seu grupo, troque ideias sobre as informações que vocês observaram nessa pesquisa. Depois, registrem as conclusões aqui.

_____

_____

PRODUÇÃO

▼ JOGO DE CARTELAS COM ALGARISMOS

1º Destaque as cartelas numeradas de 0 a 9 da página 275. Embaralhe as cartelas com os algarismos virados para baixo. Depois, sorteie 6 cartões. Usando os algarismos sorteados, escreva qual é:

Cartelas: 0, 6, 9, 7, 2, 4, 3, 1, 5, 8

NÃO VALE USAR ALGARISMO REPETIDO!

a) o maior número que pode ser formado. →

b) o menor número que pode ser formado. →

2º Agora, com as cartelas 0, 7, 2, 9, 1, 3, forme um número de 6 algarismos:

a) mais próximo de 100 000. →

b) mais próximo de 200 000. →

c) menor que 700 000. →

d) entre 800 000 e 900 000. →

3º Os agrupamentos das cartelas de 3 em 3, formando as classes, facilitam a leitura dos números. Escreva como se leem os seguintes números:

Classe dos milhares	Classe das unidades simples
5 5 2	2 6 6

a) 5 5 2 2 6 6

_____

b) 6 1 4 0 7 9

_____

60

SÓ PARA LEMBRAR

1 Calcule mentalmente. Uma quantia de 1 000 reais corresponde a quantas notas de:

a) 100 reais? _____

b) 50 reais? _____

c) 20 reais? _____

d) 10 reais? _____

2 Utilizando o menor número de moedas de florins, componha 45 florins.

_____

_____

III florins   VI florins   XII florins

3 Que número está representado em cada ábaco?

a)

DM UM C D U

_____

b)

CM DM UM C D U

_____

4 Utilizando estes quatro algarismos, sem repeti-los, represente:

5   9   8   2

a) o maior número ímpar. _____

b) o menor número par. _____

c) um número ímpar compreendido entre 8 000 e 9 000.

_____

d) um número que pode ser arredondado para 6 000.

_____

5 (Prova Brasil) O litoral brasileiro tem cerca de 7 500 quilômetros de extensão. Este número possui quantas centenas?

a) 5   b) 75   c) 500   d) 7 500

6 Edgar e Marina vão jogar 2 dados. Em que situações a soma dos pontos desses dados será:

a) par? _____

_____

b) ímpar? _____

_____

Investigue com seu grupo em que situações a soma dos pontos de 3 dados será par e em que situações será ímpar. Use o espaço abaixo.

7 Os dinossauros foram os animais mais bem-sucedidos na Terra, uma vez que viveram 160 milhões de anos.

Fonte: EVOLUÇÃO dos dinossauros. **Brasil Escola**. Disponível em: <http://brasilescola.uol.com.br/animais/evolucao-dos-dinossauros.htm>. Acesso em: 15 ago. 2017.

a) Escreva o número 160 milhões usando apenas algarismos. _____

b) Quantos zeros você usou? _____

#FICA A DICA

Saiba por que os dinossauros viveram tanto tempo na Terra. Consulte o *site* Brasil Escola. Disponível em: <http://ftd.li/oqv6nh>. Acesso em: 15 ago. 2017.

8 Você sabia que a lâmpada elétrica foi inventada em 1879 por Thomas Edison? Arredonde o número 1879 para a dezena inteira mais próxima e localize o número arredondado na reta numérica. _____

1 800   1 810   1 820   1 830   1 840   1 850   1 860   1 870   1 880   1 890   1 900

9 José e Adriana construíram um jogo de cartelas com os algarismos de 0 a 9. José tem as cartelas amarelas, e Adriana as azuis. Cada um pegou o seu jogo de cartelas e embaralhou com os algarismos virados para baixo. Depois, cada um virou 5 cartelas.

José.   Adriana.

a) O maior número que José consegue formar com os 5 algarismos que ele virou é ☐☐☐☐☐ e o menor é ☐☐☐☐☐.

b) O maior número que Adriana consegue formar com os 5 algarismos que ela virou é ☐☐☐☐☐ e o menor é ☐☐☐☐☐.

c) O número mais próximo de 30 000 que José consegue formar com esses 5 algarismos é ☐☐☐☐☐.

10 Marcelo embaralhou os 10 cartões do jogo e, depois, virou 6 deles.
- Com os 6 cartões que Marcelo virou, qual é o número de 6 algarismos mais próximo de 200 000?

_____

UNIDADE 3

OPERAÇÕES: CÁLCULOS DO DIA A DIA

Jogue com um colega e descubra se você é um consumidor consciente! Lance um dado e use as "máquinas de calcular" para saber quantas casas deve andar.

NÃO PEDIU A NOTA FISCAL! VOLTE 8 CASAS.

ESQUECEU DE CHECAR A DATA DE VALIDADE! VOLTE 5 CASAS.

VOCÊ COMPAROU PREÇOS ANTES DE COMPRAR! AVANCE 3 CASAS.

SE O NÚMERO DE PONTOS NO DADO FOR PAR, USE ESTA "MÁQUINA DE CALCULAR".

+10   ×2   → ?

NESTA UNIDADE VAMOS EXPLORAR:

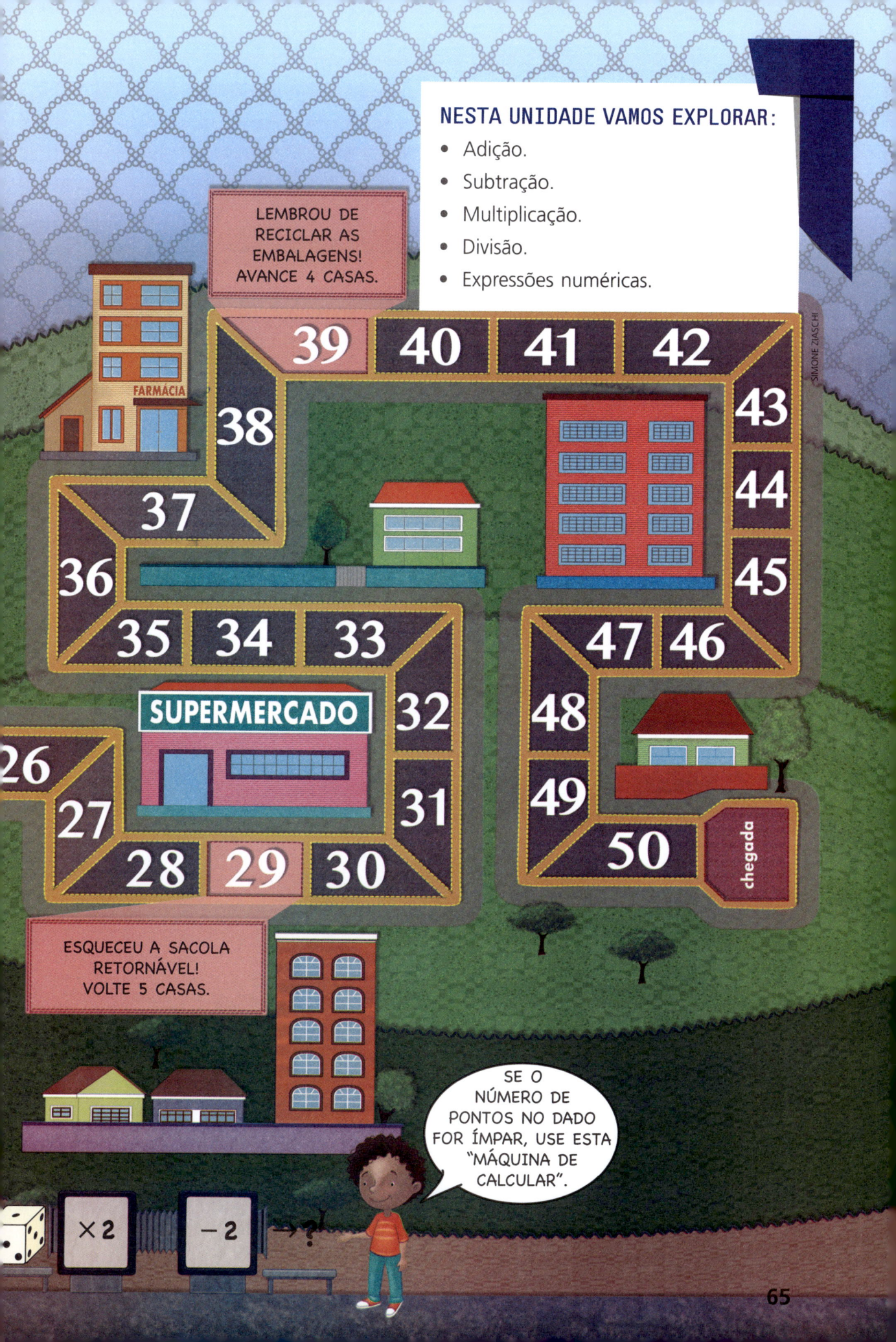

- Adição.
- Subtração.
- Multiplicação.
- Divisão.
- Expressões numéricas.

LEMBROU DE RECICLAR AS EMBALAGENS! AVANCE 4 CASAS.

39 40 41 42
38
37
36
35 34 33
SUPERMERCADO 32
26
27 31
28 29 30

43
44
45
47 46
48
49
50 chegada

ESQUECEU A SACOLA RETORNÁVEL! VOLTE 5 CASAS.

SE O NÚMERO DE PONTOS NO DADO FOR ÍMPAR, USE ESTA "MÁQUINA DE CALCULAR".

×2   −2

ADIÇÃO

1. Zico irá ajudar na arrecadação de fundos para apoiar o grupo de dança de sua comunidade em Manaus. O grupo irá participar do Festival Folclórico de Parintins. Ele calculou que seriam gastos R$ 915,00 para transporte de barco e R$ 3 670,00 para alimentação, roupas e adereços dos dançarinos. Quanto a comunidade precisará arrecadar para que esse grupo participe do festival?

Apresentação do Boi Garantido no Festival de Parintins, em Parintins, AM, 2015.

a) Veja como Vitor e Cláudia arredondaram os valores para fazer o cálculo aproximado e termine o cálculo deles.

ARREDONDANDO OS VALORES PARA A CENTENA EXATA MAIS PRÓXIMA, É SÓ CALCULAR 900 + 3 700.

915 → 900
3 670 → 3 700

ARREDONDANDO PARA A UNIDADE DE MILHAR EXATA MAIS PRÓXIMA, É SÓ CALCULAR 1 000 + 4 000.

915 → 1 000
3 670 → 4 000

b) Calcule a soma de R$ 915,00 e R$ 3 670,00. Quem vai obter o valor mais próximo do valor real: Vitor ou Cláudia?

2. Após o festival, o grupo de dança da comunidade de Zico continuará a viagem de barco para se apresentar em Belém do Pará. A distância fluvial entre Manaus e Parintins é de 446 km e a distância fluvial entre Parintins e Belém do Pará é de 1160 km.

Fonte: DISTÂNCIA fluvial entre cidades da Amazônia. **SP Sem Segredos**. Disponível em: <http://emsampa.com.br/page16.htm>. Acesso em: 18 ago. 2017.

Embarcação no porto de Parintins, AM, em 2015.

a) Calcule a distância fluvial aproximada entre Manaus e Belém do Pará, arredondando as medidas para:

- a centena exata mais próxima.

- a unidade de milhar exata mais próxima.

b) Calcule a distância fluvial entre Manaus e Belém do Pará e compare com os cálculos aproximados feitos no item anterior.

3. Atualmente, o Amazonas é considerado o maior rio do mundo, tanto em volume de água como em extensão. Nasce na cordilheira dos Andes, no Peru, atravessa o continente sul-americano de sudoeste para nordeste e deságua no Oceano Atlântico. Observe no mapa o percurso do Rio Amazonas. Localize onde esse rio nasce e onde ele deságua.

Fontes de pesquisa:
<http://www.amazonas.am.gov.br/o-amazonas/dados/> e <https://biblioteca.ibge.gov.br/index.php/biblioteca-catalogo?view=detalhes&id=41940>.
Acessos em: 20 set. 2017.

Percurso do Rio Amazonas: da nascente à foz

Fonte: ATLAS geográfico escolar. 4. ed. Rio de Janeiro: IBGE, 2007.

A extensão do Rio Amazonas em solo brasileiro é de 3 165 km. Fora do Brasil, esse rio imenso tem outros 3 827 km.

a) Calcule a extensão total aproximada do Rio Amazonas arredondando as medidas para:
- a centena exata mais próxima. _____
- a unidade de milhar exata mais próxima. _____

b) Calcule a extensão total do Rio Amazonas e compare com os cálculos aproximados feitos no item anterior.

4. A biblioteca do bairro tem 1 768 livros.
Em uma campanha de doação arrecadaram-se 986 livros. Com quantos livros a biblioteca poderá contar agora?

a) Valéria arredondou as quantidades para a dezena exata mais próxima e fez um cálculo. Qual o resultado encontrado por ela?

_____

b) Veja a estratégia de cálculo em que Hilda pensou. Termine os cálculos.

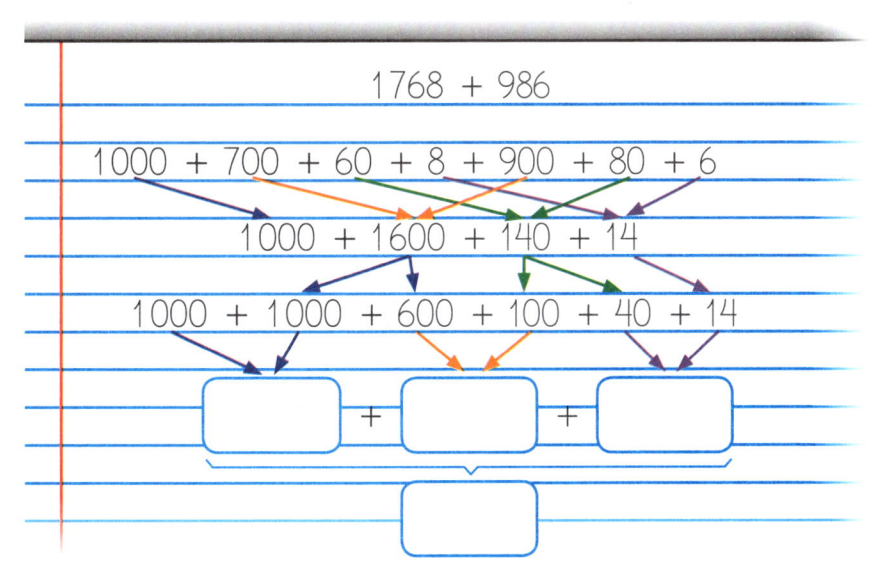

PRIMEIRO, EU DECOMPONHO OS NÚMEROS...

1768 + 986

1000 + 700 + 60 + 8 + 900 + 80 + 6

1000 + 1600 + 140 + 14

1000 + 1000 + 600 + 100 + 40 + 14

☐ + ☐ + ☐

☐

c) Marcos preferiu usar o algoritmo. Veja como ele efetuou a adição e complete a última etapa.

1ª etapa (adição das unidades):

M	C	D	U
1	7	6¹	8
+		9	8	6
			4

8 **U** + 6 **U** = 14 **U** → escrevo as 4 **U** e troco 10 **U** por 1 **D**.

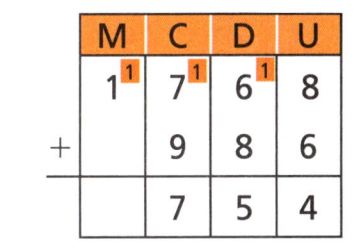

2ª etapa (adição das dezenas):

M	C	D	U
1	7¹	6¹	8
+		9	8	6
			5	4

1 **D** + 6 **D** + 8 **D** = 15 **D** → escrevo as 5 **D** e troco 10 **D** por 1 **C**.

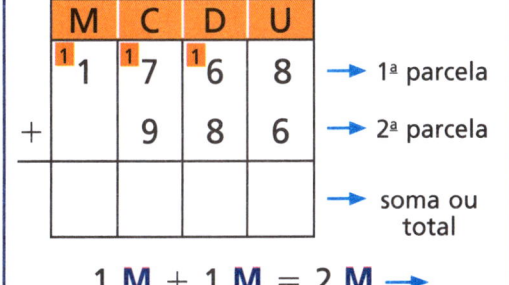

3ª etapa (adição das centenas):

M	C	D	U
1¹	7¹	6¹	8
+		9	8	6
	7	5	4

1 **C** + 7 **C** + 9 **C** = 17 **C** → escrevo as 7 **C** e troco 10 **C** por 1 **M**.

4ª etapa (adição dos milhares):

M	C	D	U
¹1	¹7	¹6	8	→ 1ª parcela
+		9	8	6	→ 2ª parcela
					→ soma ou total

1 **M** + 1 **M** = 2 **M** → escrevo os 2 **M**.

• E você, como faria essa adição?

5. Veja o folheto de um bazar beneficente. A partir do valor gasto, descubra quais os itens que cada cliente comprou.

GRANDE BAZAR BENEFICENTE

Mercadoria	Preço
Calça jeans	99 reais
Bermuda jeans	66 reais
Jaqueta	125 reais
Camisa polo	51 reais
Camiseta	32 reais

VENHA PARTICIPAR!

VOU GASTAR 150 REAIS!

GASTEI 191 REAIS!

VOU GASTAR 224 REAIS!

99 + ☐ = 150

☐ + 66 = 191

224 = ☐ + 125

6. Veja a dica para calcular 150 + 70 e 550 + 250. Depois, escreva o que falta em cada uma das igualdades.

DICA: É SÓ PENSAR EM 15 + 7 = 22 E EM 55 + 25 = 80!

a) 150 + 70 = ☐

b) 550 + 250 = ☐

c) 2200 = 1500 + ☐

d) ☐ + 7000 = 22000

e) ☐ + 2500 = 8000

f) ☐ = 55000 + 25000

• Troque ideias com um colega e veja se ele fez como você.

PROPRIEDADES DA ADIÇÃO

1. Você e um colega vão jogar "Trocando a Ordem das Parcelas" e descobrir uma das propriedades da adição.

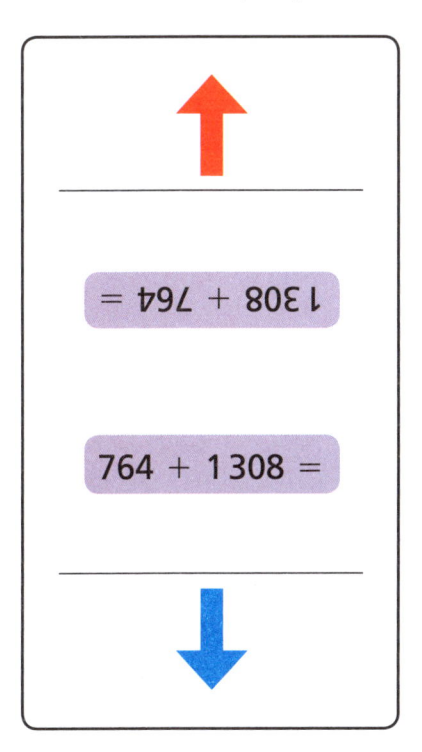

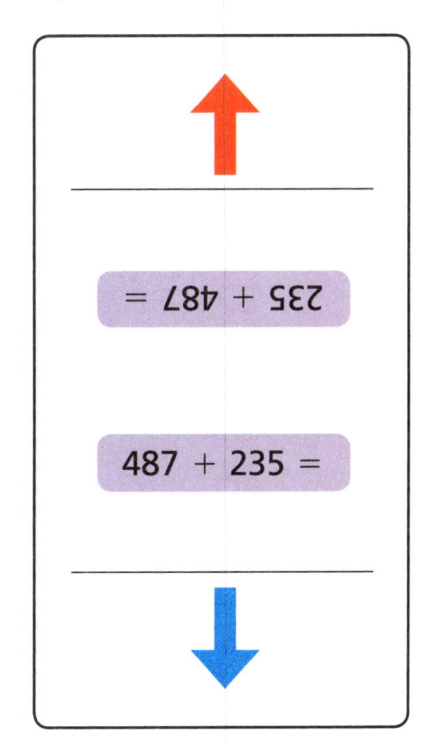

1 308 + 764 =		235 + 487 =
764 + 1 308 =		487 + 235 =

Sentem-se um de frente para o outro, posicionando o tabuleiro assim:

- as setas ⬇ viradas para você

- as setas ⬆ viradas para o colega

Vocês farão a mesma adição, só que a ordem das parcelas está trocada. Depois, comparem as somas obtidas e tirem uma conclusão a respeito.

A ORDEM DAS PARCELAS NÃO ALTERA A SOMA.

2. Invente duas adições, escreva-as em uma folha e calcule as somas.

Troque de folha com o colega. Cada um troca a ordem das parcelas nas adições que o outro inventou e recalcula as somas.

- O que acontece com a soma quando trocamos a ordem das parcelas?

_____

_____

3. Complete as adições com as parcelas que faltam e, depois, responda.

a) 15 + ☐ = 15 e ☐ + 15 = 15

b) 128 + ☐ = 128 e ☐ + 128 = 128

> NUMA ADIÇÃO DE DUAS PARCELAS, SE UMA DAS PARCELAS É ZERO, A SOMA É IGUAL À OUTRA PARCELA.

c) 1709 + ☐ = 1709 e ☐ + 1709 = 1709

- Qual a soma numa adição de duas parcelas em que uma delas é zero?

_____

4. Jogue com um colega o "Jogo das Associações".
Em cada cartão, há dois quadros: um de contorno azul e outro de contorno vermelho. Você efetua as contas do quadro de contorno azul e seu colega as do quadro de contorno vermelho. **Os parênteses indicam a adição que se deve fazer primeiro**.

25 + (14 + 38)	(138 + 47) + 61
(25 + 14) + 38	138 + (47 + 61)

- Agora, comparem os resultados. O que vocês observaram? Escrevam uma conclusão a respeito.

_____
_____
_____
_____

5. Observe as associações das parcelas e calcule as somas.

> OBSERVE QUAIS PARCELAS SÃO ADICIONADAS PRIMEIRO EM CADA EXPRESSÃO NUMÉRICA.

a) 132 + (49 + 235) | (132 + 49) + 235

b) (325 + 407) + 650 | 325 + (407 + 650)

- O que você pode concluir em relação aos parênteses e às somas obtidas?

_____

_____

_____

> NUMA ADIÇÃO COM 3 OU MAIS PARCELAS, A SOMA É A MESMA QUANDO ASSOCIAMOS AS PARCELAS DE FORMAS DIFERENTES. VOCÊ PODE AGRUPAR AS PARCELAS DE UMA ADIÇÃO DA MANEIRA QUE ACHAR MELHOR.

6. Efetue as somas usando uma estratégia pessoal. Depois, use uma calculadora para conferir seus cálculos.

a) 250 + 37 = _____

b) 345 + 623 = _____

c) 2 413 + 356 = _____

SUBTRAÇÃO

1. Janice adora praticar rapel. Ela sempre pesquisa muito para comprar seu equipamento. Além de bom preço, o equipamento tem que ter boa qualidade para garantir a sua segurança. Pesquisando pela internet, Janice encontrou o *Kit Rapel Completo* com uma boa diferença entre os preços:

Rapel no Rio de Janeiro, RJ. Foto de 2015.

KIT RAPEL COMPLETO — 958 REAIS
KIT RAPEL COMPLETO — 829 REAIS
KIT RAPEL COMPLETO — 1179 REAIS

VOCÊ JÁ OUVIU FALAR EM RAPEL? **RAPEL** É UMA ATIVIDADE PRATICADA COM O USO DE CORDAS E EQUIPAMENTOS ADEQUADOS PARA A DESCIDA DE PAREDÕES E VÃOS LIVRES, BEM COMO OUTRAS EDIFICAÇÕES.

a) Calcule a diferença aproximada entre o maior e o menor preço arredondando os valores:

- para a centena exata mais próxima.

1179 → 1200
829 → 800

- para a dezena exata mais próxima.

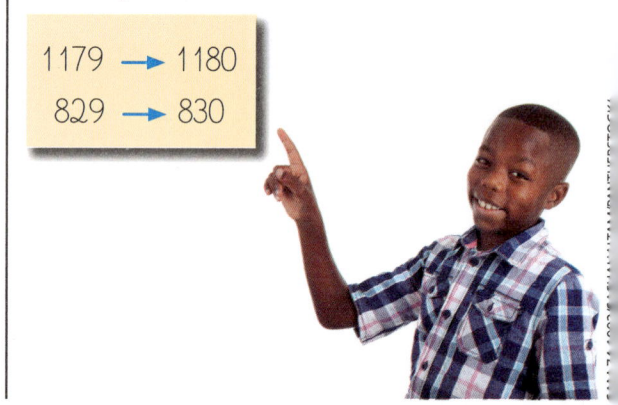

1179 → 1180
829 → 830

b) Agora calcule a diferença real sem fazer arredondamentos.

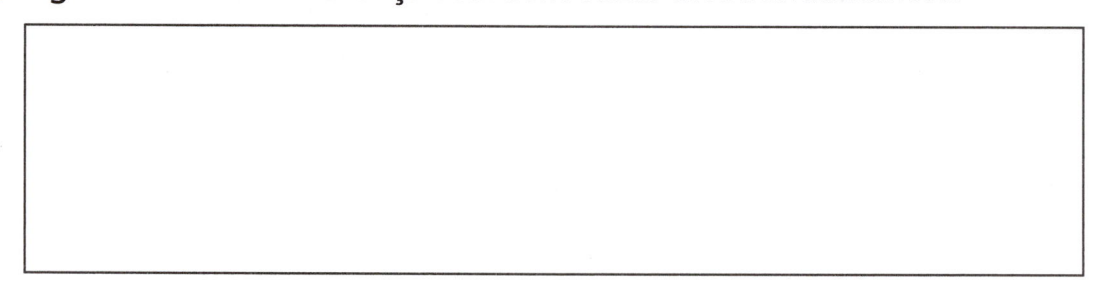

c) Compare a diferença com os cálculos aproximados feitos no item **a**.

2. O Pico da Neblina, localizado na Serra do Imeri (Amazonas), é o ponto culminante do Brasil, com aproximadamente 2 995 metros de altitude. Já o Pico da Bandeira, na Serra de Caparaó (divisa entre Minas Gerais e Espírito Santo), tem aproximadamente 2 891 metros de altitude. Quantos metros o Pico da Neblina tem a mais que o Pico da Bandeira?

Fonte de pesquisa: <http://www.inde.gov.br/noticias-inde/8530-geociencias-ibge-reve-as-altitudes-de-sete-pontos-culminantes.html>. Acesso em: 20 set. 2017.

a) Inicialmente, faça um cálculo aproximado arredondando as medidas das altitudes.

_____

b) Podemos efetuar a subtração usando o algoritmo. Acompanhe e complete a última etapa.

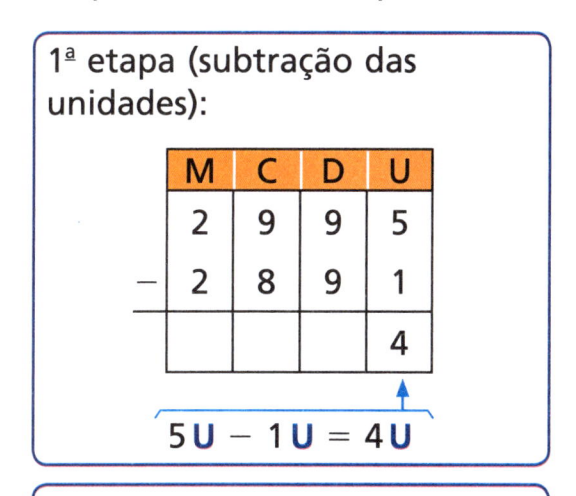

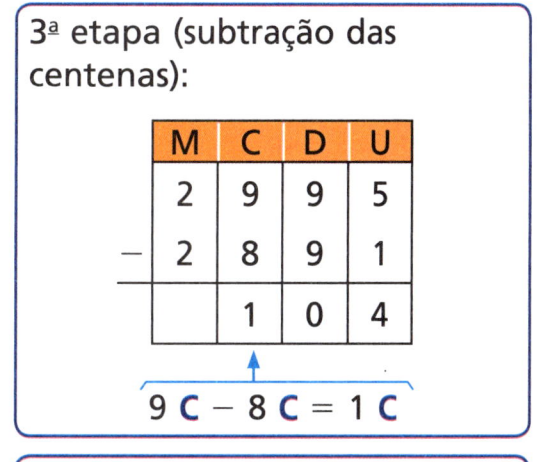

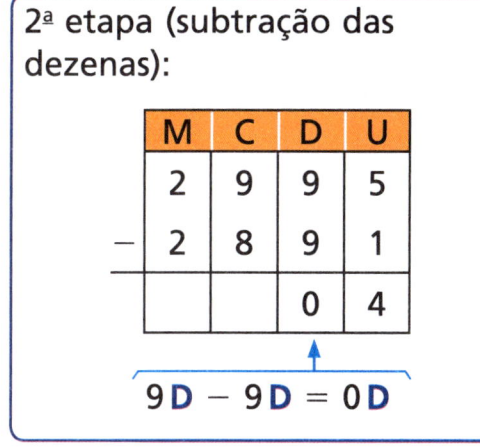

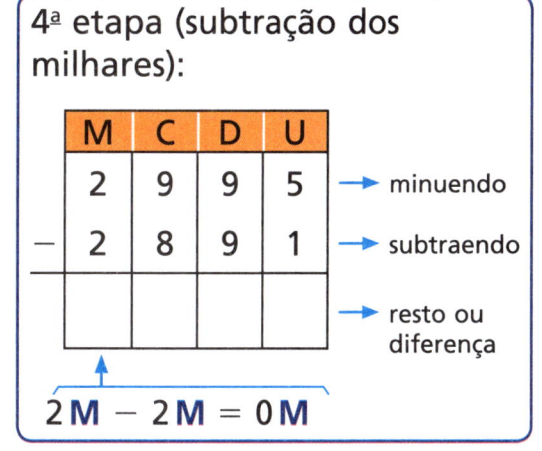

1ª etapa (subtração das unidades):

M	C	D	U
2	9	9	5
− 2	8	9	1
			4

5 U − 1 U = 4 U

3ª etapa (subtração das centenas):

M	C	D	U
2	9	9	5
− 2	8	9	1
	1	0	4

9 C − 8 C = 1 C

2ª etapa (subtração das dezenas):

M	C	D	U
2	9	9	5
− 2	8	9	1
		0	4

9 D − 9 D = 0 D

4ª etapa (subtração dos milhares):

M	C	D	U
2	9	9	5	→ minuendo
− 2	8	9	1	→ subtraendo
				→ resto ou diferença

2 M − 2 M = 0 M

• Qual é a diferença, em metros, entre as altitudes dos Picos da Neblina e da Bandeira? _____

c) Compare o resultado obtido no item **b** com o cálculo aproximado feito no item **a**.

d) E você, como faria essa subtração?

3. Pneus usados não devem ser abandonados na natureza. Eles podem e devem ser reciclados. Veja na tabela o número de toneladas de pneus reciclados no nosso país em alguns anos.

Pneus reciclados no Brasil

Ano	Número de toneladas
2013	404 000
2014	445 000
2015	451 700
2016	457 500

Fontes de pesquisa: <http://www.reciclanip.org.br/v3/releases/reciclanip-retirou-do-meio-ambiente-445-mil-toneladas-de-pneus-inserviveis-em-2014-o-equivalente-a-89-milhoes-de-pneus-de-passeio/74/20150214/>; <http://www.automotivebusiness.com.br/noticia/21379/brasil-recicla-89-milhoes-de-pneus-em-2014>; <http://revistapesquisa.fapesp.br/2016/08/19/reciclagem-de-pneus/>; <http://www.siebert.com.br/industria-brasileira-de-pneus-supera-meta-de-reciclagem/>. Acessos em: 20 set. 2017.

a) Calcule mentalmente:

- Quantas toneladas de pneus foram recicladas a mais em 2016 do que em 2013?

- Quantas toneladas faltaram para completar as 460 mil toneladas em 2016?

b) Crie uma situação-problema com base nos dados apresentados na tabela. Depois, em dupla, resolvam as situações que você e seu colega criaram.

4. VAMOS BRINCAR COM PERCURSOS?

Márcio e Bia estão passando férias no Rio de Janeiro. Veja no mapa o percurso que eles planejaram fazer para conhecer algumas cidades da região serrana desse estado.

Região serrana do Rio de Janeiro

Fonte do mapa: ATLAS geográfico escolar. 7 ed. Rio de Janeiro: IBGE, 2017. p. 173.

a) Agora, eles estão em Petrópolis e pretendem ir para Nova Friburgo. Por quais dessas cidades eles passarão nesse percurso?

_____

_____

_____

b) Qual dos dois percursos é o mais longo? Quantos quilômetros tem a mais que o outro?

_____

_____

_____

77

5. Numa subtração, retirando-se o mesmo valor do minuendo e do subtraendo, a diferença não se altera. Veja como essa propriedade torna algumas subtrações mais simples de serem efetuadas. Usando a propriedade ao lado, calcule quanto falta para:

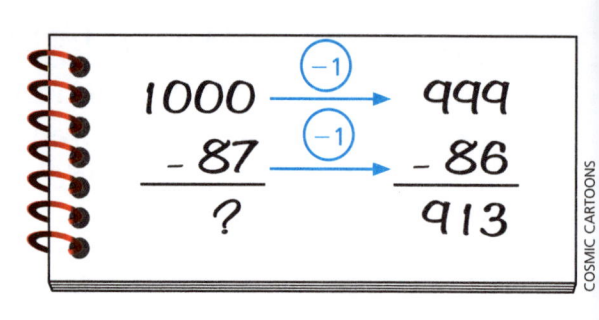

$$\begin{array}{r} 1000 \\ -\ 87 \\ \hline ? \end{array} \xrightarrow{-1}_{-1} \begin{array}{r} 999 \\ -\ 86 \\ \hline 913 \end{array}$$

a) 867 atingir 1000.

b) 6896 atingir 10000.

c) 76547 atingir 100000.

6. Usando a decomposição, podemos subtrair mentalmente. Veja.

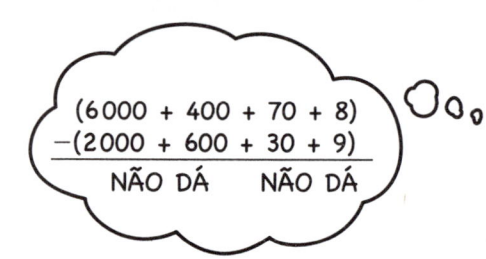

6478 − 2639

(6000 + 400 + 70 + 8)
−(2000 + 600 + 30 + 9)
NÃO DÁ   NÃO DÁ

Tirando 1000 de 6000 e acrescentando a 400, obtemos 1400. Tirando 10 de 70 e acrescentando a 8, obtemos 18. Agora, fazemos as subtrações.

$$\begin{array}{r} (5000 + 1400 + 60 + 18) \\ -\ (2000 +\ 600 + 30 +\ 9) \\ \hline 3000 +\ 800 + 30 +\ 9 \end{array}$$

Assim: 6478 − 2639 = 3839

7. Calcule as subtrações usando uma estratégia pessoal.

a) 2741 − 1630

b) 2056 − 1234

TRABALHANDO COM O CÁLCULO MENTAL

Veja como o vendedor calculou o troco.

Acompanhe na reta numérica o raciocínio do vendedor.

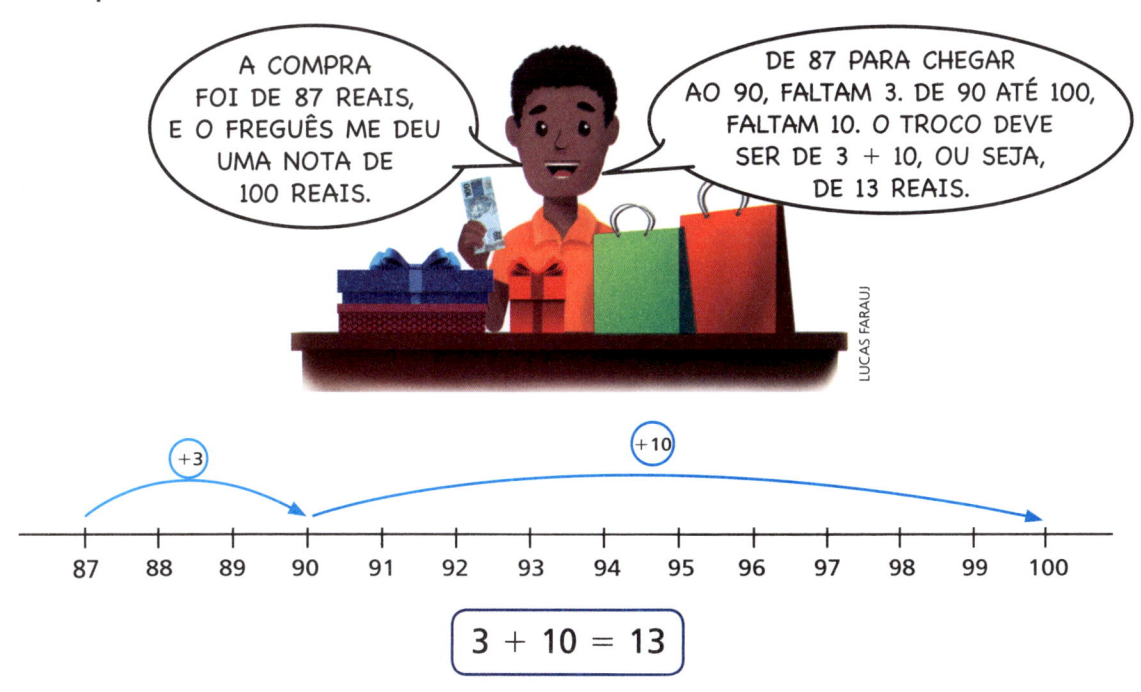

A COMPRA FOI DE 87 REAIS, E O FREGUÊS ME DEU UMA NOTA DE 100 REAIS.

DE 87 PARA CHEGAR AO 90, FALTAM 3. DE 90 ATÉ 100, FALTAM 10. O TROCO DEVE SER DE 3 + 10, OU SEJA, DE 13 REAIS.

+3 +10

87 88 89 90 91 92 93 94 95 96 97 98 99 100

$$3 + 10 = 13$$

- Usando a estratégia do vendedor, calcule mentalmente o troco de cada freguês. Registre como você fez.

GASTEI 335 REAIS E ESTOU PAGANDO COM 350 REAIS.

AQUI ESTÃO 400 REAIS PARA PAGAR A COMPRA DE 376 REAIS.

COBRE 264 REAIS DESTES 300 REAIS.

8. Calcule, da maneira que preferir, o valor de cada item com desconto.

Só hoje, desconto no pagamento à vista		
TABLET COM CHIP R$ 2 999,00 DESCONTO DE R$ 100,00	BICICLETA ELÉTRICA R$ 3 400,00 DESCONTO DE R$ 199,00	TV LED 70 POLEGADAS R$ 10 100,00 DESCONTO DE R$ 999,00

9. Crie uma situação-problema simulando a compra de duas dessas ofertas acima. Depois, em dupla, resolvam as situações que você e que seu colega criaram.

_____

_____

_____

_____

QUAL É A CHANCE?

Diogo vai sortear uma bola da caixa. Observe as bolas e responda:

a) Quais números podem ser sorteados? _____

b) Qual é o número que aparece nas bolas:

- em menor quantidade? _____
- em maior quantidade? _____

c) Qual é a bola com:

- mais chance de ser sorteada? _____
- menos chance de ser sorteada? _____

TRATANDO A INFORMAÇÃO

Veja no gráfico a altura de cada uma destas famosas construções. Em seguida, responda:

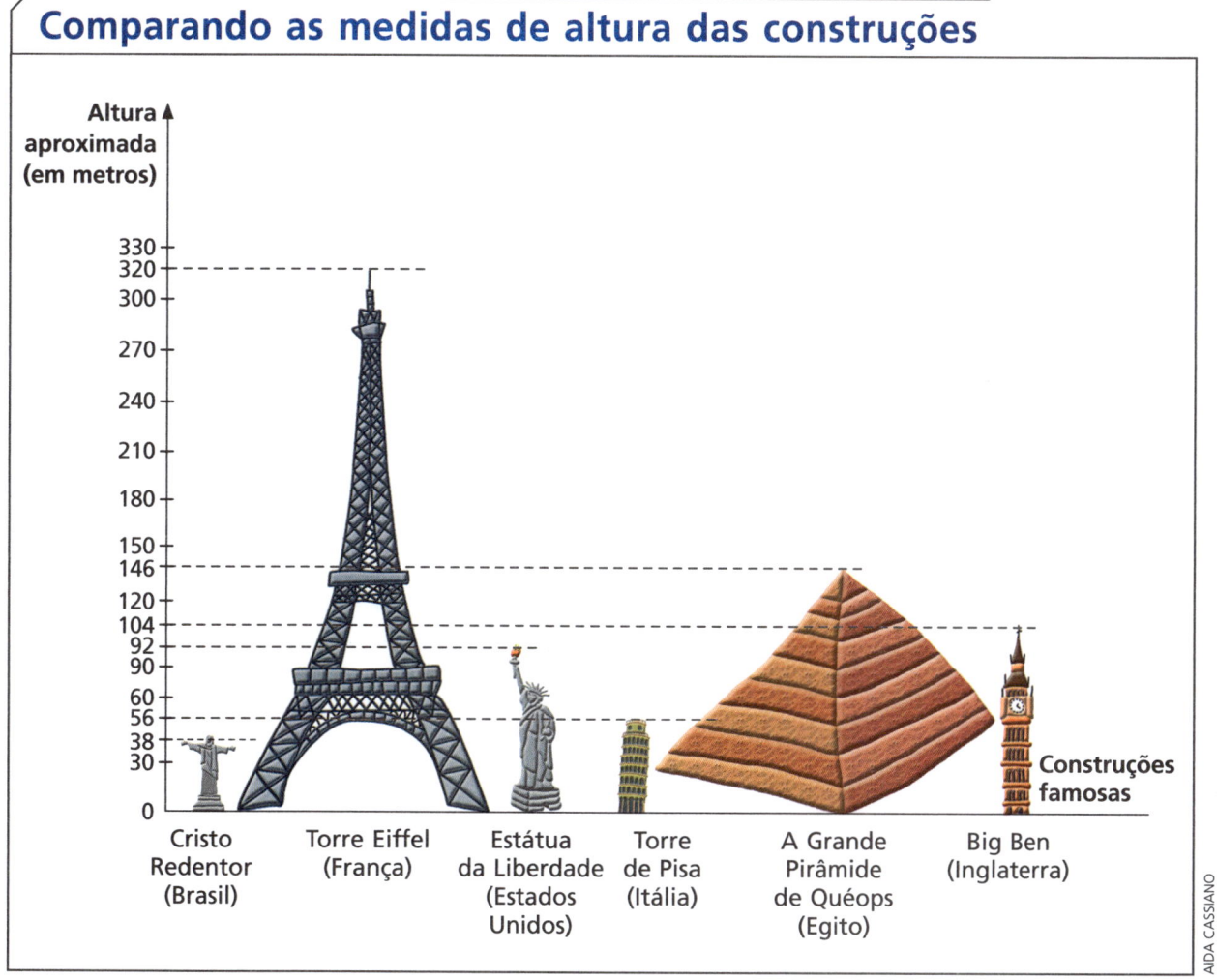

Comparando as medidas de altura das construções

Altura aproximada (em metros)

- Cristo Redentor (Brasil): 38
- Torre Eiffel (França): 320
- Estátua da Liberdade (Estados Unidos): 92
- Torre de Pisa (Itália): 56
- A Grande Pirâmide de Quéops (Egito): 146
- Big Ben (Inglaterra): 104

Construções famosas

Dados publicados em: FOLHA DE S.PAULO, 25 jul. 1991. In: Marcelo Duarte. *O guia dos curiosos*. São Paulo: Panda Books, 2005. p. 56.

a) Qual a diferença, em metros, entre a altura da Torre Eiffel e da Torre de Pisa?

_____

b) Quantos metros a mais de altura tem a Estátua da Liberdade do que a estátua do Cristo Redentor? _____

c) Quantos metros a Grande Pirâmide de Quéops tem a menos do que a Torre Eiffel? _____

PROPRIEDADES DA IGUALDADE

1. Rute e Carlos aproveitaram a oferta da semana de uma casa de bolos. Mesmo comprando bolos diferentes, eles gastaram a mesma quantia.

a) Faça os cálculos mentalmente e complete a igualdade para descobrir quanto eles gastaram.

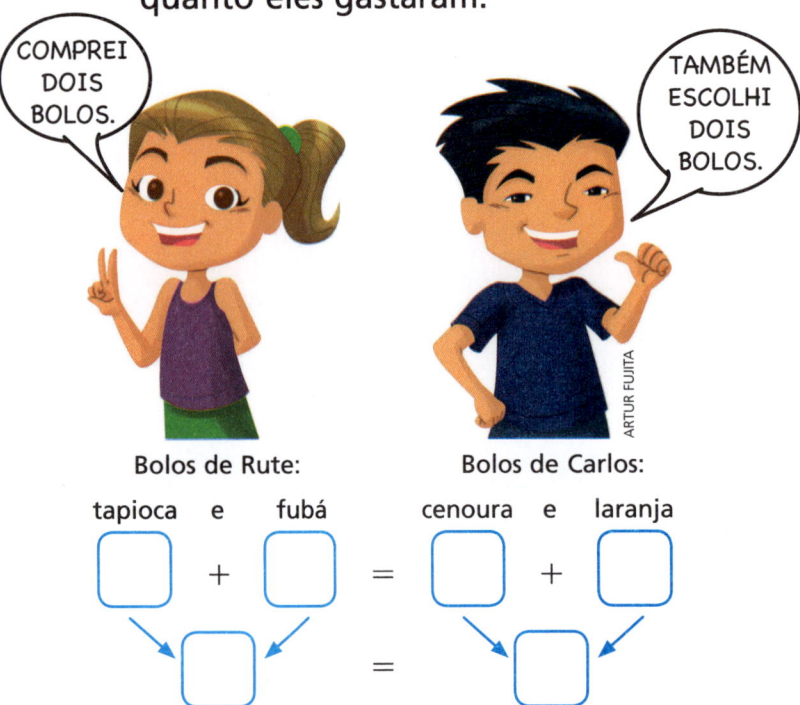

COMPREI DOIS BOLOS.

TAMBÉM ESCOLHI DOIS BOLOS.

Bolos de Rute: tapioca e fubá

Bolos de Carlos: cenoura e laranja

☐ + ☐ = ☐ + ☐

☐ = ☐

Bolos caseiros	
Bolo	Valor
Tapioca	R$ 25,00
Cenoura	R$ 22,00
Coco	R$ 20,00
Abacaxi	R$ 20,00
Laranja	R$ 18,00
Fubá	R$ 15,00

b) Rute e Carlos resolveram comprar um terceiro bolo. Complete esta outra igualdade com os valores dos bolos e calcule mentalmente quanto cada um gastou.

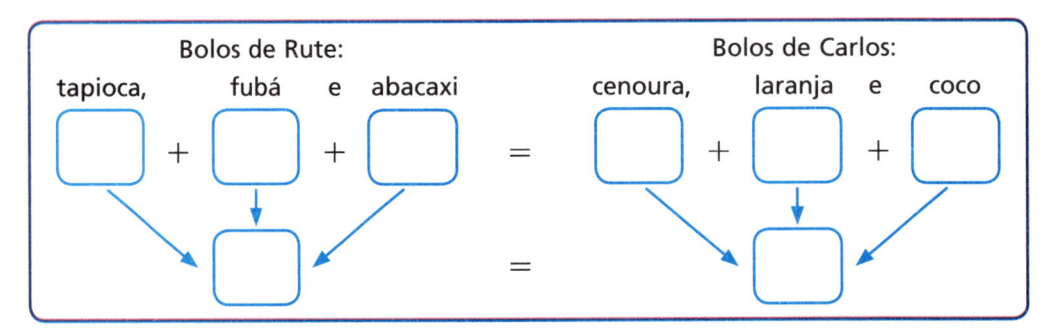

Bolos de Rute: tapioca, fubá e abacaxi

Bolos de Carlos: cenoura, laranja e coco

☐ + ☐ + ☐ = ☐ + ☐ + ☐

☐ = ☐

c) Troque ideias com seus colegas. O que aconteceu quando adicionamos o valor do terceiro bolo em ambos os membros da primeira igualdade?

2. Subtraia 40 de ambos os membros da igualdade abaixo.

$$140 + 150 = 170 + 120$$
$$140 + 150 - \boxed{} = 170 + 120 - \boxed{}$$

- O que você observou?

3. Investigue o número que falta em cada item. Se precisar, use uma calculadora.

a) $25 + 15 - 20 = 15 + 25 - \boxed{}$

b) $25 + 18 + \boxed{} = \boxed{} + 25 + 18$

MULTIPLICAÇÃO

PROBLEMAS DE CONTAGEM

1. Daniela tem uma coleção de roupas para bonecas. Veja ao lado as diferentes combinações que ela pode fazer com 4 peças de cada tipo.

a) Quantas combinações diferentes é possível fazer com 4 blusas e 4 calças?

_____

b) Se Daniela tivesse 12 opções de camisas e 6 opções de calças, quantas combinações diferentes ela poderia fazer?

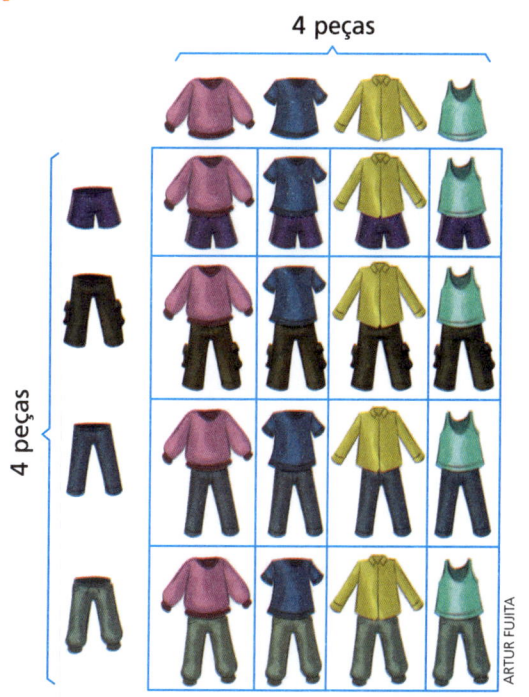

_____

2. Temos 4 cartelas com sílabas: LA LO BA BO

a) Quantas palavras diferentes podemos formar com duas dessas cartelas? Algumas combinações já foram feitas. Escreva o restante das combinações possíveis.

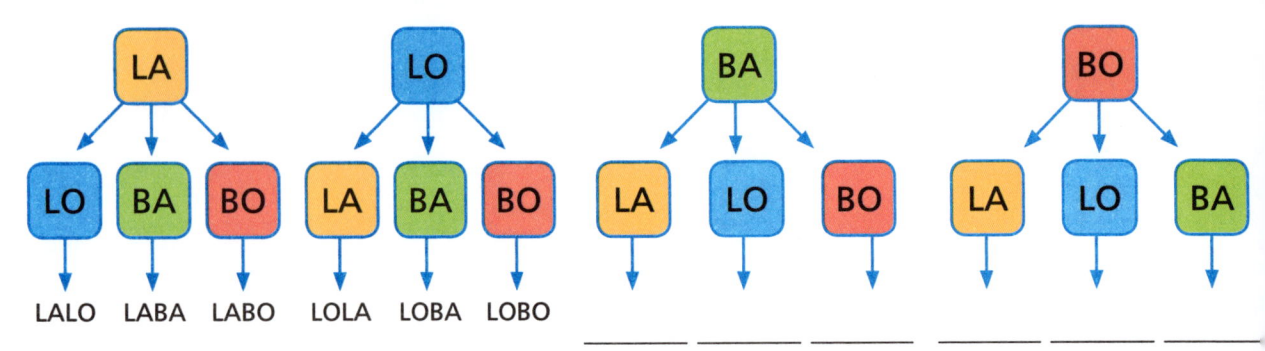

LA → LO, BA, BO → LALO LABA LABO
LO → LA, BA, BO → LOLA LOBA LOBO
BA → LA, LO, BO → _____ _____ _____
BO → LA, LO, BA → _____ _____ _____

b) Quantas dessas palavras é possível encontrar no dicionário? Investigue com um amigo.

3. Veja essas três cartelas com algarismos: 1 2 3

Vamos investigar todos os números de três algarismos diferentes que podem ser formados a partir dessas cartelas.

a) Complete o esquema até encontrar todos os números que podem ser formados.

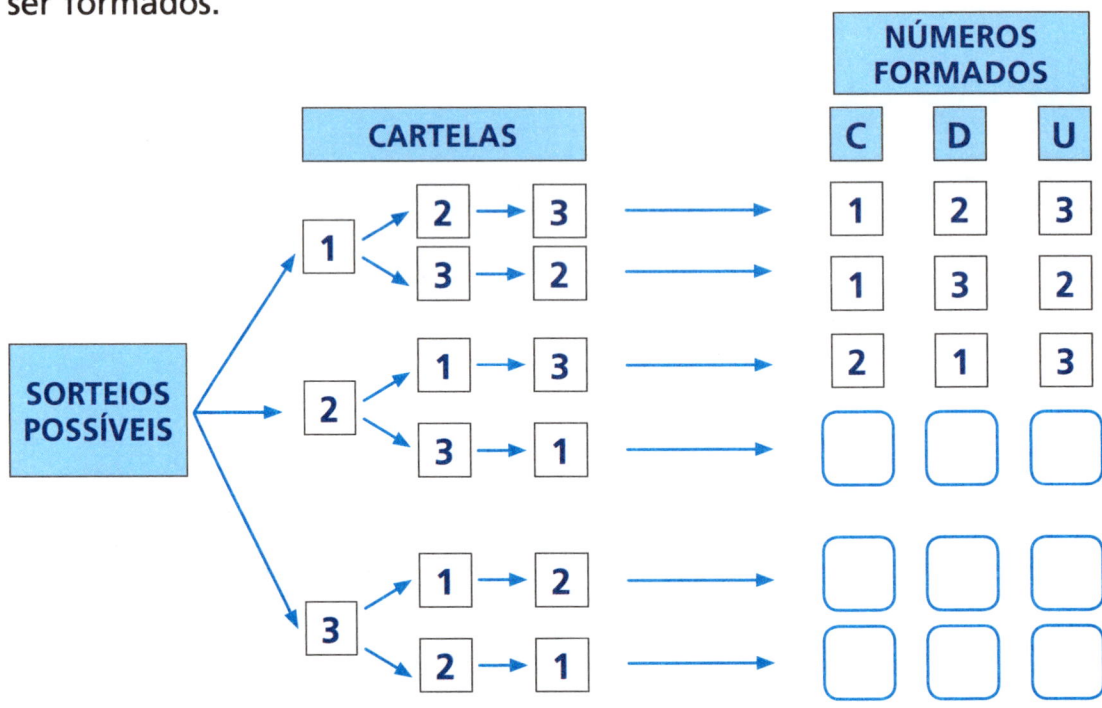

CARTELAS			NÚMEROS FORMADOS		
			C	D	U

SORTEIOS POSSÍVEIS:
- 1 → 2 → 3 ⟶ 1 | 2 | 3
- 1 → 3 → 2 ⟶ 1 | 3 | 2
- 2 → 1 → 3 ⟶ 2 | 1 | 3
- 2 → 3 → 1 ⟶ ☐ ☐ ☐
- 3 → 1 → 2 ⟶ ☐ ☐ ☐
- 3 → 2 → 1 ⟶ ☐ ☐ ☐

b) Quantos números de três algarismos diferentes foi possível formar com as três cartelas?

A IDEIA DA PROPORCIONALIDADE

1. A papelaria do bairro está em liquidação. Veja o preço das canetinhas coloridas.

R$ 4,00

a) Bianca quer aproveitar a liquidação e comprar 15 canetinhas dessas.

Quanto ela vai pagar? _____

b) Reúna-se com um colega para resolver a questão. Registrem como vocês fizeram.

- Depois, troquem ideias com as outras duplas.

2. Veja como Bianca e Lia pensaram e complete.

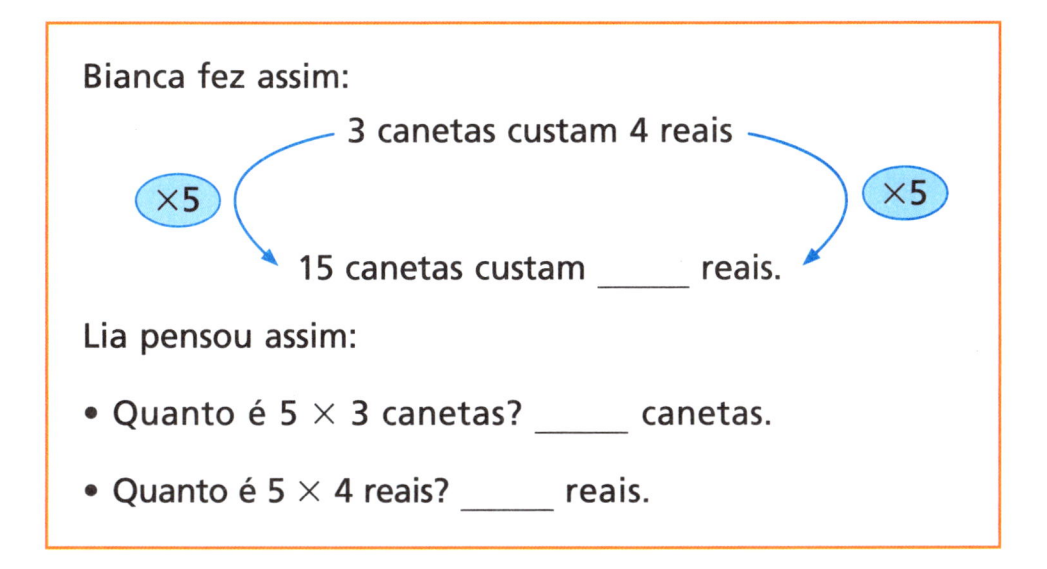

> Bianca fez assim:
>
> ×5 ⟶ 3 canetas custam 4 reais ⟵ ×5
>
> 15 canetas custam _____ reais.
>
> Lia pensou assim:
>
> - Quanto é 5 × 3 canetas? _____ canetas.
>
> - Quanto é 5 × 4 reais? _____ reais.

- O que você achou da resolução da Bianca? Você chegou ao mesmo resultado que ela?

QUAL É A SUA OPINIÃO?

Na sua opinião, Bianca vai comprar 15 canetas porque precisa ou apenas para aproveitar a oferta?

O que você acha de comprar coisas em grande quantidade, mesmo não tendo necessidade, apenas para aproveitar a ocasião?

Troque ideias com seus colegas sobre isso.

3. Na promoção, 5 tesouras custam 15 reais. Complete para descobrir quanto custam 15 destas tesouras escolares. _____

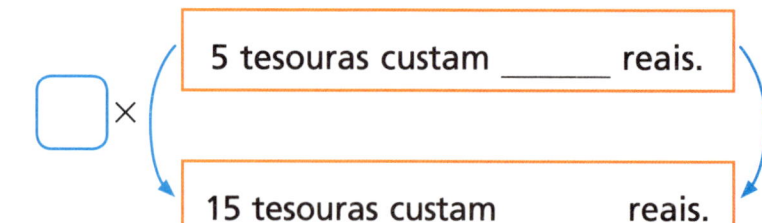

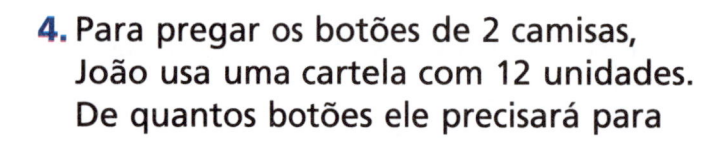

☐ × (5 tesouras custam _____ reais.
       15 tesouras custam _____ reais.) × ☐

4. Para pregar os botões de 2 camisas, João usa uma cartela com 12 unidades. De quantos botões ele precisará para 8 camisas como essas? _____

5. Uma loja costuma vender embalagens com 3 🍬 por R$ 2,00. Para aumentar as vendas, resolveu fazer esta promoção:

EM VEZ DE 4 — R$ 2,00 — LEVE — R$ 8,00 — LEVE MAIS E PAGUE MENOS

O que é mais barato: 1 pacote com 12 bombons ou 4 pacotes com 3 bombons cada? Para conferir, faça os cálculos e verifique se, na promoção, o bombom vendido no pacote maior é o mais barato.

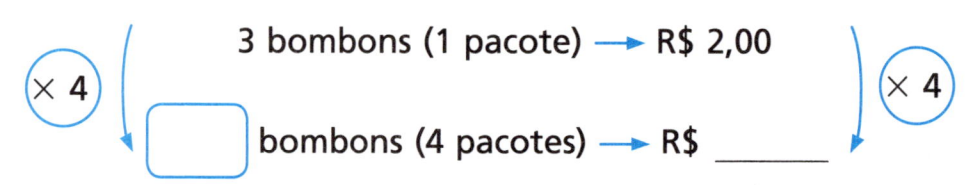

× 4 (3 bombons (1 pacote) → R$ 2,00
      ☐ bombons (4 pacotes) → R$ _____) × 4

86

6. A prefeitura está organizando uma gincana com os alunos das escolas da cidade. A equipe vencedora vai ganhar uma excursão para o Parque Ecológico do Estado. Cada equipe participante é formada por 8 alunos. Descubra o padrão e preencha o quadro:

Número de equipes	1	2	3		6	7			10
Quantidade de alunos	8		32	40				72	

7. Para complementar a renda da família, Jacira e o marido fazem arranjos artesanais com materiais reciclados. Cada arranjo custa R$ 5,00. Na compra de nove arranjos, o décimo sai de graça. Descubra o padrão e complete os quadros.

Número de arranjos	Valor em reais
1	5
2	10
3	
4	
5	
	30
	35
8	
9	

Número de arranjos	Valor em reais
10	45
	90
30	
40	
	225
	270
70	
	360
	405
100	

INVESTIGANDO PADRÕES E REGULARIDADES

a) Observe os padrões com losangos coloridos que se repetem neste tipo de malha pontilhada.

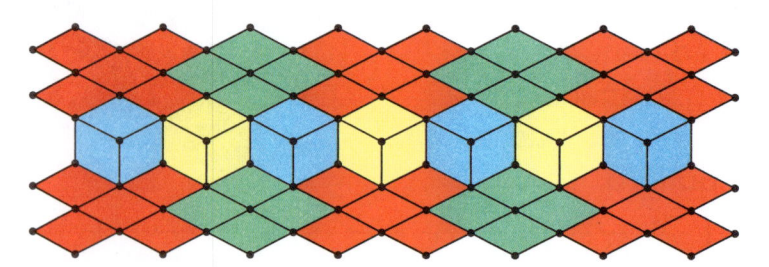

🟨 aparece 3 vezes na malha.

Assim, 3 × 3 🔶 = 9 🔶.

Agora, calcule o total de:

- 🔷 _____
- 🔶 _____
- 🟩 _____

b) VAMOS BRINCAR NA MALHA!

Observe os padrões que se repetem no traçado feito na malha pontilhada

Artesanato da tribo indígena Baniwa, Manaus (AM). Foto de 2001.

- Quantas vezes a figura de contorno laranja aparece na malha? _____

- Quantos •—• aparecem no traçado de cada figura com contorno laranja? _____

- Usando uma multiplicação, calcule quantos •—• aparecem na malha. _____

88

DIFERENTES MANEIRAS DE MULTIPLICAR

1. Os 32 alunos da classe de André vão fazer uma visita ao museu. Para pagar a passagem do ônibus e o almoço servido no museu, cada aluno deve contribuir com 48 reais. Qual é o total a ser pago?

_____

- Veja como podemos calcular o produto de 32 por 48.

M	C	D	U
		4	8
×		3	2
		9	6
+	1	4	4	0
	1	5	3	6

fatores (48 e 32)

→ 1ª etapa: 2 × 48
→ 2ª etapa: 30 × 48
→ produto

×	40	8
30	1 200	240
2	80	16

32 × 48 = 1 200 + 240 + 80 + 16
            1 440   +   96   = 1 536

- Você conhece outra maneira de efetuar essa multiplicação? Qual?

2. Calcule os produtos da maneira que preferir.

a) 57 × 35 _____

b) 72 × 43 _____

c) 64 × 87 _____

3. O xequerê é um tipo de chocalho de origem africana construído a partir de uma cabaça seca. O xequerê da foto é coberto com um trançado de contas coloridas. Para dar a volta em toda a peça, foram necessárias 40 linhas onduladas com 25 contas cada uma.

- Quantas contas tem este xequerê no total?

_____

4. Na pilha ao lado, são 6 caixas iguais.

   a) Quantas latas há em cada caixa?
   _____

   b) Quantas latas há na pilha?
   _____

   c) Em 48 caixas iguais a estas, quantas latas seriam?
   _____

5. (Prova Brasil) A professora Célia apresentou a seguinte conta de multiplicar para os alunos:

```
          3  9  6
     ×       5  4
     ─────────────
          1  5  □  4
   +  1  9  □     0
     ─────────────
       2  1  3  □  4
```

QUAL SERÁ O ALGARISMO ESCONDIDO?

O número correto a ser colocado no lugar de cada □ é:

   a) 2.   b) 6.   c) 7.   d) 8.

6. INVESTIGANDO COM A CALCULADORA

Calcule mentalmente o produto aproximado com fatores arredondados. Depois, usando a calculadora, confira se o produto aproximado é uma boa estimativa.

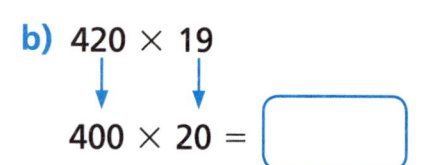

   a) 189 × 11   ON 1 8 9 × 1 1 = ☐

      200 × 10 = ☐

   b) 420 × 19   ON 4 2 0 × 1 9 = ☐

      400 × 20 = ☐

   c) 987 × 32   ON 9 8 7 × 3 2 = ☐

      1000 × 30 = ☐

TRABALHANDO COM O CÁLCULO MENTAL

a) Veja a estratégia que podemos usar para calcular o produto de um número por 99.

EM VEZ DE EFETUAR 99 × 58, VOCÊ MULTIPLICA 100 POR 58.

100 × 58 é igual a 5 800

DEPOIS, VOCÊ SUBTRAI 58 DE 5 800.

5 800 − 58 =
5 800 − (50 + 8) =
5 800 − 50 = 5 750
e
5 750 − 8 = 5 742

A DIFERENÇA ENTRE 5 800 E 58 É IGUAL AO PRODUTO DE 99 POR 58.

Usando essa estratégia, calcule os produtos seguintes.

- 99 × 29 = _____
- 99 × 34 = _____
- 99 × 78 = _____

b) Para multiplicar um número por 11, basta multiplicar esse número por 10 e adicionar o resultado ao próprio número. Veja os exemplos abaixo.

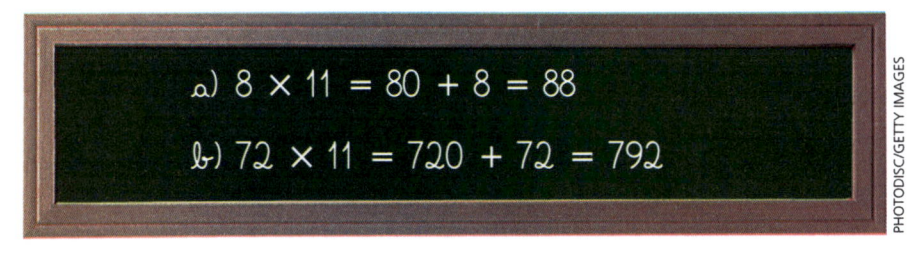

a) 8 × 11 = 80 + 8 = 88

b) 72 × 11 = 720 + 72 = 792

Faça outras investigações com seu grupo e explique por que essa regra dá certo.

PROPRIEDADES DA MULTIPLICAÇÃO

1. Que tal jogar "Trocando a Ordem dos Fatores"?

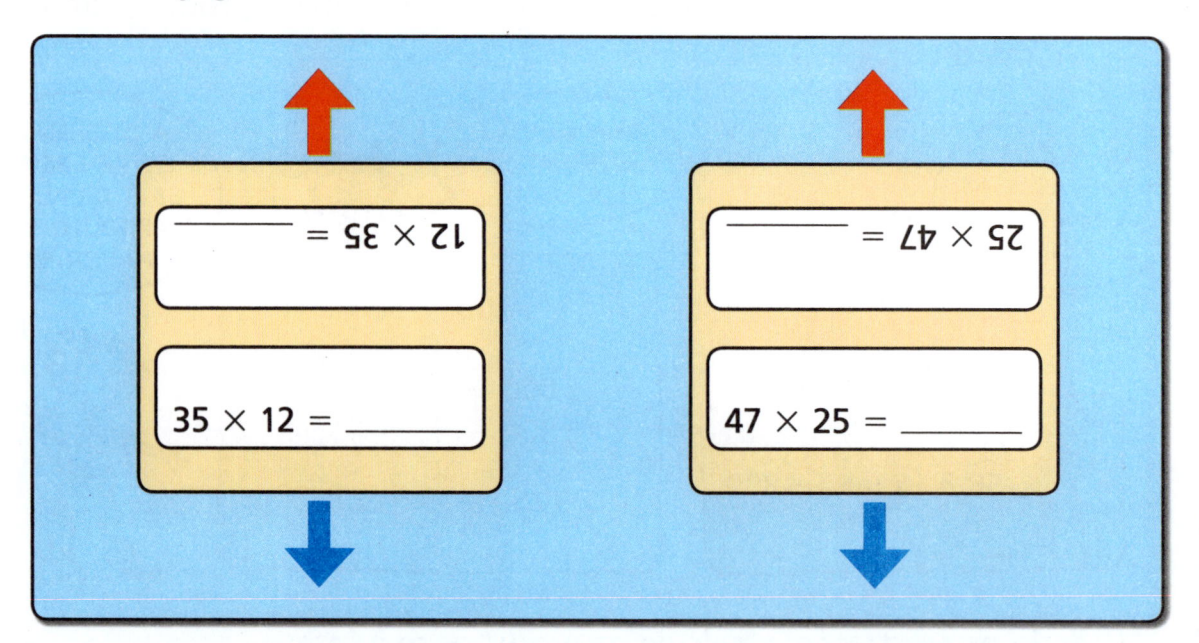

（board with, from one side:）

12 × 35 = _____

35 × 12 = _____

25 × 47 = _____

47 × 25 = _____

a) Jogue em dupla. Sente-se em frente a um colega e posicione o tabuleiro assim:

- as setas ⬇ viradas para você
- as setas ⬆ viradas para o colega

Vocês efetuarão a mesma multiplicação, só que a ordem dos fatores está trocada. Comparem os produtos obtidos e tirem uma conclusão.

b) O que acontece com o produto quando trocamos a ordem dos fatores?

_____

_____

2. Convide um colega para jogar "Trocando a Ordem dos Fatores" com outras multiplicações.

- Destaquem os cartões da página 277.
- Juntos, inventem uma multiplicação de dois fatores, cada fator com um número entre 10 e 99.
- Cada um efetua a multiplicação com a ordem dos fatores trocada.
- Comparem e discutam os produtos obtidos.
- Procedam da mesma forma, inventando outras multiplicações.

> A ORDEM DOS FATORES NÃO ALTERA O PRODUTO.

92

3. Complete cada produto com o fator que falta e depois responda.

> NUMA MULTIPLICAÇÃO COM DOIS FATORES, SE UM DOS FATORES É 1, O PRODUTO É IGUAL AO OUTRO FATOR.

a) 35 × ☐ = 35 e ☐ × 35 = 35

b) 437 × ☐ = 437 e ☐ × 437 = 437

c) 2016 × ☐ = 2016 e ☐ × 2016 = 2016

- Qual é o produto numa multiplicação com dois fatores em que um deles é 1?

_____

4. Jogue com um colega o "Jogo das Associações".

Em cada cartão, há dois quadros. Você efetua as contas do quadro de contorno azul e seu colega efetua as do quadro de contorno vermelho. Os parênteses indicam o que deve ser feito primeiro.

(7 × 8) × 5 =

7 × (8 × 5) =

8 × (9 × 6) =

(8 × 9) × 6 =

> OS PARÊNTESES INDICAM A MULTIPLICAÇÃO QUE DEVE SER FEITA PRIMEIRO.

Agora, comparem e discutam os resultados. O que vocês observam?

> NUMA MULTIPLICAÇÃO COM 3 OU MAIS FATORES, O PRODUTO É O MESMO QUANDO ASSOCIAMOS OS FATORES DE FORMAS DIFERENTES.

5. Observe as associações dos fatores indicadas pelos parênteses e calcule os produtos.

a) 5 × (5 × 2) | b) (5 × 5) × 2 | c) (4 × 8) × 3 | d) 4 × (8 × 3)

6. Jogue com um colega o "Jogo da Distributiva".

Você faz os cálculos do quadro de contorno azul e seu colega, os do quadro de contorno vermelho. Depois, comparem e discutam os resultados.

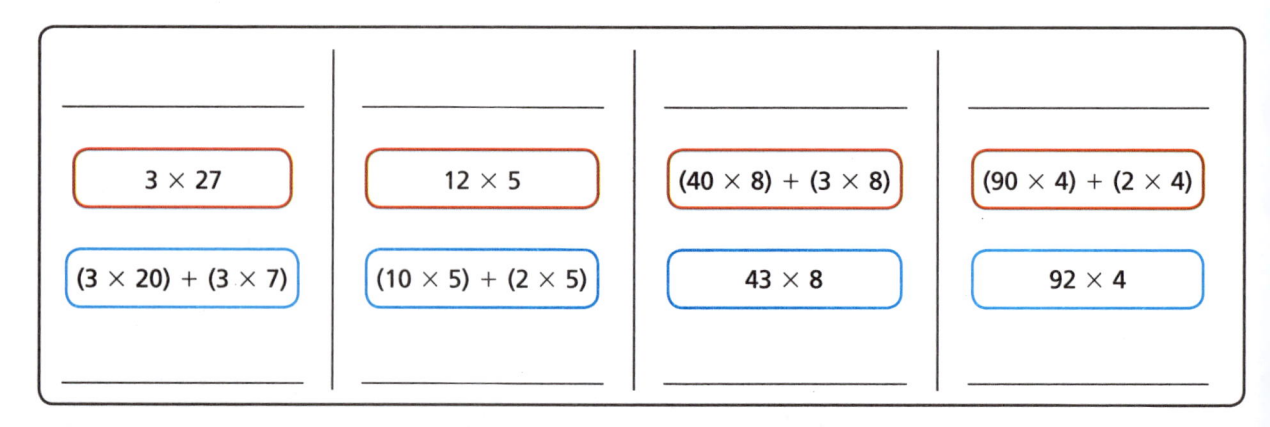

3 × 27	12 × 5	(40 × 8) + (3 × 8)	(90 × 4) + (2 × 4)
(3 × 20) + (3 × 7)	(10 × 5) + (2 × 5)	43 × 8	92 × 4

O que vocês observaram? Troque ideias com os colegas.

7. Veja como calcular o produto de 20 por 14 usando a organização retangular.

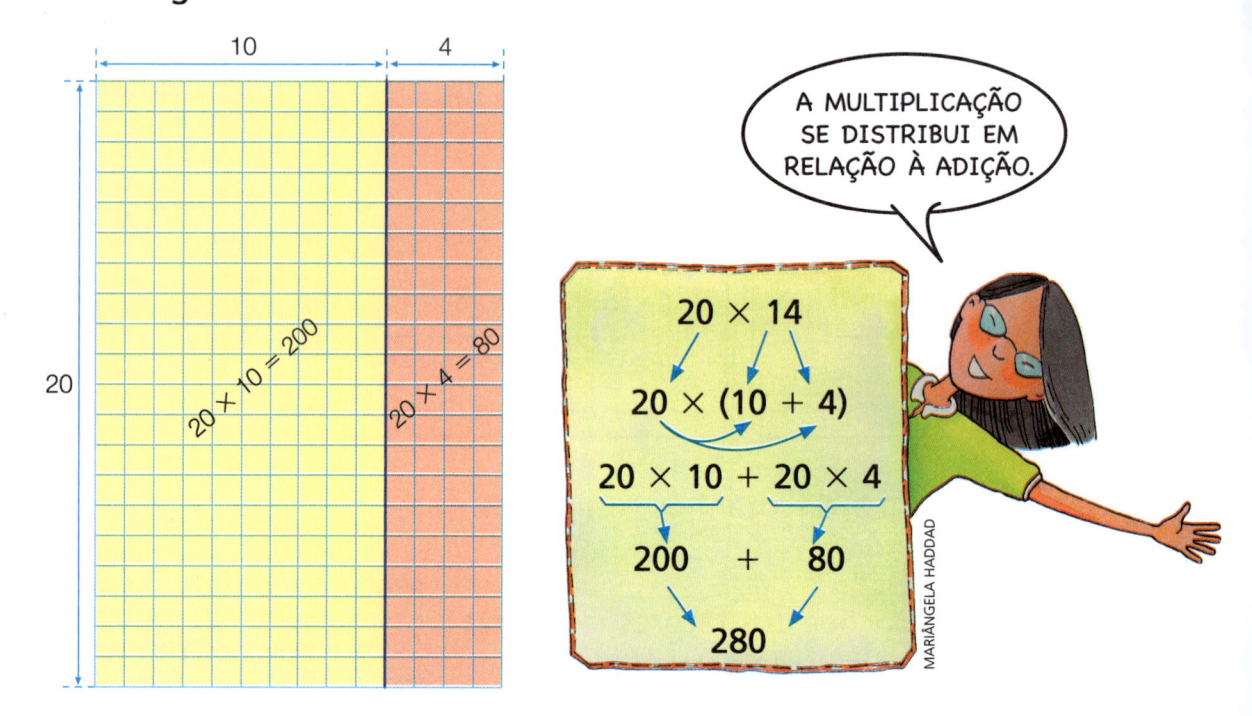

20 × 10 = 200
20 × 4 = 80

20 × 14
20 × (10 + 4)
20 × 10 + 20 × 4
200 + 80
280

A MULTIPLICAÇÃO SE DISTRIBUI EM RELAÇÃO À ADIÇÃO.

Agora, calcule os produtos usando essa estratégia.

- 30 × 24 = 30 × (20 + 4) = 30 × ☐ + 30 × ☐ =
= ☐ + ☐ = ☐

8. Calcule 31 × 42 da maneira que preferir. _____

DIVISÃO

DIFERENTES MANEIRAS DE DIVIDIR

Em uma festa junina, os 1 236 reais arrecadados serão divididos igualmente entre as 12 pessoas que trabalharam nas barracas. Adriana ficou responsável pela conta.

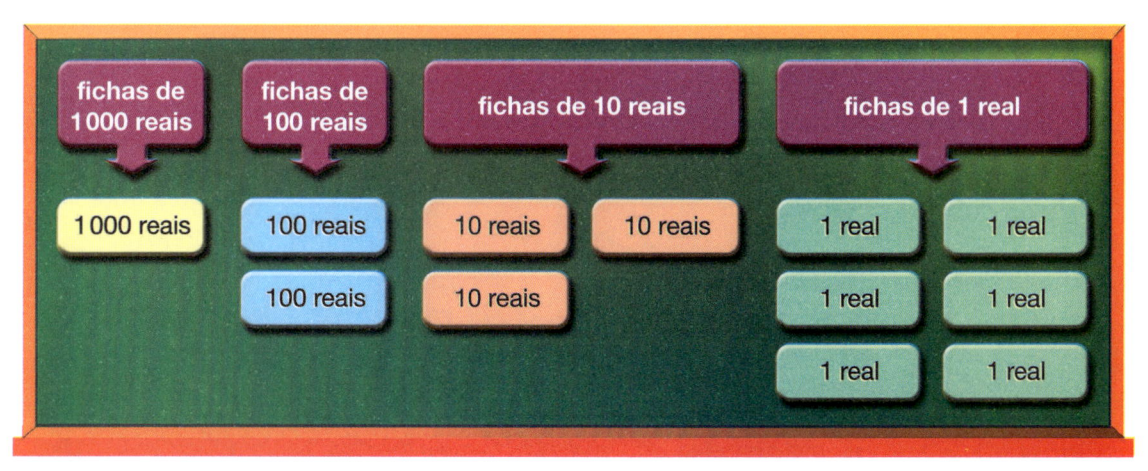

PRECISO DIVIDIR 1 236 REAIS IGUALMENTE ENTRE 12 PESSOAS. QUANTOS REAIS DEVO DAR A CADA UMA?

fichas de 1000 reais	fichas de 100 reais	fichas de 10 reais	fichas de 1 real
1000 reais	100 reais	10 reais / 10 reais	1 real / 1 real
	100 reais	10 reais	1 real / 1 real
			1 real / 1 real

1. Vamos representar 1 236 reais com fichas coloridas para fazer a distribuição.

QUOCIENTE É O RESULTADO DE UMA DIVISÃO.

COMO SÓ HÁ UMA FICHA DE 1 000 REAIS, NÃO SERÁ POSSÍVEL DAR UMA FICHA DE 1 000 A CADA PESSOA.

1ª etapa: estimamos o número de ordens do quociente.

ficha de 1000 reais
ficha de 100 reais
ficha de 10 reais
ficha de 1 real

M	C	D	U
1	2	3	6

	C	D	U
	1	2	

NESTE CASO, O QUOCIENTE DA DIVISÃO TERÁ 3 ORDENS.

95

VAMOS TROCAR UMA FICHA DE 1000 POR 10 FICHAS DE 100.

2ª etapa (trocamos uma ficha de 1000 por 10 fichas de 100):
10 C + 2 C = 12 C
Obtemos 12 fichas de 100.

M	C	D	U
1	2	3	6
	1	2	
0	0		

	1	2
C	D	U
1		

DISTRIBUINDO IGUALMENTE 12 FICHAS DE 100 POR 12 PESSOAS, CADA UMA RECEBERÁ UMA FICHA DE 100 E NÃO SOBRARÁ NENHUMA FICHA DE 100.

3ª etapa: Não é possível distribuir 3 fichas de 10 reais para 12 pessoas.

M	C	D	U
1	2	3	6
	1	2	↓
0	0	3	

	1	2
C	D	U
1	0	

ENTÃO, NO QUOCIENTE, COLOCAMOS UM ZERO NA CASA DAS DEZENAS.

TEMOS 3 FICHAS DE 10 REAIS. NÃO É POSSÍVEL DISTRIBUIR IGUALMENTE UMA FICHA DE 10 REAIS PARA CADA UMA DAS 12 PESSOAS.

VAMOS TER DE TROCAR AS 3 FICHAS DE 10 POR FICHAS DE 1 REAL.

4ª etapa (trocamos três fichas de 10 por 30 fichas de 1):
30 U + 6 U = 36 U → obtemos 36 fichas de 1 real.

M	C	D	U
1	2	3	6
	1	2	↓
0	0	3	6

	1	2
C	D	U
1	0	

DISTRIBUINDO IGUALMENTE 36 FICHAS DE 1 REAL PELAS 12 PESSOAS, CADA PESSOA RECEBERÁ 3 FICHAS DE 1 REAL E NÃO SOBRARÁ NENHUMA FICHA.

5ª etapa: 36 : 12 = 3 → 3 fichas de 1 real para cada pessoa.

M	C	D	U
1	2	3	6
− 1	2	↓	↓
0	0	3	6
		− 3	6
		0	0

	1	2
C	D	U
1	0	3

dividendo ← 1 2 3 6 | 1 2 → divisor
　　　　　　　0 3 6 | 1 0 3 → quociente
　　　　　　　　　0
　　　　　　　　　↳ resto

CADA UMA DAS 12 PESSOAS RECEBERÁ 103 REAIS.

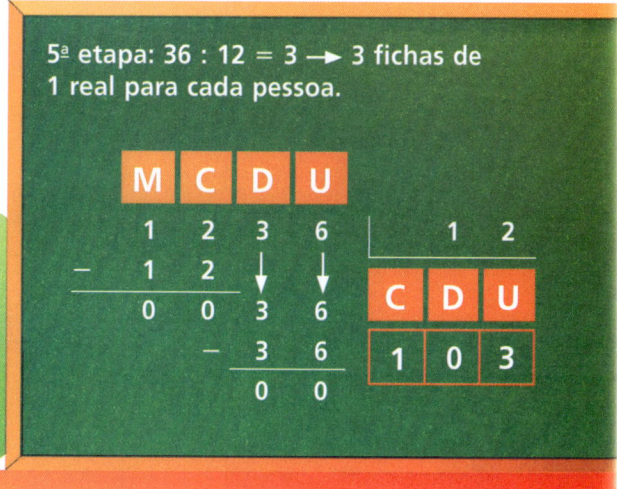

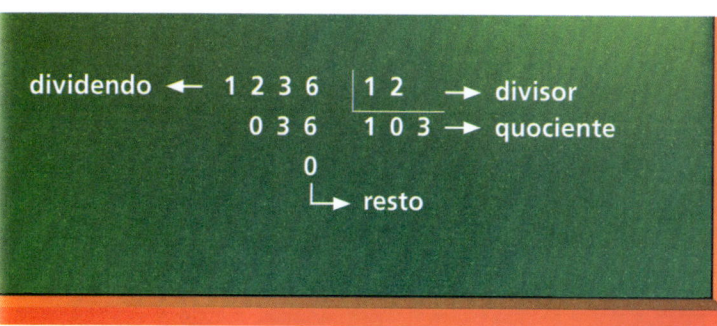

Alice e Theo efetuaram a mesma divisão usando outra estratégia.

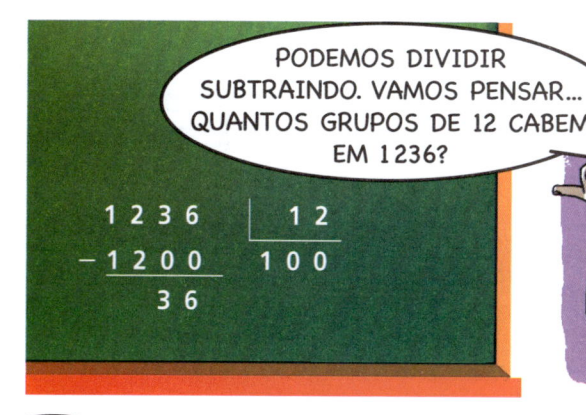

PODEMOS DIVIDIR SUBTRAINDO. VAMOS PENSAR... QUANTOS GRUPOS DE 12 CABEM EM 1236?

　1 2 3 6 | 1 2
− 1 2 0 0 | 1 0 0
　　　3 6

COMO CABEM 100 GRUPOS DE 12 EM 1236, VAMOS COMEÇAR SUBTRAINDO 1200, POIS 100 × 12 = 1200.

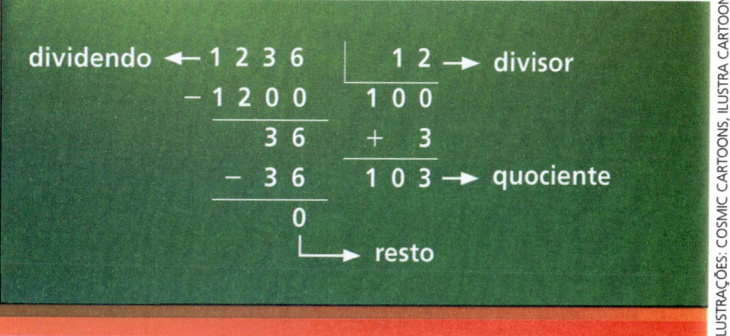

E AGORA, QUANTOS GRUPOS DE 12 CABEM EM 36?

dividendo ← 1 2 3 6 | 1 2 → divisor
　　　　　− 1 2 0 0 | 1 0 0
　　　　　　　　3 6 | + 3
　　　　　　　− 3 6 | 1 0 3 → quociente
　　　　　　　　　0
　　　　　　　　　↳ resto

💬 • E você, qual estratégia usaria para efetuar 1236 : 12?

97

2. Marilda prefere dividir 1236 por 12 de outro modo. Complete os cálculos:

1236 : 12? JÁ SEI! VOU DECOMPOR 1236 ASSIM: 1200 + 36...

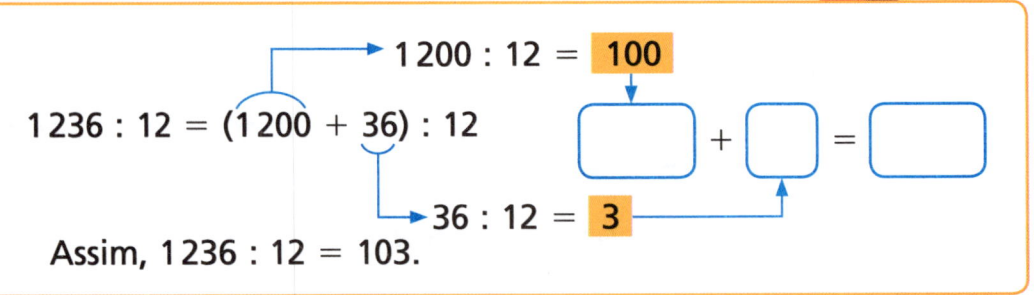

1236 : 12 = (1200 + 36) : 12

1200 : 12 = **100**

36 : 12 = **3**

☐ + ☐ = ☐

Assim, 1236 : 12 = 103.

3. Veja o esquema que Rose fez para representar uma estratégia de cálculo mental na divisão.

945 : 9
(900 + 45) : 9

900 : 9 = ☐ e 45 : 9 = ☐

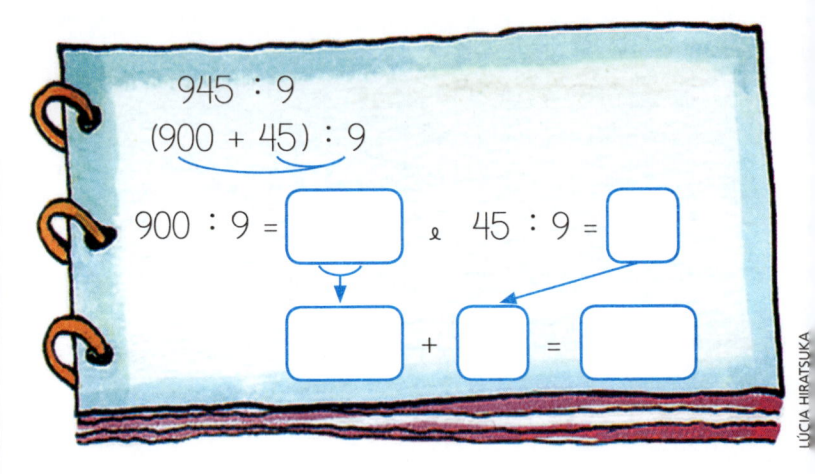

☐ + ☐ = ☐

a) Complete os cálculos.

b) Calcule os quocientes e represente as estratégias que você usou. Depois, compare com as estratégias que os colegas utilizaram.

- 848 : 8 = _____

- 1326 : 13 = _____

4. Veja como podemos usar subtrações sucessivas para calcular o quociente de uma divisão. Complete as conclusões:

a) 48 : 12

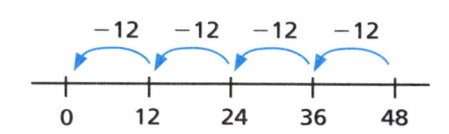

Foi possível subtrair 12 de 48 exatamente ____ vezes.

Então, 48 : 12 = ____, e o resto é zero.

b) 34 : 11

34 − 11 = 23
23 − 11 = 12
12 − 11 = 1

Foi possível subtrair 11 de 34 ____ vezes e sobrou ____.

Então, 34 : 11 = ____, e o resto é ____.

5. Usando a estratégia das subtrações sucessivas, efetue as divisões e responda:

a) Há 67 alunos inscritos para disputar o campeonato de futebol de campo. Quantos times diferentes poderão ser formados, se cada time deve ter 11 jogadores? _____

b) Na escola de natação, há 105 alunos, distribuídos em 15 turmas diferentes, todas com o mesmo número de alunos. Quantos alunos há em cada turma? _____

6. Pensei em um número e dividi por 3. O quociente é 50. Em que número pensei?

☐ : 3 = 50

FIQUE SABENDO

No verão, é frequente a falta de água em muitas regiões do país. Com o crescimento da população e o aumento do calor, é necessário que o governo amplie a captação, o tratamento e a distribuição da água. Podemos colaborar não desperdiçando. Veja como fazer essa economia.

Água: sabendo usar, não vai faltar

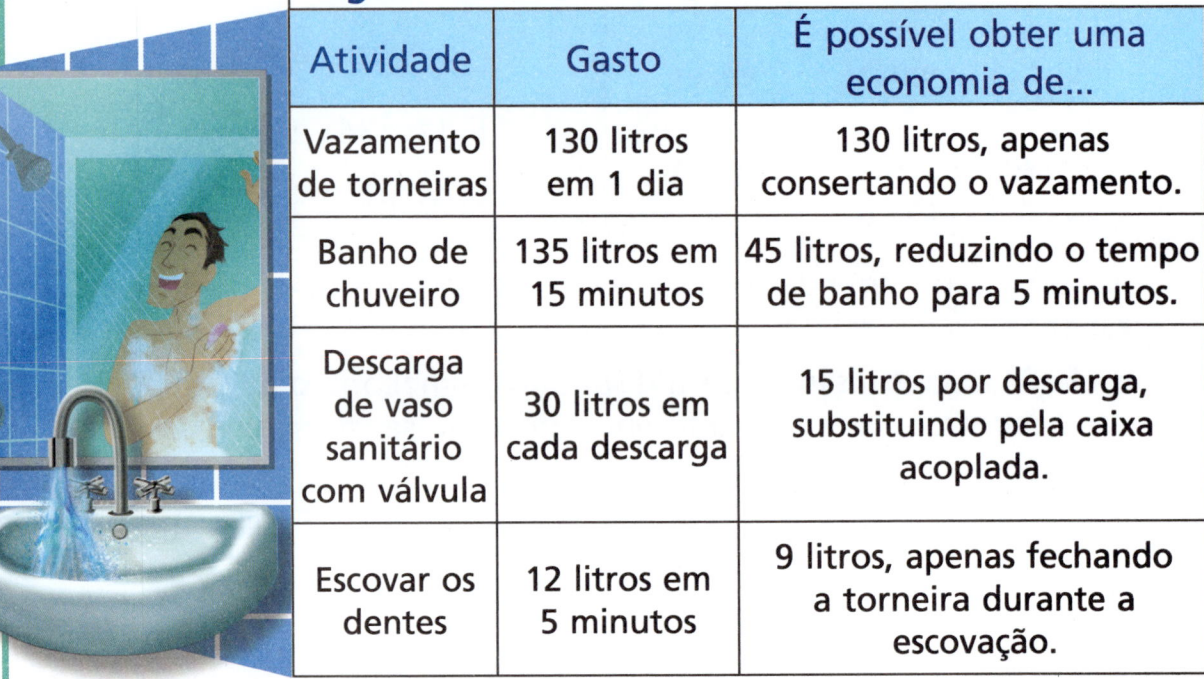

Atividade	Gasto	É possível obter uma economia de...
Vazamento de torneiras	130 litros em 1 dia	130 litros, apenas consertando o vazamento.
Banho de chuveiro	135 litros em 15 minutos	45 litros, reduzindo o tempo de banho para 5 minutos.
Descarga de vaso sanitário com válvula	30 litros em cada descarga	15 litros por descarga, substituindo pela caixa acoplada.
Escovar os dentes	12 litros em 5 minutos	9 litros, apenas fechando a torneira durante a escovação.

Fonte: SABESP. Disponível em: <http://site.sabesp.com.br/uploads/file/asabesp_doctos/cartaz_guardioes_dicas_economia.pdf>. Acesso em: 21 ago. 2017.

QUAL É A SUA OPINIÃO?

De que forma você e sua família evitam o desperdício de água? Analisando a tabela acima, você acha que seria possível economizar ainda mais água?

7. Resolva o problema que Diogo escreveu com base nos dados da tabela acima.

> Cada vez que a descarga do vaso sanitário é acionada, gastam-se 30 litros de água. Quantas vezes essa descarga deve ser acionada para consumir 270 litros de água?

8. Uma empresa provedora de acesso à internet oferece 720 horas grátis por 1 mês para os internautas.

a) Se o internauta dividir igualmente as horas grátis por 30 dias, quantas horas ele poderá usar por dia?

_____

b) Você acha que o internauta conseguirá usar as 720 horas a que tem direito? Por quê?

_____

9. Em que páginas Sandra abriu o livro?

_____

ABRI O LIVRO AO ACASO. O NÚMERO DA PÁGINA À ESQUERDA É PAR E À DIREITA É ÍMPAR. A SOMA DOS NÚMEROS DAS PÁGINAS É 121.

10. Forme dupla com um colega. Cada um abre o seu livro de Matemática ao acaso e diz a soma dos números das páginas, para que o outro descubra quais são esses números.

_____

11. INVESTIGANDO COM A CALCULADORA

Calcule mentalmente o quociente aproximado com os números arredondados. Depois, usando a calculadora, confira se o quociente aproximado é uma boa estimativa.

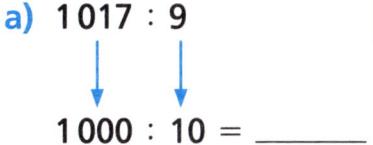

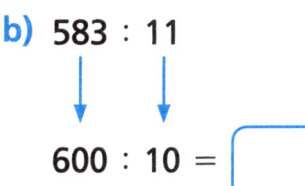

a) 1017 : 9

1000 : 10 = _____

b) 583 : 11

600 : 10 = ☐

c) 805 : 23

800 : 20 = ☐

PROBLEMAS DE PARTILHA

1. Tadeu sempre come o dobro de pedaços de *pizza* que sua namorada. Marque com X a divisão que facilitaria a forma de repartir os pedaços de *pizza* entre os dois.

2. Milton e Joaquim se revezaram como passeadores de cães para atender aos donos de cães do condomínio onde moram. No final do mês, eles receberam R$ 1 200,00. Joaquim fez o dobro dos passeios com cães feitos por Milton. Como você acha mais justo repartir essa quantia?

_____
_____
_____
_____

• Troque ideias com os colegas sobre a resolução desse problema. Vocês chegaram à mesma solução?

3. Luana ganhou uma caixa com duas dúzias de bombons. Ela repartiu com o irmão, mas ficou com o triplo da quantidade de bombons que deu a ele. Com quantos bombons cada um ficou? Socialize as diferentes estratégias de cálculo que surgirem.

AS EXPRESSÕES NUMÉRICAS

1. Vamos resolver expressões.

a) Calcule a quantia em reais em cada clipe, seguindo as indicações das setas.

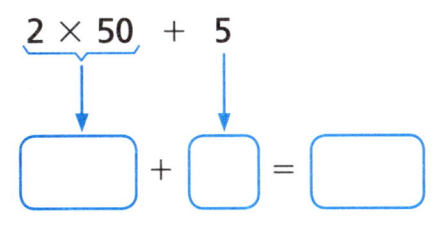

$2 \times 50 + 5$

☐ + ☐ = ☐

$10 + 3 \times 20$

☐ + ☐ = ☐

$2 \times 100 + 2$

☐ + ☐ = ☐

b) Calcule o valor das expressões, resolvendo primeiro o que está entre parênteses.

$4 + (3 \times 5) = $ _____

$(4 + 3) \times 5 = $ _____

$(3 + 5) \times (3 - 1) = $ _____

$5 - (4 : 2) = $ _____

> EM EXPRESSÕES COM PARÊNTESES, EFETUAMOS PRIMEIRO AS OPERAÇÕES QUE ESTÃO DENTRO DELES.

c) Calcule, por meio de uma expressão, a quantia que restará em cada clipe, seguindo as indicações das setas. Depois, registre-as nos quadrinhos.

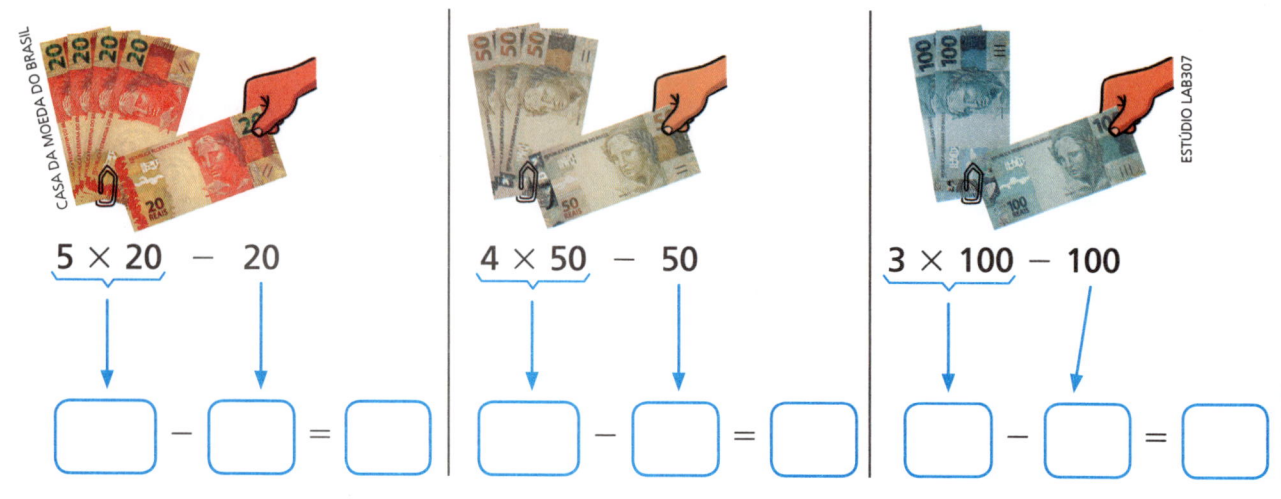

5 × 20 − 20   4 × 50 − 50   3 × 100 − 100

☐ − ☐ = ☐   ☐ − ☐ = ☐   ☐ − ☐ = ☐

d) Se realizarmos as adições ou as subtrações antes das multiplicações, a quantia que encontraremos ao resolver a expressão ficará correta?

_____

> NAS EXPRESSÕES SEM PARÊNTESES EM QUE APARECEM ADIÇÕES, SUBTRAÇÕES, MULTIPLICAÇÕES E DIVISÕES, EFETUAMOS AS OPERAÇÕES NA SEGUINTE ORDEM:
> - PRIMEIRO, AS MULTIPLICAÇÕES E AS DIVISÕES, NA ORDEM EM QUE APARECEM;
> - DEPOIS, AS ADIÇÕES E AS SUBTRAÇÕES, NA ORDEM EM QUE APARECEM.

2. Vamos calcular quantos pontos Nice conseguiu no jogo de dardos?

a) Primeiro, use só a adição.

- Quantos pontos Nice acertou na parte que vale 100 pontos?

_____

- Quantos pontos ela conseguiu na parte que vale 10 pontos?

_____

- Calcule o total de pontos que Nice conseguiu?

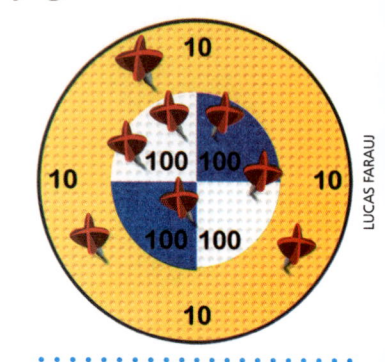

_____

> **VEJA A DICA:**
> (Nº DE DARDOS NA PARTE AZUL E BRANCA) × 100 + (Nº DE DARDOS NA PARTE AMARELA) × 10

b) O cálculo do número de pontos que Nice conseguiu também pode ser feito por meio de uma expressão numérica. Escreva-a.

_____

3. Qual das situações a seguir pode ser **representada** pela expressão numérica 100 : 2 − 20?

☐ Dona Belinha tinha 100 reais na **carteira. Pagou** 20 reais para o carteiro e o resto dividiu entre **seus dois filhos.** Quanto ganhou cada filho?

☐ Vovô Mário tinha 100 reais na **carteira. A metade** desse valor foi usada para colocar gasolina no carro. **Do restante,** gastou 20 reais na padaria. Quanto sobrou?

4. Invente uma situação que possa ser **representada pela** expressão numérica 5 × 100 : 2.

_____

_____

5. Em cada página do álbum, Beto vai colar 9 figurinhas.

VEJA! EU JÁ COMPLETEI AS 18 PRIMEIRAS PÁGINAS.

a) Quantas figurinhas Beto já colou nesse **álbum?**
Represente sua estratégia de cálculo por meio de uma expressão numérica. _____

b) Se o álbum tem 30 páginas, quantas figurinhas Beto ainda vai poder colar nele? _____

6. Pensei em um número e multipliquei por 5. O produto é 55. Em que numero pensei?

☐ × 5 = 55

7. Pensei em um número, multipliquei por 5 e adicionei 10 ao produto. Obtive como resultado 60. Em que número pensei?

☐ × 5 + 10 = 60

105

PROPRIEDADES DA IGUALDADE

1. Bel e Yuri estão economizando para participar de uma excursão. Bel ganhou 65 reais do pai e 45 reais da mãe. Yuri recebeu a mesma quantia que Bel. Da mãe, ele recebeu 50 reais.

   65 + 45 = 50 + ☐

   a) Calcule mentalmente quanto Yuri recebeu do pai.

   b) Complete a igualdade e descubra quantos reais cada um ganhou.

   _____

2. Os avós prometeram dobrar as quantias que Bel e Yuri receberam dos pais se eles ajudassem a plantar novas mudas de flores no jardim. Faça os cálculos mentalmente e complete as igualdades.

   • Com quantos reais cada um ficará, então? _____

   $65 + 45 = 50 + \square$
   $\downarrow \times 2 \quad \downarrow \times 2 \quad \downarrow \times 2 \quad \downarrow \times 2$
   $\square + \square = \square + \square$
   $\square = \square$

3. Troque ideias com os colegas. O que aconteceu quando multiplicamos os dois membros da primeira igualdade por 2?

4. Na igualdade abaixo, vamos dividir ambos os membros por 3. Continue os cálculos.

   • O que você observou?

   $$80 + 100 = 90 + 90$$
   $$(80 + 100) : 3 = (90 + 90) : 3$$

   _____
   _____

5. Investigue o número que falta em cada item. Se precisar, use uma calculadora.

   a) $10 \times (20 + 5) = (5 + 20) \times \square$

   b) $(57 + 43) : \square = (43 + 57) : \square$

6. INVESTIGANDO COM A CALCULADORA.

Veja os números que as crianças digitaram na calculadora e descubra a tecla que cada uma pressionou para obter o resultado indicado.

a) Qual destas teclas Tiago usou: + ou – ou × ou : ?

EU DIGITEI OS NÚMEROS 15 E 12 E OBTIVE 180.

b) Qual destas teclas Maria usou: + ou – ou × ou : ?

EU DIGITEI OS NÚMEROS 95 E 36 E OBTIVE 59.

c) Qual destas teclas Janete usou: + ou – ou × ou : ?

EU DIGITEI OS NÚMEROS 47 E 43 E OBTIVE 90.

d) Qual destas teclas Mário usou: + ou – ou × ou : ?

EU DIGITEI OS NÚMEROS 84 E 7 E OBTIVE 12.

TRATANDO A INFORMAÇÃO

Observe os dados apresentados no gráfico e na tabela a seguir. Essas informações referem-se à cidade de São Paulo.

Caneta atenta: multas manuais aplicadas no 1º trimestre de cada ano

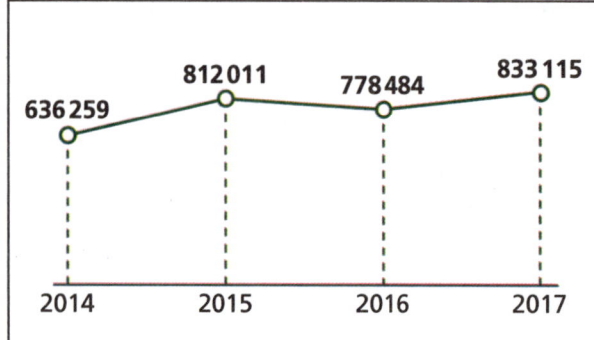

- 2014: 636 259
- 2015: 812 011
- 2016: 778 484
- 2017: 833 115

As infrações mais flagradas	
Em 2017, por agentes de trânsito, PMs e GCMs	
Estacionar em desacordo com a sinalização — estacionamento rotativo	124 343
Estacionar em local/horário proibido especificamente pela sinalização	105 854
Celular ao volante (manusear, segurar ou utilizar)	99 962

Fonte: PAINEL DA MOBILIDADE SEGURA. Tabela elaborada em 2017.

Fonte: METRO JORNAL, São Paulo, n. 2569, ano 115, 5 jul. 2017. p. 3.

a) Analisando o gráfico, complete as frases com **um crescimento** ou **uma queda**.

- De 2015 para 2016 observa-se _____ no número de multas manuais aplicadas no primeiro trimestre.

- De 2016 para 2017 observa-se _____ no número de multas manuais aplicadas no primeiro trimestre.

b) Comparando o número de multas manuais aplicadas no primeiro trimestre de 2014 com o número de multas manuais aplicadas no primeiro trimestre de 2017, o que você pode afirmar?

_____

_____

QUAL É A SUA OPINIÃO?

Entre as infrações mais frequentes no primeiro trimestre de 2017 encontra-se, em 3º lugar, o uso de celular ao volante. Essa infração tem sido cada vez mais o tema central de campanhas de conscientização. Qual a importância de campanhas como essa na educação para o trânsito? Troque ideias com os colegas de grupo. Anote as conclusões do seu grupo.

Não use celular ao volante. Isso pode custar a sua vida.

SÓ PARA LEMBRAR

1 O Brasil faz fronteira com alguns países da América do Sul e é banhado pelo oceano Atlântico. Observe as informações no mapa.

a) Calcule quantos quilômetros o Brasil tem aproximadamente no total, arredondando as medidas para:

- a centena exata mais próxima.

  _____

- a unidade de milhar exata mais próxima.

  _____

Fonte dos dados: <http://brasilescola.uol.com.br/brasil/territorio-brasileiro-localizacao-extensao-fronteiras.htm>. Acesso em: 22 set. 2017.

Fronteiras do Brasil

15 735 km de fronteiras terrestres

7 367 km de fronteira marítima

Fonte: ATLAS geográfico escolar. 7. ed. Rio de Janeiro: IBGE, 2016. p. 90.

b) Agora, calcule quantos quilômetros de fronteiras (terrestres e marítimas) o Brasil tem no total e compare com os cálculos aproximados feitos no item anterior.

_____

_____

c) A maior praia em extensão do mundo, com 220 km de extensão, é a praia do Cassino, que se localiza entre a barra da Lagoa dos Patos, no balneário do Cassino, e o arroio Chuí, na fronteira com o Uruguai. Qual é a diferença entre a extensão de fronteiras marítimas do Brasil e a extensão da praia do Cassino?

_____

Fonte de pesquisa: <http://viagemempauta.com.br/2016/02/18/com-220-km-de-extensao-maior-praia-do-mundo-fica-no-brasil/>. Acesso em: 17 ago. 2017.

2 O gráfico abaixo mostra a venda de caixas de papelão de uma fábrica de embalagens no primeiro semestre do ano passado.

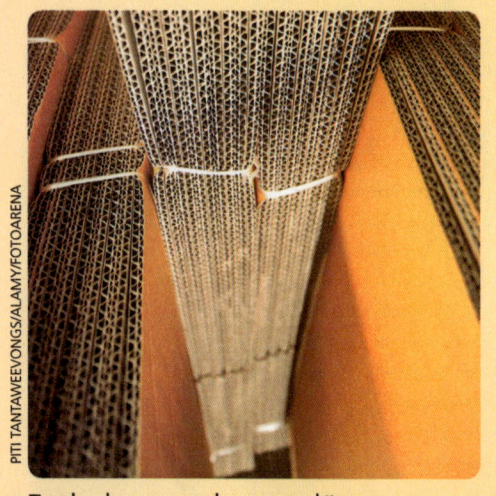

Embalagens de papelão.
Fonte: Dados fictícios. Gráfico elaborado em 2017.

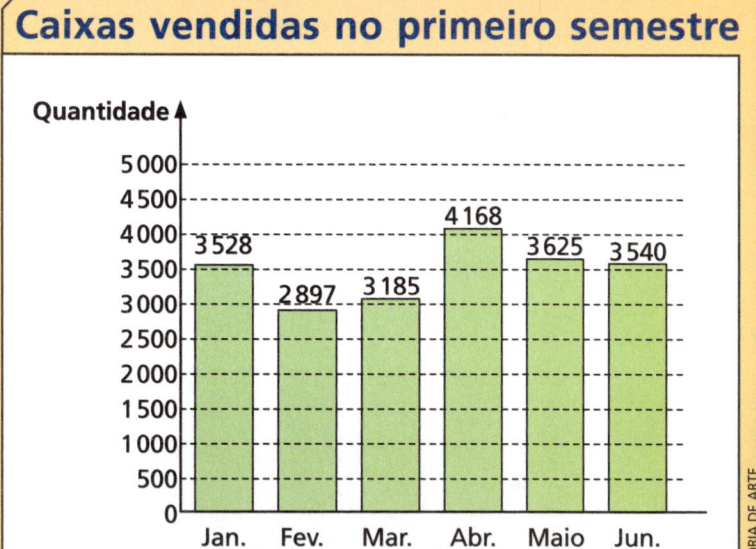

Caixas vendidas no primeiro semestre

Jan.: 3528 | Fev.: 2897 | Mar.: 3185 | Abr.: 4168 | Maio: 3625 | Jun.: 3540

a) Anote na tabela a quantidade de caixas vendidas por mês e arredonde essas quantidades para a centena exata mais próxima.

Caixas vendidas no primeiro semestre

Mês	Jan.	Fev.	Mar.	Abr.	Maio	Jun.
Quantidade de caixas						
Arredondamento						

Fonte: Dados fictícios. Tabela elaborada em 2017.

b) Qual a quantidade aproximada de caixas vendidas nesse semestre? Use as propriedades da adição para facilitar os cálculos.

c) Agora, calcule a quantidade de caixas vendidas nesse semestre e compare com o cálculo aproximado.

3 As 600 cadeiras do Cine Paraíso estão organizadas em fileiras. Sabendo que são 15 fileiras e que em cada fileira há o mesmo número de cadeiras, quantas são as cadeiras em cada fileira?

_____

4 Lígia vai viajar. Na mala, colocou 4 blusas de cores diferentes e 3 saias. De quantos modos Lígia pode vestir-se usando uma dessas blusas e uma dessas saias? _____

5 Veja a promoção:

a) Quanto custam 4 unidades desse xampu?

_____

b) Optando pela promoção "Leve 5 pague 4", por quanto sairá cada uma das 5 unidades.

_____

c) Quanto vou pagar se levar duas dessas promoções?

_____

XAMPU INFANTIL
PREÇO POR UNIDADE R$10,00
LEVE 5 PAGUE 4

6 As cartelas com as frases da situação-problema estão fora de ordem. Escreva a situação na ordem correta e resolva-a.

> Deu a metade das suas laranjas para a irmã.

> Roberto ganhou um pacote com 24 laranjas.

> Com quantas laranjas Roberto ficou?

> Para o irmão, ele deu 10 de suas laranjas.

111

UNIDADE 4

MEDIDAS DE MASSA, COMPRIMENTO, TEMPO E TEMPERATURA

Ajude o cozinheiro a dobrar a receita.

VOU PRECISAR DOBRAR A RECEITA DO BOLO!

Receita de bolo caseiro

3 ovos

50 g de margarina

300 g de açúcar

500 g de farinha de trigo

250 ml de leite

20 g de fermento em pó

Receita dobrada de bolo caseiro

☐ ovos

☐ de margarina

☐ de açúcar

☐ de farinha de trigo

☐ de leite

☐ de fermento em pó

NESTA UNIDADE VAMOS EXPLORAR:
- Medidas de massa.
- Medidas de comprimento.
- Medidas de tempo.
- Medidas de temperatura.

MEDIDAS DE MASSA

1 t = 1000 kg
1 kg = 1000 g
1 g = 1000 mg

1. O 5º ano está se preparando para uma Olimpíada de Matemática. O grupo de Gil ficou responsável por pesquisar as relações entre as unidades de medida de massa mais usadas.
Complete os quadros conforme o padrão:

×1000

t	kg
	1000
10	
	20000
50	
100	

: 1000

×1000

kg	g
1	
2	2000
5	
10	
	15000

: 1000

×1000

g	mg
1	
2	
	3000
	5000
10	

: 1000

2. Leia o texto e complete-o com as unidades de medida de massa mais adequadas:

O peso médio do beija-flor pode chegar a 6000 mg, ou seja, _____ g. O menor pássaro do mundo é o beija-flor-zumbidor, que tem apenas 2 g, ou seja, _____ mg. Para bater as asas tão rapidamente, ele consome muita energia. Um homem de 75000 g, ou seja, _____ kg, para produzir a mesma energia de que o beija-flor precisa, deveria ingerir cerca de 150 kg de batata por dia, ou seja, _____ g.

Beija-flor-zumbidor.

Fonte de pesquisa: Alaine Camfield. **Trochilidae: hummingbirds**. Michigan: Animal Diversity Web, 2004. Disponível em: <http://animaldiversity.org/accounts/Trochilidae/>. Acesso em: 20 abr. 2018.

3. Veja as informações desta embalagem de adoçante.

Os elementos não foram representados em proporção de tamanho entre si.

PESO LÍQUIDO: 90 000 mg
Contém 30 sachês de 3000 mg

Quantos gramas tem:

a) cada sachê? _____

b) 30 sachês? _____

4. Os elefantes são os maiores animais terrestres e podem atingir até 7 t de massa. Um elefante adulto pode levantar até 10 000 kg. A gestação de uma elefanta dura mais de 600 dias. O elefante, ao nascer, chega a ter cerca de 100 kg.

Fonte: Nelson Ferreira. Quanto pesa um elefante. **Perito animal**. Disponível em: <https://www.peritoanimal.com.br/quanto-pesa-um-elefante-20753.html>. Acesso em: 28 ago. 2017.

a) Quantos quilogramas um elefante pode atingir? _____

b) Quantas toneladas um elefante adulto pode levantar? _____

5. Aline resolveu fazer uma torta de banana para a família no almoço de domingo. Ela vai precisar fazer 3 receitas de torta. Triplique as medidas da receita para facilitar o trabalho de Aline.

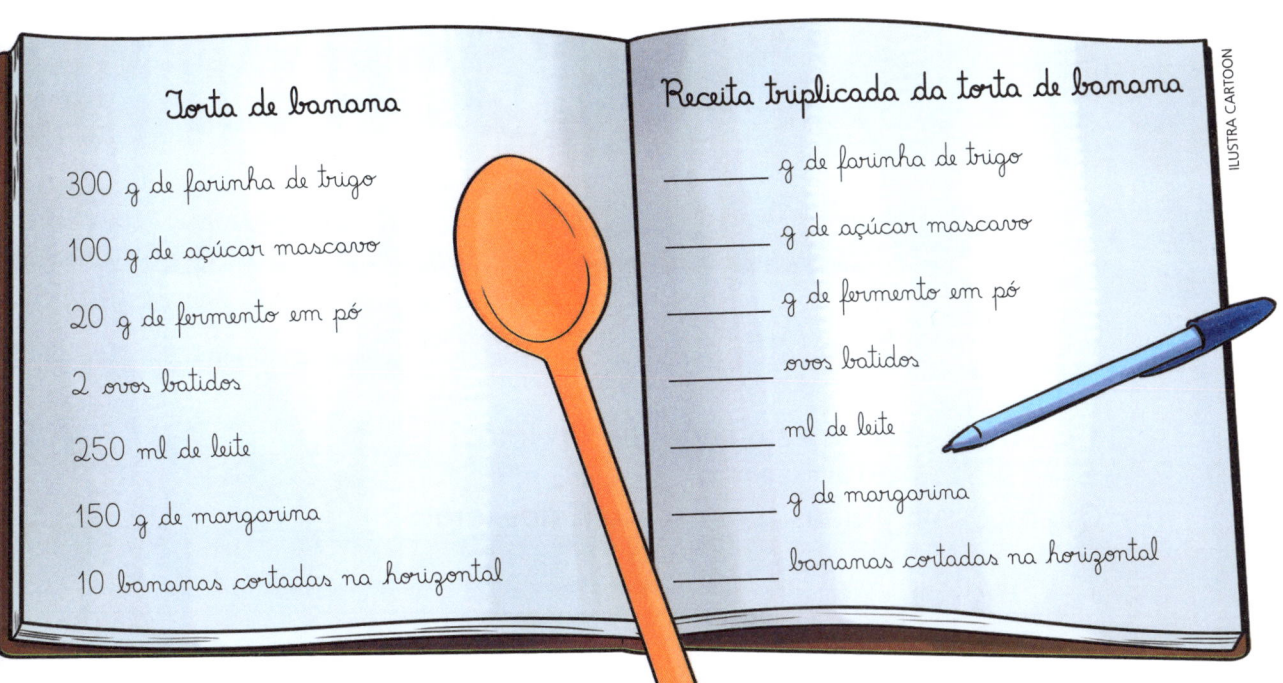

Torta de banana

300 g de farinha de trigo

100 g de açúcar mascavo

20 g de fermento em pó

2 ovos batidos

250 ml de leite

150 g de margarina

10 bananas cortadas na horizontal

Receita triplicada da torta de banana

_____ g de farinha de trigo

_____ g de açúcar mascavo

_____ g de fermento em pó

_____ ovos batidos

_____ ml de leite

_____ g de margarina

_____ bananas cortadas na horizontal

6. Veja as informações desta embalagem de refresco em pó.

a) Quantos gramas de pó para refresco vêm nesse envelope? _____

b) Quantos litros de refresco é possível fazer com o conteúdo de uma dessas embalagens? _____

c) Com base nas informações do fabricante, preencha o quadro de acordo com o padrão:

Quantidade de embalagens	1		3		5	
Pó para refresco				600 g		
Litros de suco obtidos		10 L				50 L

7. Elisa usou uma balança para pesar os ioiôs que havia ganhado. Os dois ioiôs têm a mesma massa.

a) Observe o equilíbrio na balança e responda:

A BALANÇA ESTÁ EM EQUILÍBRIO.

• Quantos gramas têm os dois ioiôs juntos? _____

• Quantos gramas tem cada um do ioiôs? _____

b) Quantos miligramas tem cada um dos ioiôs?

_____

8. Os pacotes de fubá que estão na balança têm a mesma massa.

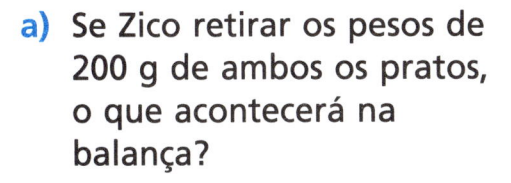

a) Se Zico retirar os pesos de 200 g de ambos os pratos, o que acontecerá na balança?

_____

_____

_____

A BALANÇA ESTÁ EM EQUILÍBRIO.

b) Calcule quantos gramas tem cada pacote de fubá.

_____

_____

_____

AGORA FICOU MAIS FÁCIL! É SÓ PENSAR NA METADE DE 500 g.

9. As balanças estão em equilíbrio. Calcule quantos gramas tem cada pote de maionese.

_____

_____

MEDIDAS DE COMPRIMENTO

1 km = 1000 m
1 m = 100 cm
1 cm = 10 mm

1. O grupo de Laís pesquisou sobre as relações entre as unidades de medida de comprimento mais usadas. Complete os quadros conforme o padrão:

×1000

km	m
	1000
2	
	3000
10	

: 1000

×100

m	cm
1	
2	200
5	
10	
	2000

: 100

×10

cm	mm
1	
5	
	100
	500
100	

: 10

2. Edu e suas irmãs resolveram medir o comprimento da cama de solteiro. Veja o que cada um registrou.

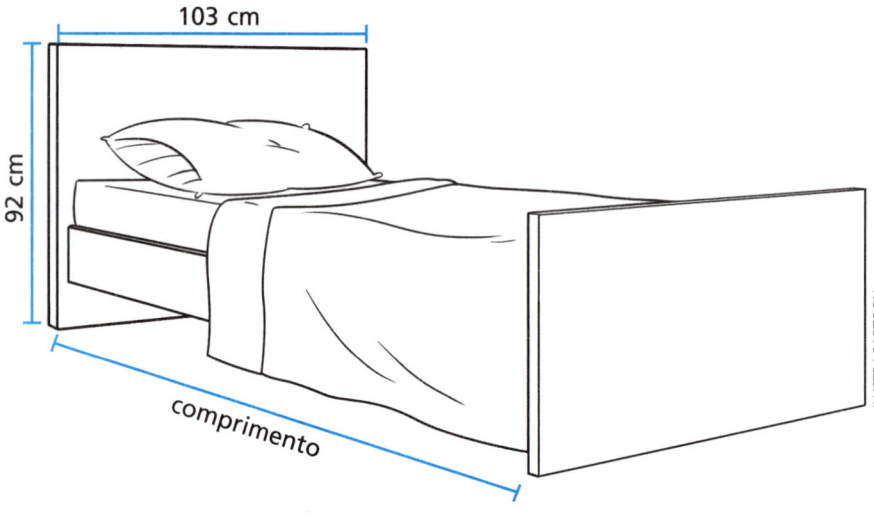

103 cm
92 cm
comprimento

a) Edu: 2 e 20 → _____

b) Laís: 220 → _____

c) Bel: 2 200 → _____

Os três estão corretos, mas se esqueceram de anotar a unidade de medida de comprimento. Descubra que unidade de medida cada um usou e registre acima.

118

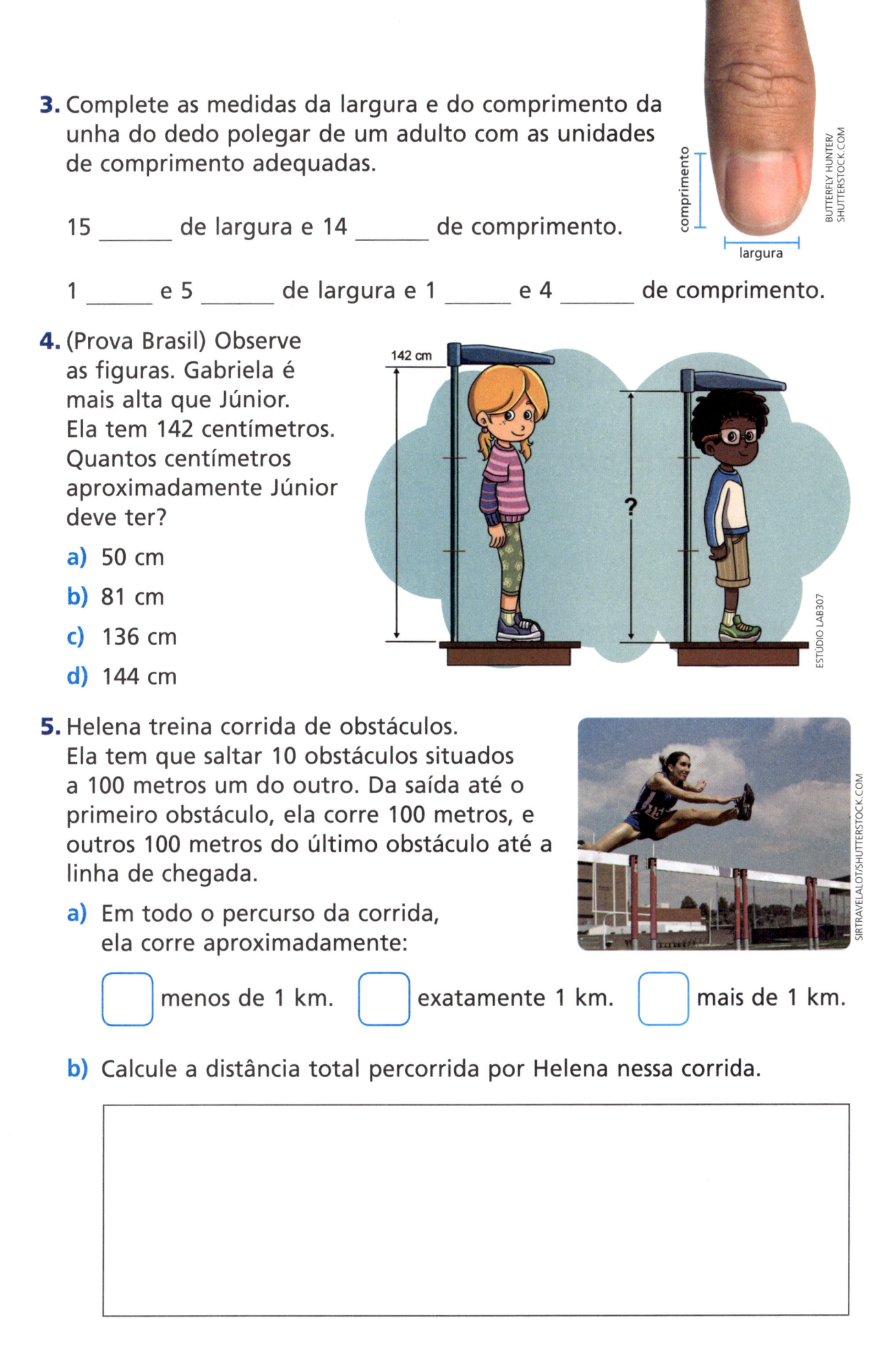

3. Complete as medidas da largura e do comprimento da unha do dedo polegar de um adulto com as unidades de comprimento adequadas.

15 _____ de largura e 14 _____ de comprimento.

1 _____ e 5 _____ de largura e 1 _____ e 4 _____ de comprimento.

4. (Prova Brasil) Observe as figuras. Gabriela é mais alta que Júnior. Ela tem 142 centímetros. Quantos centímetros aproximadamente Júnior deve ter?

a) 50 cm

b) 81 cm

c) 136 cm

d) 144 cm

5. Helena treina corrida de obstáculos. Ela tem que saltar 10 obstáculos situados a 100 metros um do outro. Da saída até o primeiro obstáculo, ela corre 100 metros, e outros 100 metros do último obstáculo até a linha de chegada.

a) Em todo o percurso da corrida, ela corre aproximadamente:

☐ menos de 1 km.   ☐ exatamente 1 km.   ☐ mais de 1 km.

b) Calcule a distância total percorrida por Helena nessa corrida.

6. VAMOS BRINCAR NA MALHA!

A **medida dos lados** de cada quadrinho da malha quadriculada é 5 mm.

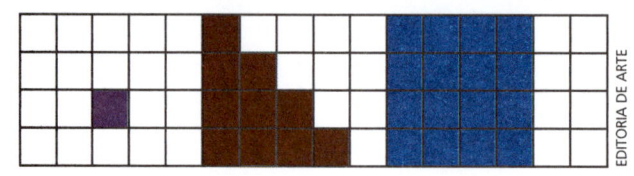

A figura ■ tem perímetro igual a 5 + 5 + 5 + 5 = 20 ou 4 × 5 = 20, ou **seja**, 20 mm.

a) Estime qual das figuras, a marrom ou a azul, tem o maior perímetro.

b) Agora, calcule o perímetro das duas figuras e verifique se a sua estimativa foi boa.

- azul: _____

- marrom: _____

QUAL É A CHANCE?

a) Quais os resultados possíveis ao se lançar um dado?
_____

b) Eder e Diva vão lançar um dado. Veja o que eles comentam.

EU ACHO QUE SERÁ UM NÚMERO MENOR QUE 4.

ACHO QUE VAI SAIR UM NÚMERO MAIOR QUE 4.

Quais serão os resultados possíveis se:

- Eder estiver certo? _____

- Diva estiver certa? _____

c) Qual é a chance de:

- Diva acertar? _____   • Eder acertar? _____

MEDIDAS DE TEMPO

1 dia = 24 horas
1 h = 60 min
1 min = 60 s

1. O grupo da Mel ficou responsável por pesquisar sobre as relações entre as unidades de medida de tempo mais usadas.

Complete os quadros conforme o padrão:

× 24

dias	horas
	24
2	
	72
	96
5	

: 24

× 60

horas	minutos
1	
	120
	600
12	
	1 440

: 60

× 60

minutos	segundos
1	
2	
	180
	300
10	

: 60

2. Qual a unidade de tempo mais adequada para medir o tempo gasto para:

a) tomar um gole de água? _____

b) assar um bolo? _____

c) assistir a um filme?

_____

3. O filme preferido de Eric tem 80 minutos de duração. Ele começou a vê-lo às 8h20min. Continue a representar, na reta numérica, o tempo de duração do filme para descobrir em que horário vai acabar.

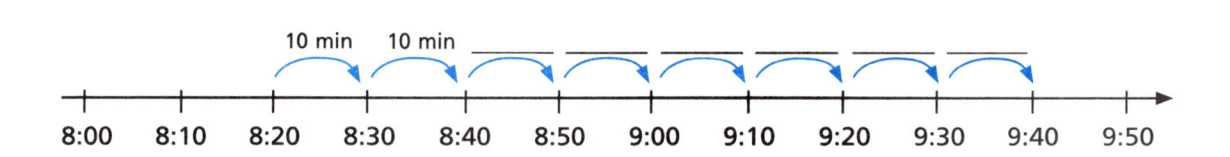

8:00 8:10 8:20 8:30 8:40 8:50 9:00 9:10 9:20 9:30 9:40 9:50

121

4. Paulo escreveu no quadro os horários das atividades que realiza durante o dia. Complete-o com o tempo gasto em cada atividade.

Atividades diárias

Hora	Atividade	Tempo gasto
7:30 - 8:00	café da manhã	
8:30 - 10:15	futebol	
10:30 - 12:00	estudar	
12:00 - 12:30	almoçar	
13:00 - 17:30	escola	
18:00 - 19:30	brincar	

5. Escreva os horários de algumas de suas atividades diárias e calcule o tempo gasto em cada uma.

Atividades diárias

Hora	Atividade	Tempo gasto

6. Compare seu quadro com o de um colega. Vocês realizam atividades semelhantes? Vocês dedicam o mesmo tempo ao estudo e às atividades de lazer?

TRATANDO A INFORMAÇÃO

André, Beto, Caio e Duda apostaram uma corrida. Veja, no gráfico, o tempo que eles levaram para fazer o mesmo percurso.

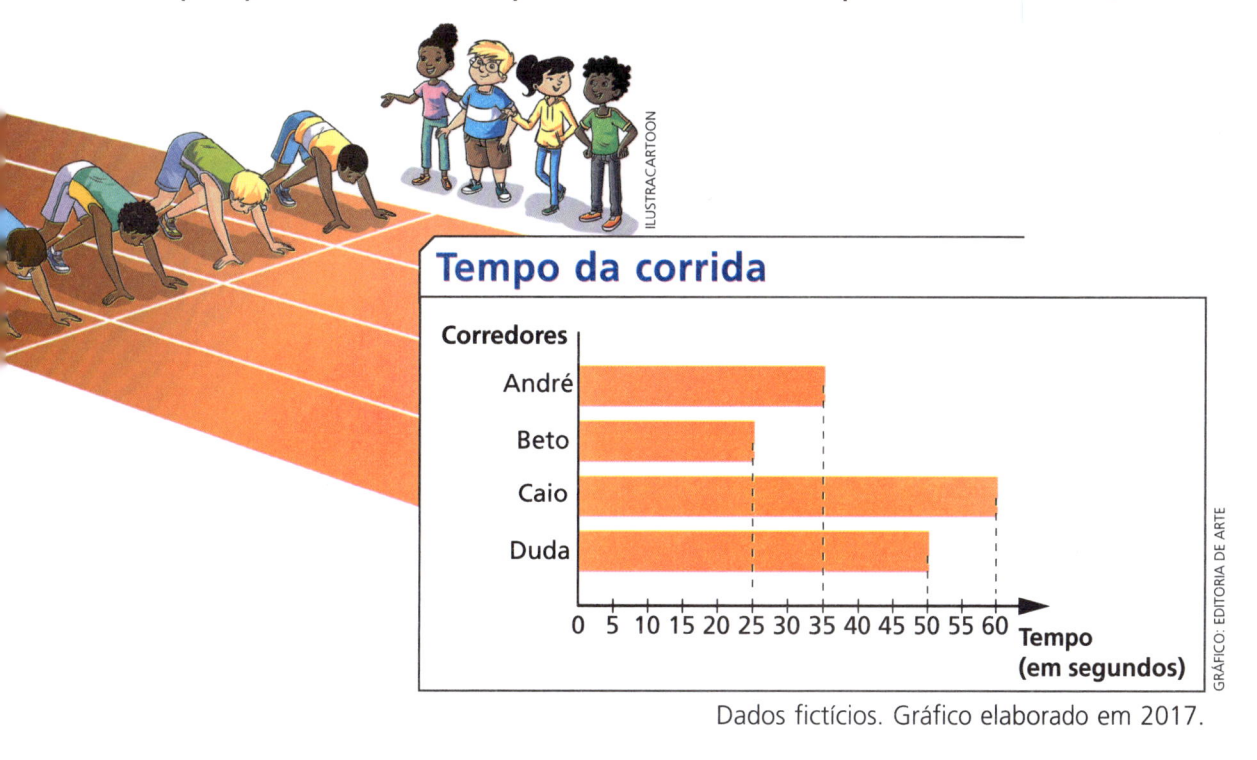

Tempo da corrida

Corredores:
- André: 35
- Beto: 25
- Caio: 60
- Duda: 50

Tempo (em segundos)

Dados fictícios. Gráfico elaborado em 2017.

a) Quem ganhou a corrida? Quem chegou em último lugar?

_____

b) Qual é a diferença do tempo de percurso entre o primeiro e o último colocados?

_____

c) Quem levou exatamente 1 minuto para fazer o percurso?

_____

PRODUÇÃO

MEDINDO O TEMPO DE UMA CORRIDA

a) Com o seu grupo, combine uma distância a ser percorrida e organize uma corrida. Peça ao professor que ajude os colegas a marcar o tempo em que cada um faz o percurso. Registre os nomes e os tempos gastos em uma tabela.

b) Analise os tempos registrados, trocando ideias com seu grupo.

7. Veja estas outras relações entre as unidades de medida de tempo pesquisadas pelo grupo de Mel. Complete os quadros conforme o padrão:

1 século = 100 anos
1 década = 10 anos
1 ano = 365 dias
1 semana = 7 dias

× 100

séculos	anos
	200
3	
	400
5	

: 100

× 10

décadas	anos
1	
	20
	30
5	
	100

: 10

× 7

semanas	dias
1	
2	
	21
	35
10	

: 7

INVESTIGANDO PADRÕES E REGULARIDADES

Observe a primeira linha de números do quadro de um mês de fevereiro. Se adicionarmos o número que indica o **domingo** com o número que indica o sábado de uma mesma semana (**1** + 7 = 8) e dividirmos a soma por dois (8 : 2 = **4**), obtemos o número que indica a **quarta-feira** dessa semana. Investigue se isso ocorre nas outras linhas desse quadro.

Dom	Seg	Ter	Qua	Qui	Sex	Sáb
1	2	3	4	5	6	7
8	9	10	11	12	13	14
15	16	17	18	19	20	21
22	23	24	25	26	27	28

8. Observando a linha do tempo das páginas seguintes, responda:

a) O século XX começou no primeiro dia de 1901 e terminou no último dia de 2000. Quando começou e quando terminará o século XXI?

> O SÉCULO É DIVIDIDO EM DEZ DÉCADAS.

_____

_____

b) Em que século Alexander Graham Bell inventou o telefone? _____

c) Qual o invento que marcou o primeiro ano do século XX? _____

d) Em que século você nasceu? _____

e) Qual o invento que marcou a última década do século XIX? _____

f) Em que década do século XX a internet começou a ser explorada comercialmente? _____

TRATANDO A INFORMAÇÃO

João pesquisou sobre as décadas do século XXI na internet. Observe o padrão e complete as tabelas.

Décadas do século XXI	
Década	Período
1ª	2001 a 2010
2ª	2011 a 2020
3ª	
4ª	
5ª	

Décadas do século XXI	
Década	Período
6ª	
7ª	
8ª	
9ª	
10ª	

Tabelas elaboradas em 2017.

> A 1ª década do século XXI vai do início de 2001 até o final de 2010.

#FICA A DICA

Que tal ler **História das Invenções**, de Monteiro Lobato, Editora Globo, 2014?

Chove lá fora. Para Pedrinho e Narizinho, não há nada mais gostoso do que ouvir Dona Benta contar a história das invenções, enquanto Tia Nastácia, na cozinha, prepara uma pipoca cheirosíssima.

9. Os meios de comunicação evoluíram com o avanço tecnológico. Acompanhe na linha do tempo alguns acontecimentos importantes.

1801 - Início do século XIX.

1837 - O americano Samuel Morse inventa o telégrafo.

1876 - O escocês Alexander Graham Bell inventa o telefone.

1894 - Os irmãos franceses Louis e Auguste Lumière inventam o cinema.

1901 - Início do século XX. O italiano Guglielmo Marconi inventa o rádio.

1930 - O americano Philo Farnsworth registra o invento da televisão.

1946 - Entra em funcionamento o ENIAC, primeiro computador eletrônico, construído nos EUA.

DADOS OBTIDOS EM: **SUPERINTERESSANTE**, SÃO PAULO, ABRIL, NOV. 1988/JAN. 1989, **GALILEU**, EDIÇÃO 121, GLOBO E THE BRIEF HISTORY OF SOCIAL MEDIA. UNIVERSITY OF CANADA AT PEMBROKE. DISPONÍVEL EM: <WWW.UNCP.EDU>. ACESSO EM: 9 MAR. 2014.

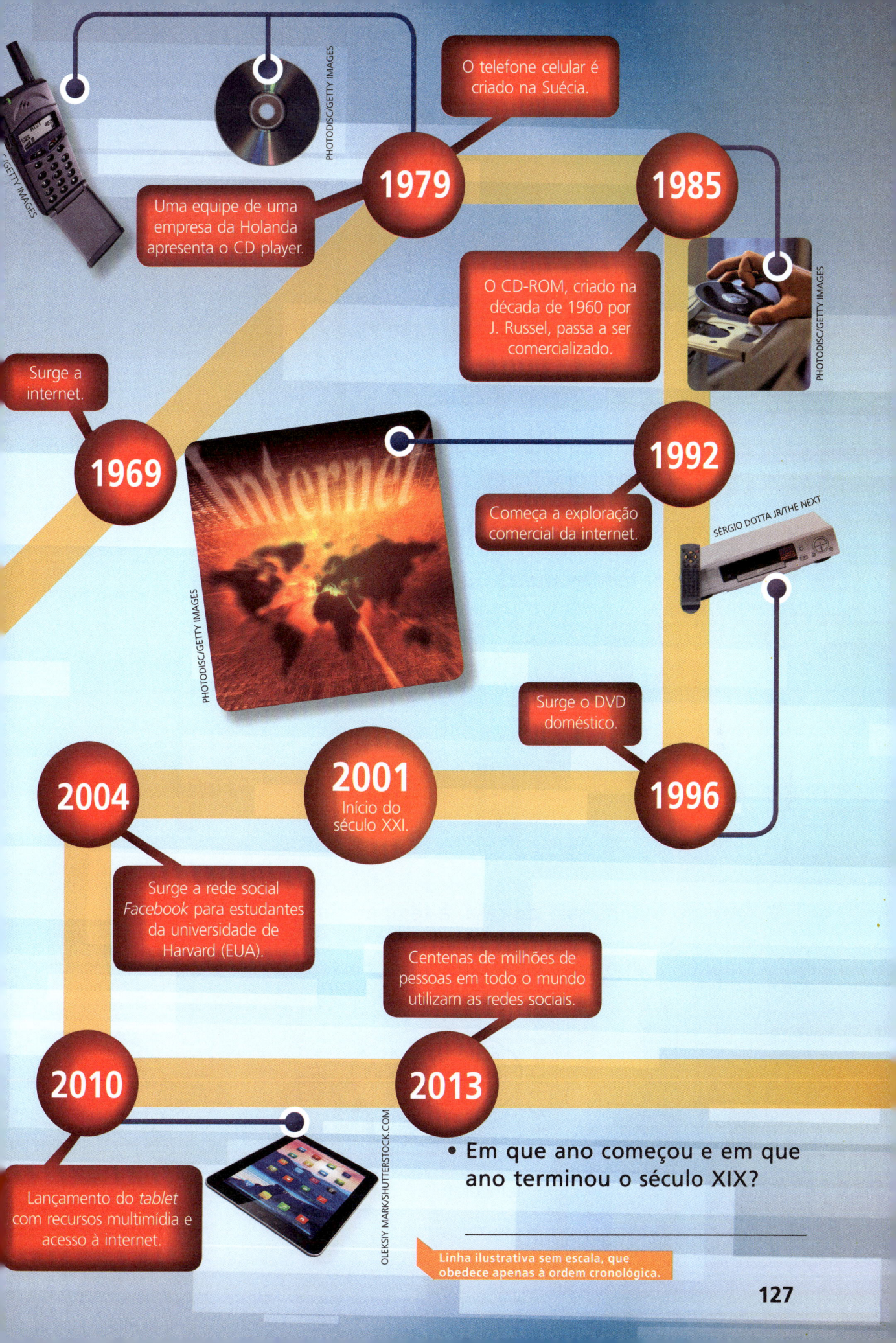

1979 — Uma equipe de uma empresa da Holanda apresenta o CD player.

1985 — O telefone celular é criado na Suécia.

O CD-ROM, criado na década de 1960 por J. Russel, passa a ser comercializado.

1969 — Surge a internet.

1992 — Começa a exploração comercial da internet.

1996 — Surge o DVD doméstico.

2001 — Início do século XXI.

2004 — Surge a rede social *Facebook* para estudantes da universidade de Harvard (EUA).

2013 — Centenas de milhões de pessoas em todo o mundo utilizam as redes sociais.

2010 — Lançamento do *tablet* com recursos multimídia e acesso à internet.

- Em que ano começou e em que ano terminou o século XIX?

Linha ilustrativa sem escala, que obedece apenas à ordem cronológica.

MEDIDAS DE TEMPERATURA

1. Os termômetros abaixo estão marcando temperatura de 12 °C.

> MEDIMOS A TEMPERATURA EM GRAUS CELSIUS (°C). A UNIDADE DE MEDIDA DE TEMPERATURA RECEBE ESSE NOME EM HOMENAGEM AO ASTRÔNOMO SUECO ANDERS CELSIUS (1701-1744).

Também é comum falar em **graus centígrados** em vez de **graus Celsius**.

• Qual dos termômetros a seguir indica:

a) a menor **temperatura**? Que temperatura é essa? _____

b) a maior **temperatura**? Que temperatura ele registra? _____

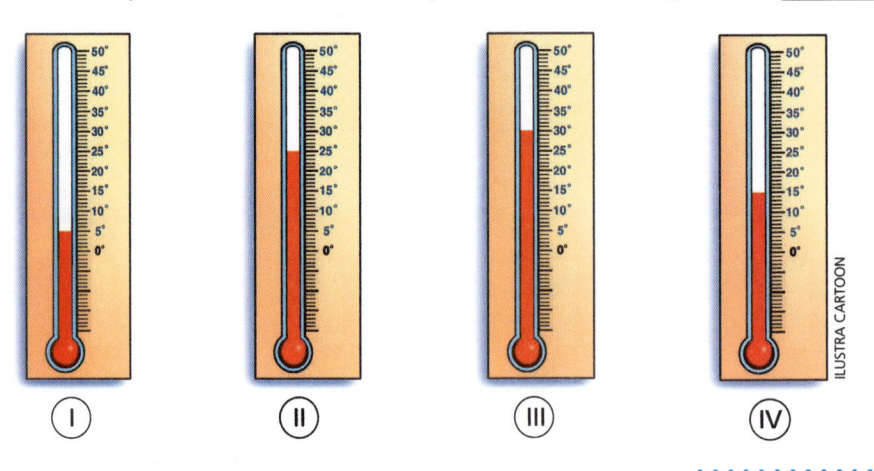

(I)   (II)   (III)   (IV)

2. Quando Marina saiu de casa, a temperatura estava bem agradável. Já à noite, estava mais frio. Qual foi a diferença da temperatura nesse dia?

> OS TERMÔMETROS ESTÃO GRADUADOS EM GRAUS CELSIUS.

Temperatura ao meio-dia. 25 °C

Temperatura à noite. 12 °C

> ACHO QUE NÃO PRECISO LEVAR AGASALHO.

> NÃO SEI NÃO... À NOITE, COSTUMA ESFRIAR.

128

3. Leia as informações de um trecho do panfleto informativo da Anvisa sobre prevenção de doenças transmitidas por alimentos.

Cozinhe muito bem os alimentos

Em geral, **certifique-se de que seus alimentos estão bem cozidos e são mantidos quentes.** Evite, em especial, mariscos crus, carne de ave com coloração rosada ou cujo suco esteja rosado, carne picada ou hambúrgueres que ainda não estejam completamente cozidos já que podem conter microrganismos perigosos. O cozimento adequado elimina quase todos os microrganismos perigosos e é um dos métodos mais eficazes para garantir o consumo seguro dos alimentos. Entretanto, é essencial que todas as partes do alimento sejam completamente cozidas, tendo atingido, pelo menos, a temperatura de 70°C.

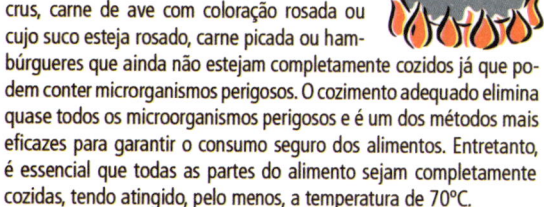

Mantenha os alimentos em temperaturas seguras

Alimentos cozidos que são mantidos a temperatura ambiente por várias horas constituem outro grande risco de doenças de origem alimentar. **Evite o consumo desses alimentos oferecidos em bufês, mercados, restaurantes e barracas de comida nas ruas se identificar que não são mantidos quentes, refrigerados ou congelados.**
Os microrganismos podem se multiplicar rapidamente nos alimentos armazenados a temperatura ambiente. A conservação dos alimentos sob refrigeração ou congelamento (temperaturas inferiores a 5° C) ou bem quentes (temperaturas superiores a 60°) diminui ou interrompe a proliferação de microorganismos.

Fonte de pesquisa: Portal Anvisa. Disponível em: <http://portal.anvisa.gov.br/dicas-de-saude-para-viagem>. Acesso em: 18 nov. 2017.

a) Que temperatura deve ser atingida no cozimento de alimentos?

b) A que temperatura devem ser conservados os alimentos sob refrigeração?

c) E os alimentos conservados sob aquecimento, qual é a temperatura ideal?

d) Troque ideias com seu grupo sobre o que significa a zona de perigo destacada no termômetro. Registre as conclusões aqui.

4. Veja as informações sobre as temperaturas mínimas e máximas de um dia no Brasil.

Temperaturas mínima e máxima nas capitais do Brasil

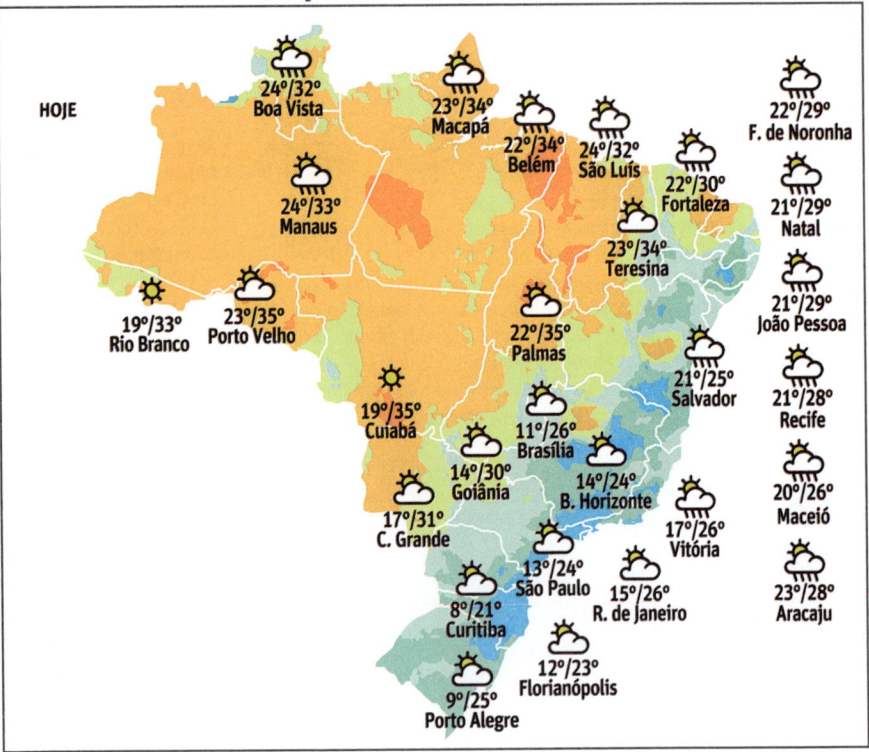

HOJE
- 24°/32° Boa Vista
- 23°/34° Macapá
- 22°/34° Belém
- 24°/32° São Luís
- 22°/29° F. de Noronha
- 24°/33° Manaus
- 22°/30° Fortaleza
- 21°/29° Natal
- 23°/34° Teresina
- 19°/33° Rio Branco
- 23°/35° Porto Velho
- 22°/35° Palmas
- 21°/29° João Pessoa
- 21°/25° Salvador
- 21°/28° Recife
- 19°/35° Cuiabá
- 11°/26° Brasília
- 14°/30° Goiânia
- 14°/24° B. Horizonte
- 20°/26° Maceió
- 17°/31° C. Grande
- 17°/26° Vitória
- 13°/24° São Paulo
- 15°/26° R. de Janeiro
- 23°/28° Aracaju
- 8°/21° Curitiba
- 12°/23° Florianópolis
- 9°/25° Porto Alegre

FOLHAPRESS

Fonte: Folha de S.Paulo, 23 de julho de 2017. Disponível em: <http://acervo.folha.uol.com.br/fsp/2017/07/23/871//6058626>. Acesso em: 27 set. 2017.

a) Com os dados do mapa, complete o quadro e calcule a diferença entre a temperatura máxima e a temperatura mínima.

Capitais	Temperatura mínima (°C)	Temperatura máxima (°C)	Diferença entre a máxima e a mínima (°C)
Aracaju			
Belo Horizonte			
Cuiabá			
Manaus			
Salvador			
São Paulo			
Rio de Janeiro			

b) Entre as capitais do quadro, qual apresentou a:
- menor diferença entre as temperaturas máxima e mínima?
- maior diferença entre as temperaturas máxima e mínima?

TRATANDO A INFORMAÇÃO

a) Durante 8 dias seguidos, Marilda e sua turma observaram as condições de tempo. Mediram a temperatura, sempre ao meio-dia, e anotaram tudo na tabela reproduzida abaixo.

Observando as condições do tempo – observação de 8 dias					
Dia da semana	Céu claro	Parcialmente nublado	Nublado	Chuva	Temperatura em °C
Segunda-feira	X				21
Terça-feira		X			18
Quarta-feira			X		16
Quinta-feira	X				15
Sexta-feira			X		17
Sábado					20
Domingo		X			18
Segunda-feira		X		X	15

Fonte: Dados fictícios. Tabela elaborada em 2017.

b) Observando os dados da tabela, responda às questões.

- Em quantos desses dias choveu? Quantos dias tiveram céu claro?

- Em quantos dias o tempo ficou parcialmente nublado?

- Durante esses 8 dias, qual foi a maior temperatura registrada? Qual foi a menor?

- Qual é a diferença entre a maior e a menor temperatura nesses dias?

- Durante esse período, quantos dias ficaram nublados ou parcialmente nublados?

SÓ PARA LEMBRAR

1 O gráfico ao lado representa o registro das temperaturas em três locais diferentes. Qual é a cor que indica as temperaturas registradas pela turma da Marilda na atividade da página anterior?

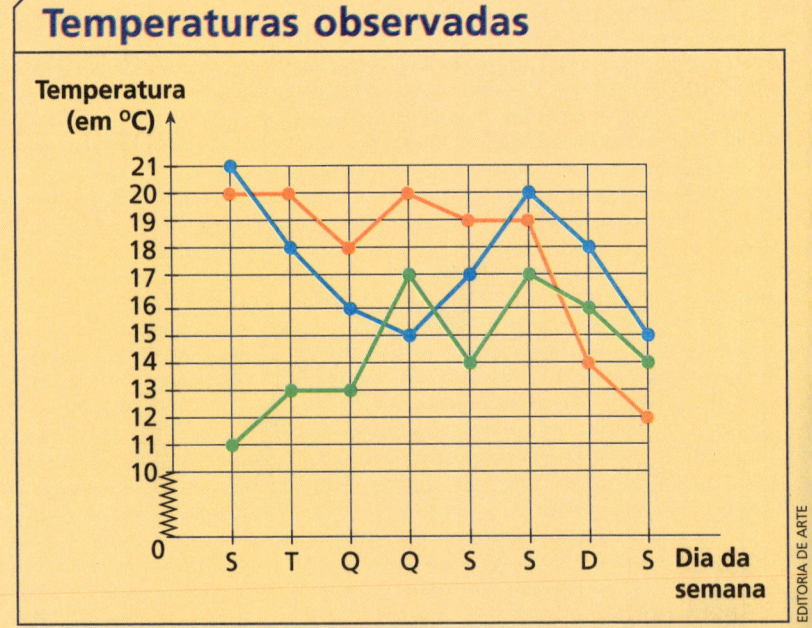

_____

_____

Temperaturas observadas

Fonte: Dados fictícios. Gráfico elaborado em 2017.

2 A balança está em equilíbrio. Calcule quantos gramas tem o pote de azeitonas.

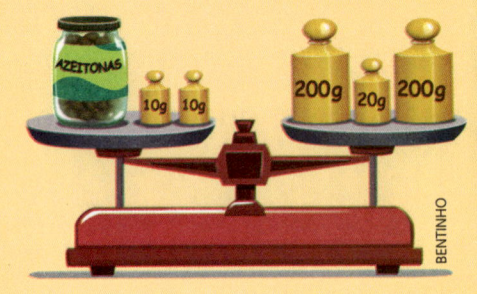

3 Observe o relógio.

a) Que horas o relógio indica?

_____

b) Complete a sequência de 5 em 5 e descubra qual hora o relógio indicava há 25 minutos.

_____

_____

132

4 Veja agora o registro das temperaturas feito das 19 horas do dia 19 de junho até às 6 horas do dia 21 de junho de um determinado ano, na cidade em que Paulo mora.

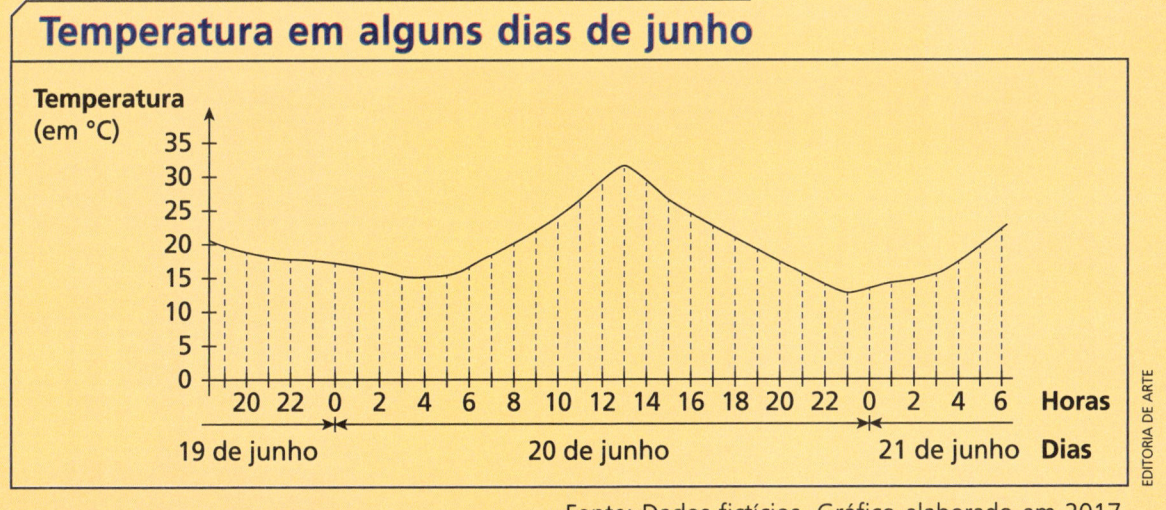

Temperatura em alguns dias de junho

Fonte: Dados fictícios. Gráfico elaborado em 2017.

a) Em que dia e horário observou-se a maior temperatura?

___

b) E a menor temperatura?

___

5 A mãe de Wagner levou o grupo do filho para fazer uma pesquisa. Veja o esquema com o percurso que ela fez para levá-los à biblioteca. Continue a registrar quantos minutos eles levaram em cada trajeto.

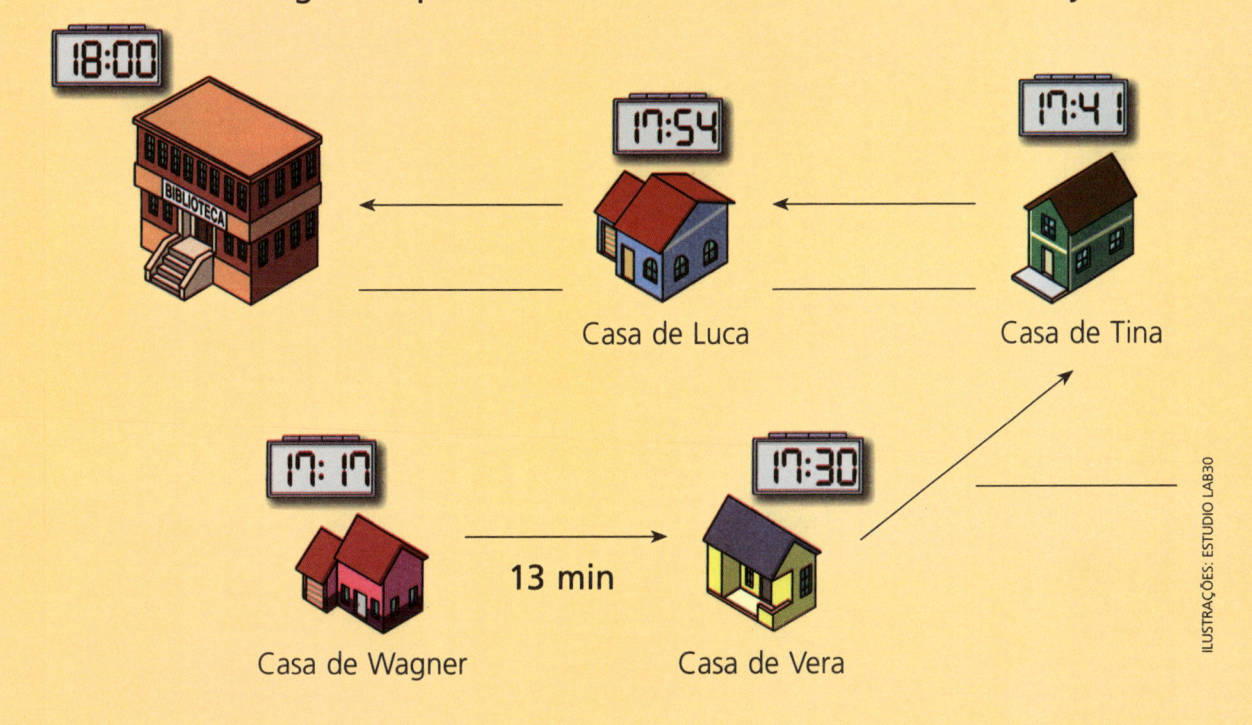

Casa de Wagner — 13 min → Casa de Vera → Casa de Tina → Casa de Luca → Biblioteca

Horários: 17:17 (Casa de Wagner), 17:30 (Casa de Vera), 17:41 (Casa de Tina), 17:54 (Casa de Luca), 18:00 (Biblioteca)

133

UNIDADE 5

MEDIDAS DE SUPERFÍCIE, CAPACIDADE E VOLUME

Cauê, Rafaela e Melinda visitam uma exposição de tapetes. Aprecie a exposição com eles e descubra qual dos dois tapetes é maior.

QUE TAPETES INTERESSANTES! UM TEM FORMA QUADRADA E OUTRO TEM FORMA RETANGULAR.

MAS OS DOIS SÃO FORMADOS POR FIGURAS TRIANGULARES AZUIS E VERMELHAS, TODAS DO MESMO FORMATO E TAMANHO.

VAMOS DESCOBRIR A SUPERFÍCIE QUE CADA TAPETE OCUPA? PODEMOS COMPARÁ-LA COM A MEDIDA DA SUPERFÍCIE DE CADA TRIÂNGULO QUE FORMA O TAPETE.

NESTA UNIDADE VAMOS EXPLORAR:
- Área: medida de uma superfície.
- O centímetro quadrado, o decímetro quadrado, o metro quadrado, o quilômetro quadrado.
- Volume.
- Capacidade.

ÁREA: A MEDIDA DE UMA SUPERFÍCIE

Como você já sabe, para medir **comprimentos**, usamos outro comprimento como **unidade de medida**.

Criança medindo trabalho escolar.

Para medir **massas**, usamos outra massa como **unidade de medida**.

Balança de pratos.

Para medir uma superfície, usamos outra superfície como **unidade de medida**.

> **ÁREA** É A MEDIDA DE UMA **SUPERFÍCIE** EM UMA DETERMINADA UNIDADE.

1. Veja quantas folhas de papel de mesmo tamanho foram necessárias para cobrir a superfície da mesa, sem sobrepô-las. Podemos dizer que a área da mesa é de 12 folhas.

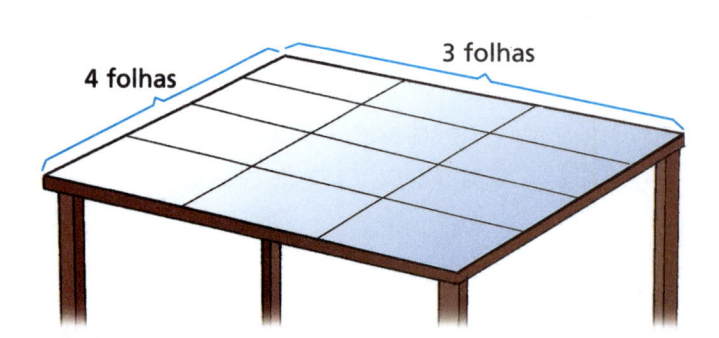

4 folhas
3 folhas

QUE INTERESSANTE... LEMBRA A ORGANIZAÇÃO RETANGULAR...

a) Quantas folhas de papel como as da figura você estima que são necessárias para cobrir a superfície desta outra mesa? E a do assento da cadeira?

A área da mesa é igual a _____ folhas.

A área do assento da cadeira é igual a _____ folhas.

b) Com uma folha de papel ou cartão de tamanho combinado previamente por toda a classe, meça a superfície da sua carteira e do assento de sua cadeira. Desenhe para registrar as medidas obtidas.

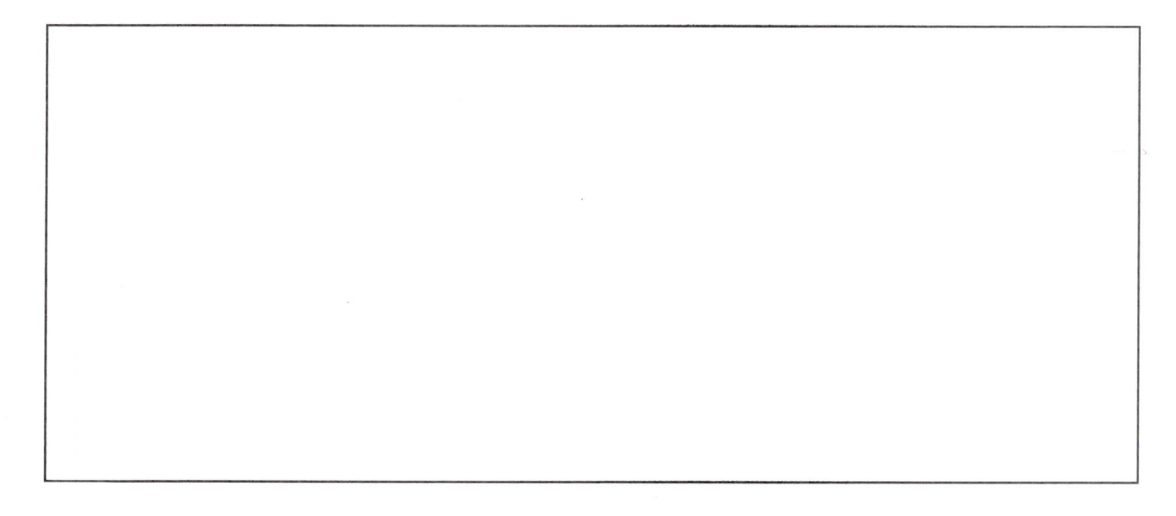

2. O pedreiro vai colocar lajotas neste piso.

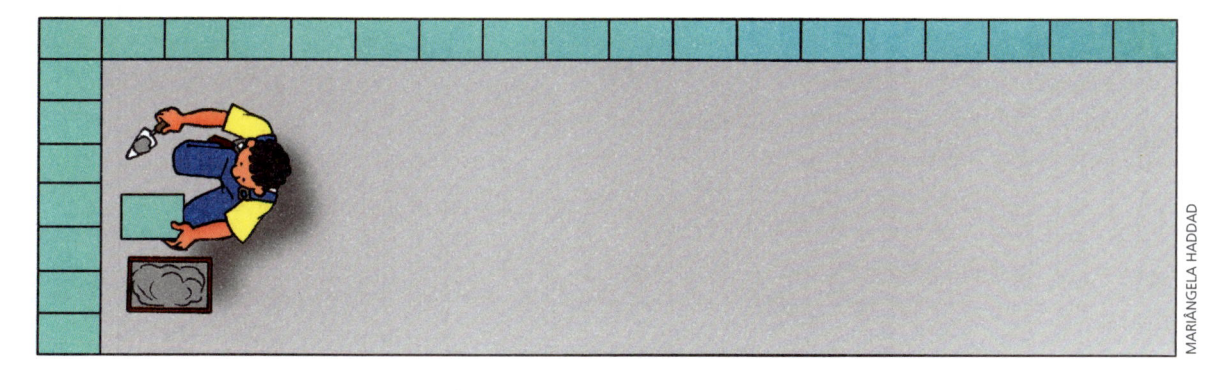

a) Quantas lajotas serão necessárias? _____

b) Use a lajota como unidade de medida de superfície e indique a área do piso. _____

3. Considerando o ☐ como unidade de medida de superfície, calcule a área de cada figura pintada na malha quadriculada.

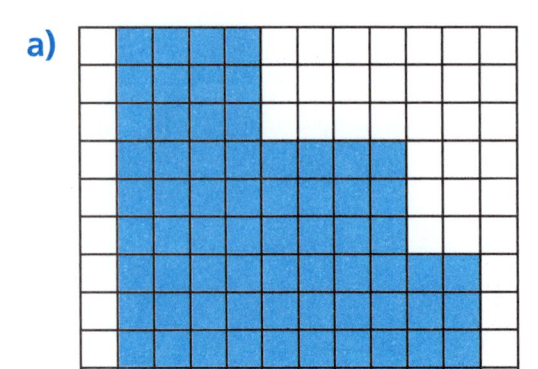

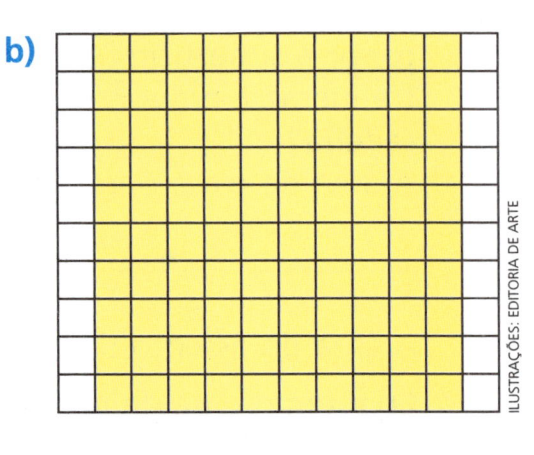

a) _____

b) _____

4. Calcule a área de cada figura pintada na malha quadriculada usando as duas unidades de medida de superfície indicadas abaixo de cada uma.

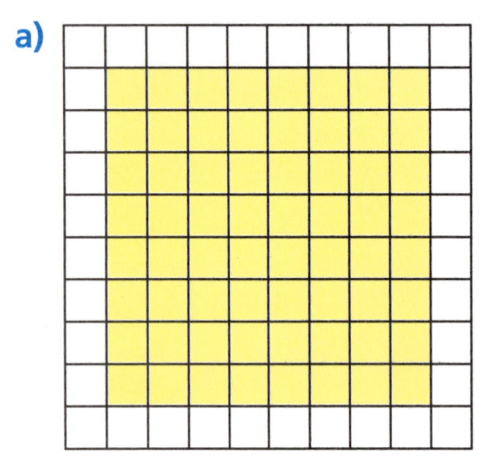

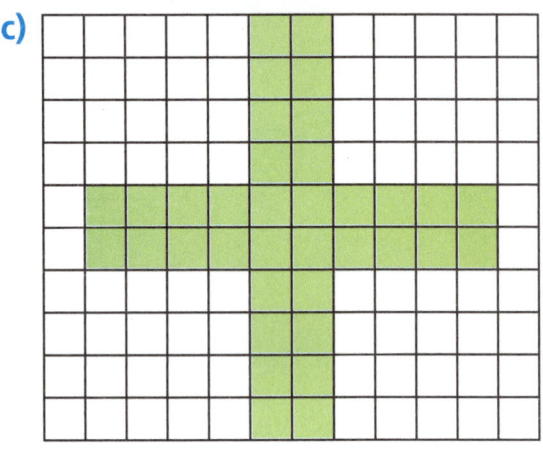

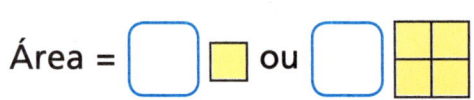

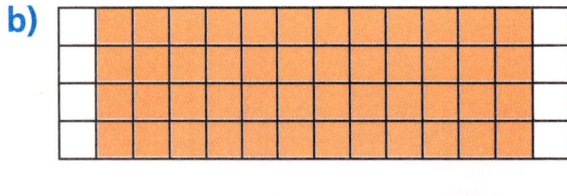

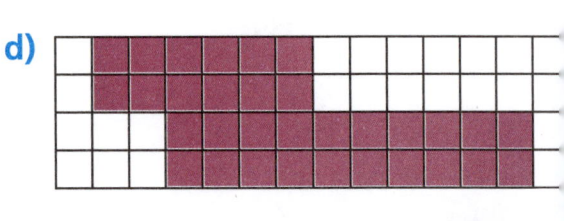

a) Área = ☐ 🟨 ou ☐ ▦

b) Área = ☐ 🟧 ou ☐ ▦

c) Área = ☐ 🟩 ou ☐ ▦

d) Área = ☐ 🟪 ou ☐ ▦

- Comparando as duas medidas de superfície obtidas para cada figura, o que você observa?

_____

138

5. Em algumas calçadas de São Paulo podemos ver mosaicos como o das fotos, em que o mapa do estado de São Paulo aparece de forma estilizada.

Calçada da cidade de São Paulo. Foto de 2004.

Detalhe da calçada com mosaico em forma de mapa da cidade de São Paulo.

Quantos ☐ cobrem a figura que representa o mapa de São Paulo?

Quer uma dica? Dois meios quadradinhos valem um ☐ inteiro.

> OBSERVE QUE HÁ O MESMO NÚMERO DE ☐ NAS FIGURAS ESCURAS E CLARAS.

PRODUÇÃO

◤ CALCULANDO ÁREAS COM AS PEÇAS DO TANGRAM

Destaque o Tangram da página 279. Com as peças do Tangram, monte a figura ao lado, que lembra uma paisagem com montanhas. Calcule a área da figura formada, usando como unidade de medida de superfície as seguintes peças do Tangram:

a) o triângulo verde-claro. _____

b) o quadrado. _____

c) o triângulo marrom. _____

d) o triângulo verde-escuro. _____

> PARA SABER QUAL A ÁREA DA FIGURA USANDO O TRIÂNGULO VERDE-CLARO, É SÓ CALCULAR QUANTOS TRIÂNGULOS VERDE-CLAROS SÃO NECESSÁRIOS PARA COBRIR PERFEITAMENTE TODA A FIGURA. USE AS PEÇAS DO SEU TANGRAM PARA DESCOBRIR.

FAZENDO ESTIMATIVAS

O pedreiro vai colocar novos azulejos no lugar dos que caíram da parede.

• Quantos azulejos ele usará?

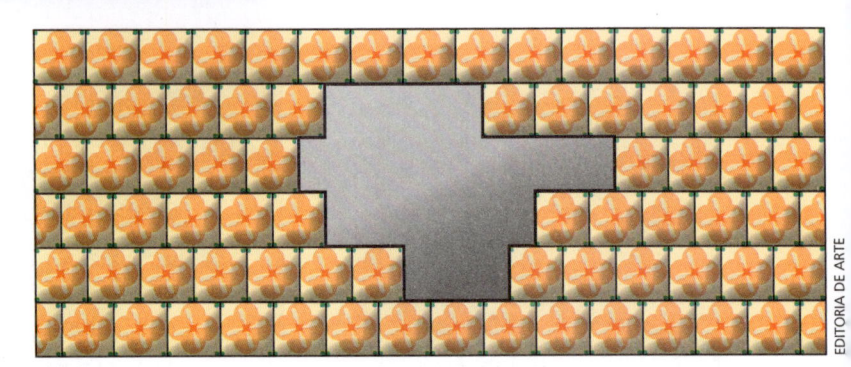

_____

👥 Troque ideias com um colega para verificar se ele fez a mesma estimativa que você.

6. VAMOS BRINCAR NA MALHA!

Alice desenhou um vaso na malha quadriculada. Depois, ela usou uma malha menor para reduzir o desenho e uma maior para ampliá-lo.

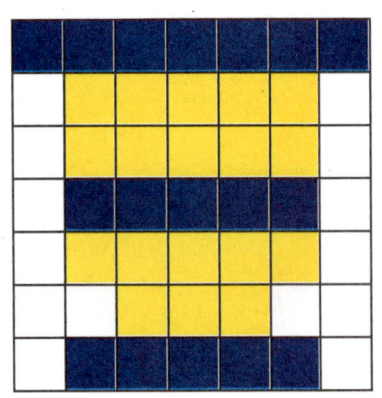

Desenho inicial.

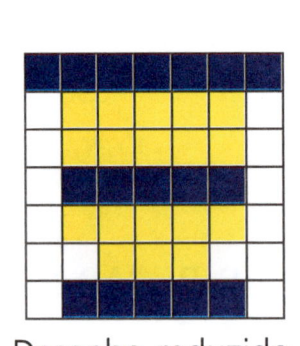

Desenho reduzido.

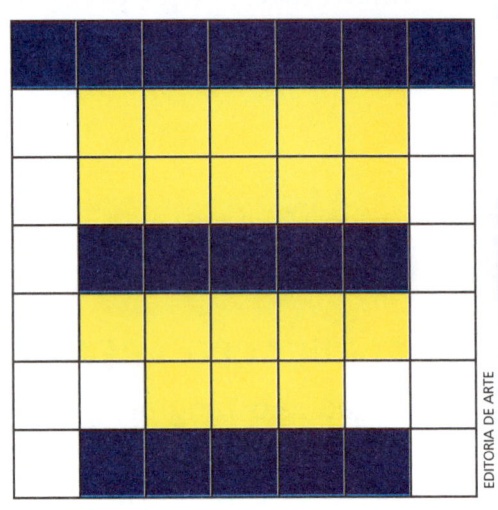

Desenho ampliado.

💬 a) Calcule a área de cada desenho feito por Alice usando o quadrinho de cada malha como unidade de medida de área. O que você observa?

b) Agora, usando o ☐ da malha menor como unidade de medida de superfície, qual desses desenhos tem:

• a maior área? _____

• a menor área? _____

140

O CENTÍMETRO QUADRADO

O centímetro quadrado (**cm²**) é uma unidade de **medida de área**.

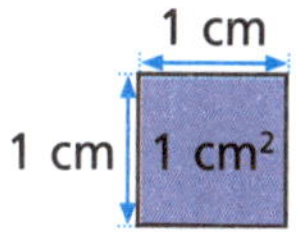

1 CENTÍMETRO QUADRADO É A ÁREA DE UM QUADRADO COM 1 CENTÍMETRO DE LADO.

1. Usando o **centímetro** como unidade de medida de comprimento e o **centímetro quadrado** como unidade de medida de superfície, calcule o perímetro e a área de cada figura.

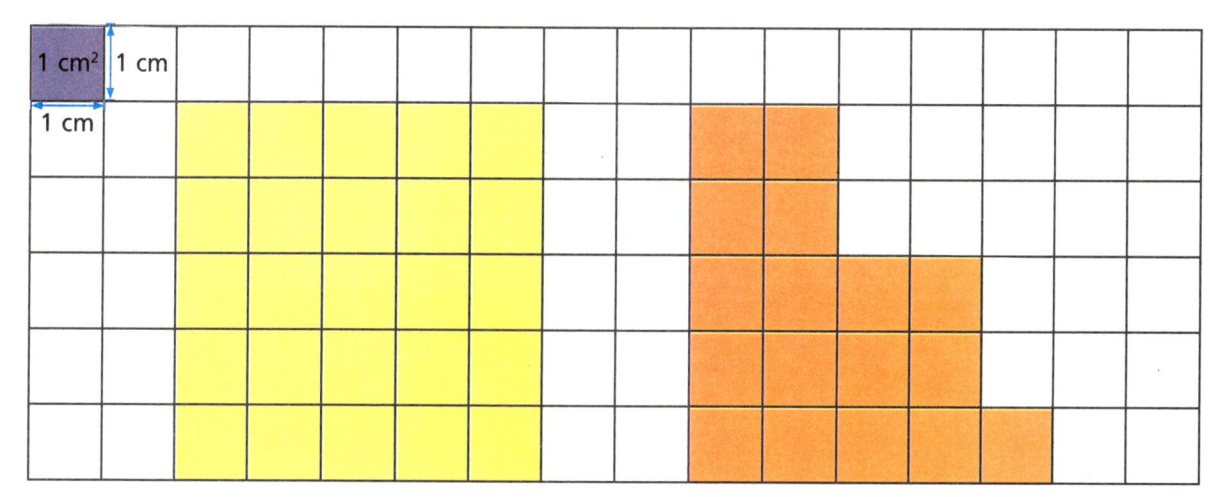

Perímetro = _____ cm.

Área = _____ cm².

Perímetro = _____ cm.

Área = _____ cm².

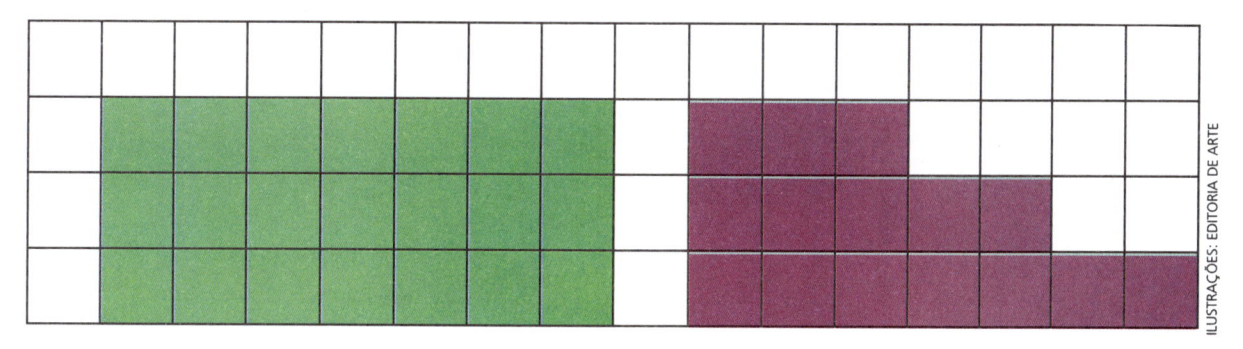

Perímetro = _____ cm.

Área = _____ cm².

Perímetro = _____ cm.

Área = _____ cm².

2. O que é possível observar acerca das medidas de perímetro e área obtidos na atividade 1?

3. Cada ▢ tem 1 cm² de área e 4 cm de perímetro. Desenhe quatro retângulos diferentes, todos com 16 cm de perímetro. Depois, responda: qual deles tem maior área?

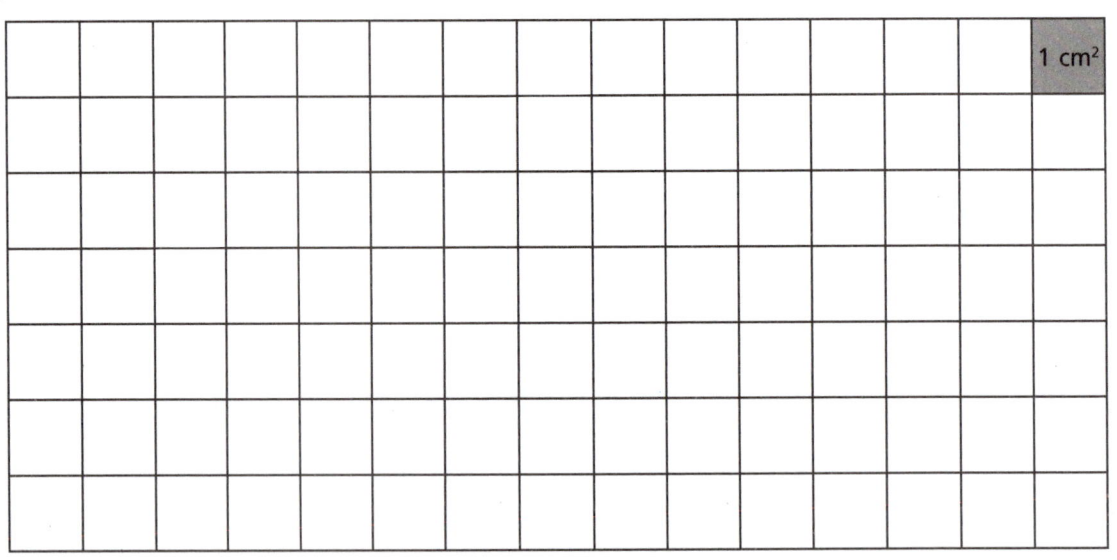

1 cm²

---

4. Caiu um borrão de tinta azul no caderno de Emílio. Para estimar a área ocupada pelo borrão, Emílio fez dois contornos: um por fora e outro por dentro do borrão.

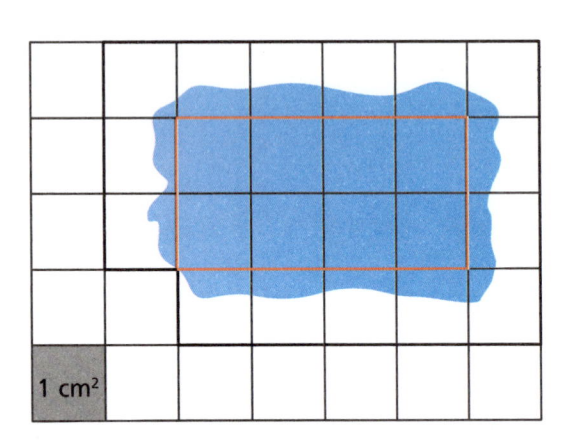

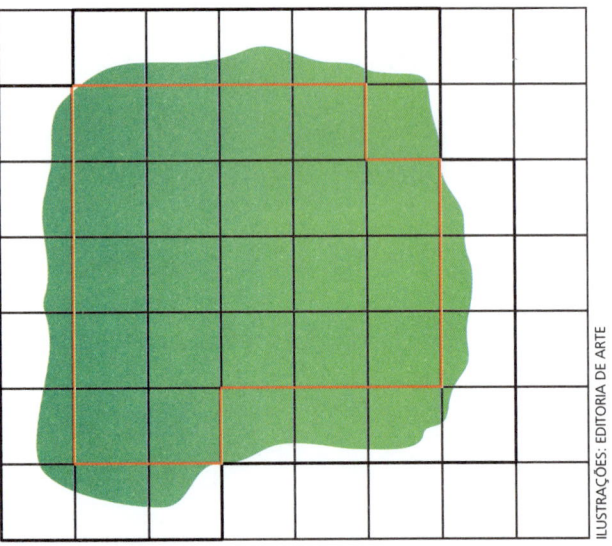

1 cm²

Emílio descobriu, assim, que a área do borrão de tinta azul está compreendida entre a área da figura de contorno laranja e a área da figura de contorno preto, ou seja, entre 8 cm² e 23 cm². Faça o mesmo para estimar a área do borrão de tinta verde.

5. Na malha abaixo, cada ☐ tem 1 cm² de área. Calcule a área de cada retângulo usando a ideia de organização retangular.

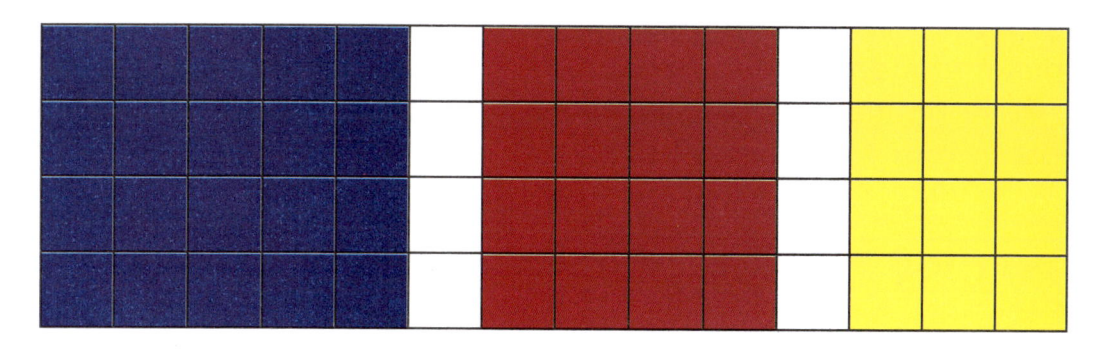

___ × ___ = _____ cm²   ___ × ___ = _____ cm²   ___ × ___ = _____ cm²

Agora complete o quadro abaixo.

Área do retângulo	24 cm²		40 cm²		25 cm²	100 cm²
Medida do comprimento	6 cm	10 cm		5 cm		5 cm
Medida da largura		5 cm	5 cm	16 cm	5 cm	

QUAL É A CHANCE?

Marina vai viajar e pretende levar na mala 2 saias e 3 blusas. Veja no quadro ao lado as combinações que podem ser feitas com as saias e blusas que ela deseja levar.

a) Usando essas combinações, de quantas maneiras distintas Marina pode se vestir?

_____

b) Qual é a chance de Marina, escolhendo ao acaso uma blusa e uma saia, vestir-se assim: ? _____

OUTRAS UNIDADES DE MEDIDA DE SUPERFÍCIE

1. Assim como o centímetro quadrado (**cm²**), o decímetro quadrado (**dm²**) é uma unidade de medida de superfície. Um **decímetro quadrado** é a área de um quadrado com 1 decímetro de lado.

> 1 DECÍMETRO TEM 10 CENTÍMETROS.
> 1 dm = 10 cm

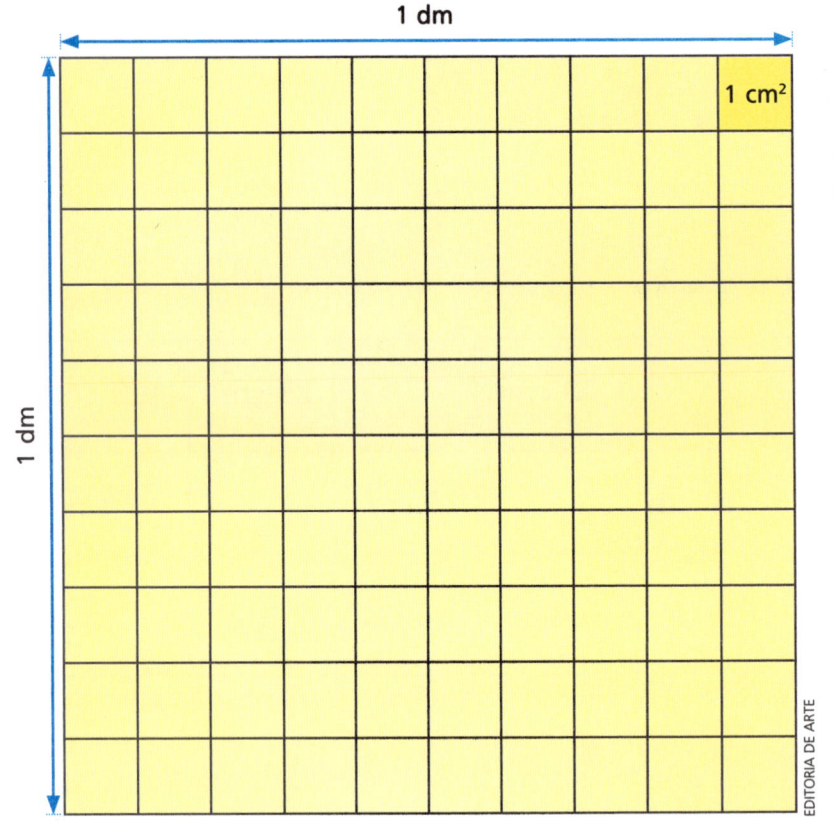

Observando o quadrado ao lado, calcule quantos centímetros quadrados há em 1 decímetro quadrado. Depois, complete:

_____ cm × _____ cm =
= _____ cm²

Então:

1 dm² = _____ cm²

2. Um metro quadrado (**m²**) é a área de um quadrado com 1 metro de lado.

— VOCÊ TEM IDEIA DO "TAMANHO" DE 1 METRO QUADRADO?

— A TURMA TODA PODE COMBINAR DE CONSTRUIR QUADRADOS DE JORNAL DE 1 DECÍMETRO DE LADO.

— DEPOIS, É SÓ EMENDAR OS QUADRADOS DE 1 DECÍMETRO DE LADO ATÉ FORMAR UMA "COLCHA" QUADRADA COM 1 METRO DE LADO.

a) Quantos quadrados de jornal com 1 decímetro de lado são necessários para formar 1 metro quadrado? _____

> LEMBRE-SE DE QUE 1 **METRO** É IGUAL A 10 DECÍMETROS.

b) Quantos decímetros quadrados (**dm²**) há em 1 m²? _____

FAZENDO ESTIMATIVAS

- Escolha com sua turma outras superfícies para acrescentar no quadro abaixo. Depois, cada um faz as estimativas das áreas dessas superfícies, usando a "colcha" de quadrados de jornal ou um **quadrado de 1 metro quadrado** construído com cartolina. Verifique com sua turma se vocês fizeram boas estimativas.

Superfície	Medida estimada em m²	Medida obtida usando a "colcha"
Piso da sala de aula		
Quadra de esportes		
Mesa do professor		
Quadro de giz		

145

3. Um quilômetro quadrado (**km²**) é a área de um quadrado com 1 quilômetro de lado.

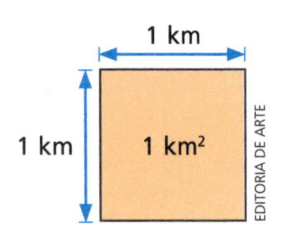

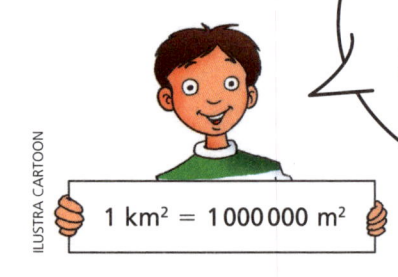

> PARA TER IDEIA DO "TAMANHO" DE 1 QUILÔMETRO QUADRADO, VOCÊ PRECISARIA DE 1 MILHÃO DE "COLCHAS" COMO A QUE FOI FEITA PARA REPRESENTAR 1 METRO QUADRADO.

1 km² = 1 000 000 m²

O quilômetro quadrado é usado para medir a área de grandes superfícies, como a de países, estados, cidades etc.

O Brasil é o maior país em extensão territorial da América do Sul e o quinto no mundo.

Veja na tabela os cinco maiores países do mundo em extensão territorial.

Países com maior extensão territorial do mundo

País	Extensão territorial
Federação Russa	17 098 242 km²
Canadá	9 984 670 km²
China	9 640 011 km²
Estados Unidos	9 629 091 km²
Brasil	8 515 767 km²

Fonte dos dados numéricos: Atlas do IBGE. 7. ed. São Paulo: IBGE, 2016. p. 34.

• Pesquise: qual é a área do estado brasileiro em que você mora?

#FICA A DICA

Que tal ler **O livro das crianças do mundo todo**, de Mauricio de Sousa, Coleção Biblioteca da Turma, FTD.

Nesse livro você vai encontrar informações, curiosidades, fotos, desenhos, mapas... Poderá embarcar em uma viagem fantástica pelo mundo e saber um pouco mais da história, do lazer e do jeito de viver de crianças como você.

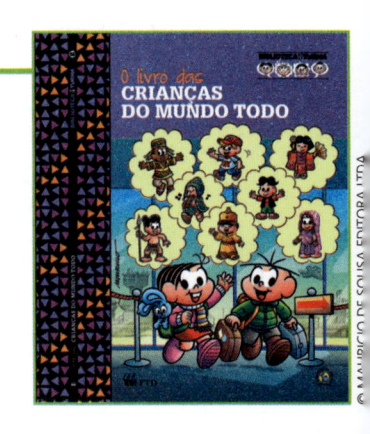

FIQUE SABENDO

Observe as áreas, em **quilômetros quadrados**, destacadas no globo terrestre.

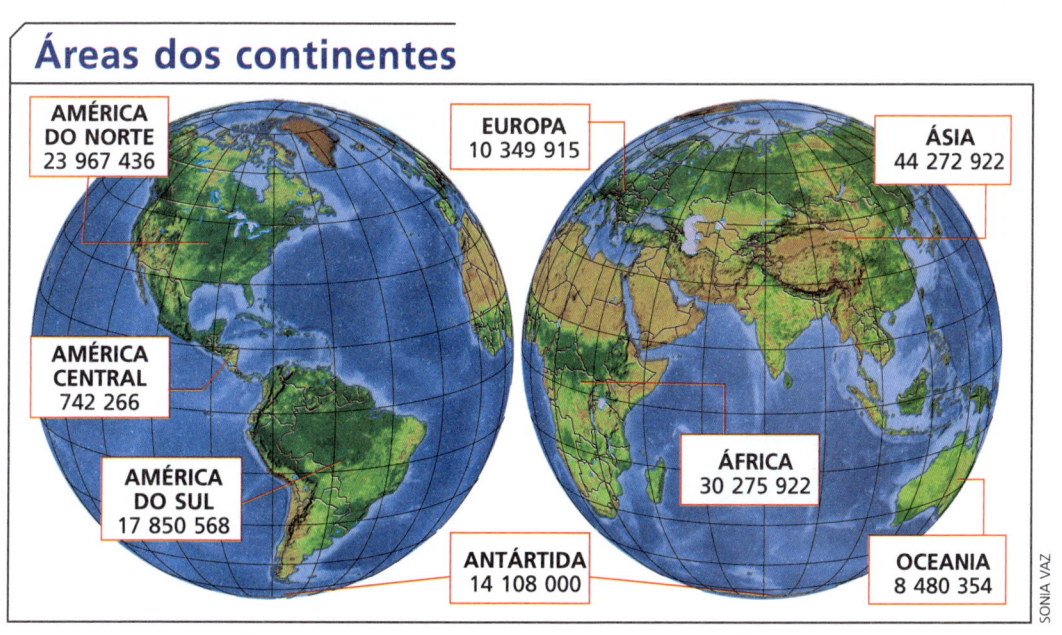

Áreas dos continentes

- AMÉRICA DO NORTE: 23 967 436
- AMÉRICA CENTRAL: 742 266
- AMÉRICA DO SUL: 17 850 568
- EUROPA: 10 349 915
- ÁSIA: 44 272 922
- ÁFRICA: 30 275 922
- ANTÁRTIDA: 14 108 000
- OCEANIA: 8 480 354

Fonte: ALMANAQUE Abril: mundo. São Paulo: Abril, 2010.

4. Arredonde para a centena de milhar exata mais próxima os números que indicam as áreas em quilômetros quadrados e complete a tabela.

Áreas dos continentes

Continente	Arredondamento da área em km²
América do Norte	
América do Sul	
América Central	
África	
Ásia	
Antártida	
Europa	
Oceania	

Fonte: ALMANAQUE Abril: mundo. São Paulo: Abril, 2010.

TRATANDO A INFORMAÇÃO

Observe no gráfico a seguir o número de quilômetros quadrados do desmatamento na Amazônia, entre os anos 2004 e 2016:

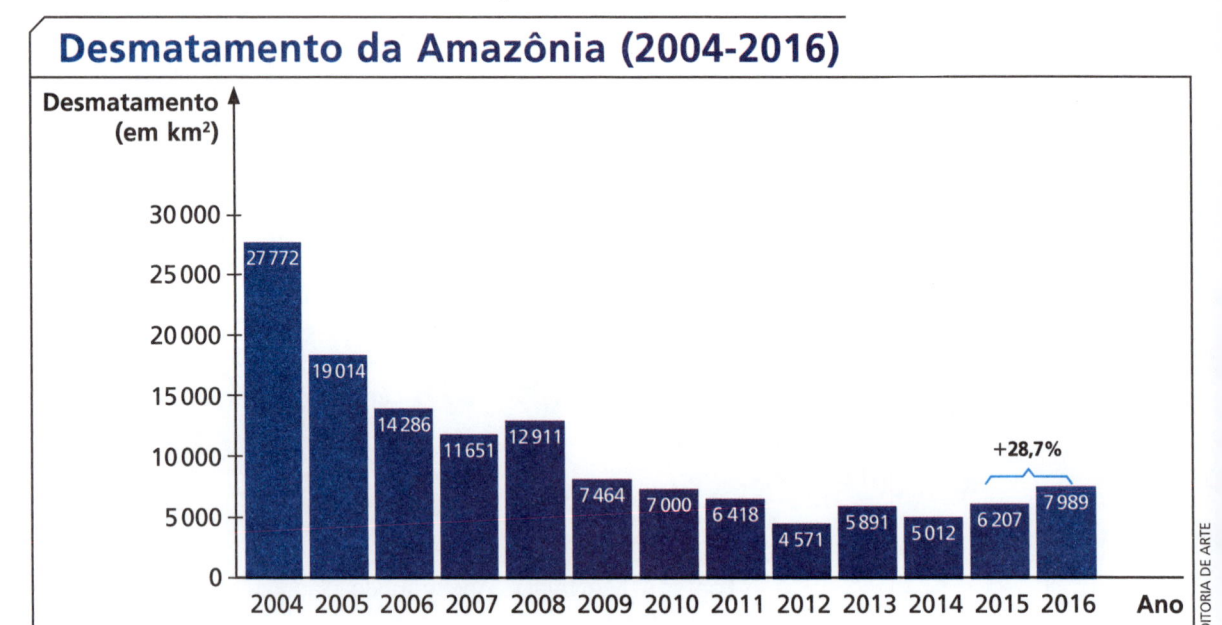

Desmatamento da Amazônia (2004-2016)

Ano	Desmatamento (em km²)
2004	27 772
2005	19 014
2006	14 286
2007	11 651
2008	12 911
2009	7 464
2010	7 000
2011	6 418
2012	4 571
2013	5 891
2014	5 012
2015	6 207
2016	7 989

(+28,7% entre 2015 e 2016)

Fonte: Disponível em: <http://amazonia.org.br/2017/01/desmatamento-da-amazonia-atinge-7-989-km%C2%B2-o-maior-dos-ultimos-quatro-anos/>. Acesso em: 5 out. 2017.

O desmatamento da Amazônia entre agosto de 2015 e julho de 2016 foi de 7 989 km², a maior taxa desde 2008.

a) Em qual desses anos o desmatamento foi maior? _____

b) Em que período o desmatamento foi menor? _____

QUAL É A SUA OPINIÃO?

Ambientalistas do mundo inteiro estão preocupados com a extensão de florestas devastadas dia a dia.

Converse com seus colegas sobre o desmatamento na Amazônia.

- Na sua opinião, por que devemos preservar as áreas verdes?
- 💬 Troque ideias com os colegas sobre isso.

Área desmatada no município de Lábrea, AM, em 2014.

VOLUME

Jussara e Iberê querem comparar os volumes das pilhas que fizeram com cubos pequenos. Eles consideraram que, para medir volumes, é necessário comparar com outros volumes adotados como unidade de medida de volume.

> NESTA PILHA ROSA, HÁ 2 CUBOS. ENTÃO, O VOLUME DESTA PILHA É DE 2 CUBINHOS.

> NESTA OUTRA PILHA, HÁ 4 CUBOS. ENTÃO, O VOLUME DA PILHA AZUL É DE 4 CUBINHOS.

Volume da pilha rosa = 2 cm³

Volume da pilha azul = 4 cm³

Qual unidade de volume eles estão utilizando?

_____

Para medir volumes, uma unidade de medida que pode ser utilizada é um cubo cujo volume seja tomado como referência. O volume de um cubo de 1 cm de aresta é de 1 centímetro cúbico (**1 cm³**).

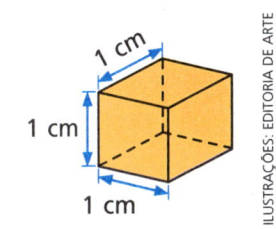

1. Os empilhamentos foram feitos com cubos de 1 centímetro cúbico. Calcule o volume de cada empilhamento.

a) _____ cm³

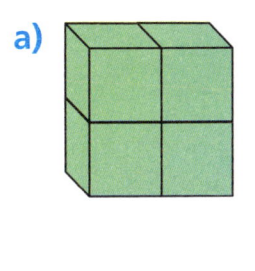

b) _____ cm³

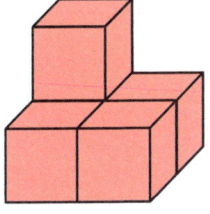

c) _____ cm³

149

2. O cubinho do Material Dourado tem 1 centímetro de aresta. Empilhando alguns cubinhos do Material Dourado, Theo construiu outro cubo maior.

a) Quantos cubinhos do Material Dourado Theo usou na:

- 1ª camada?   • 2ª camada?   • 3ª camada?

   _____   _____   _____

b) Quantos cubinhos ele usou para montar o novo cubo?

Complete: _____ + _____ + _____ = _____ cubinhos.

c) Qual o volume do cubo que Theo montou? Calcule usando a multiplicação:

Volume = _____ cm × _____ cm × _____ cm = _____ cm³

3. Veja este outro cubo que Emílio montou usando os cubinhos do Material Dourado.

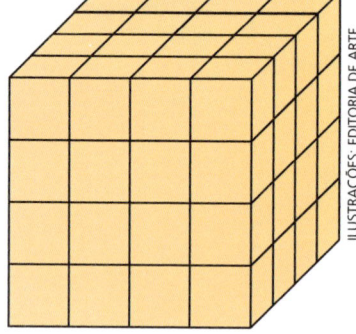

a) Quantos cubinhos ele usou em cada camada?

   _____

b) Quantos cubinhos ele usou para montar o novo cubo? Complete:

_____ + _____ + _____ + _____ = _____ cubinhos.

c) Qual é o volume desse novo cubo? Calcule usando a multiplicação:

_____ cm × _____ cm × _____ cm = _____ cm³.

4. Quantos cubinhos do Material Dourado faltam, no mínimo, para que cada empilhamento forme outro cubo?

a)

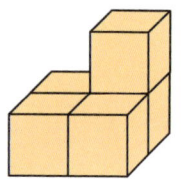

b)

Faltam _____ cubinhos.   Faltam _____ cubinhos.

5. Você já sabe que o cubinho do Material Dourado tem 1 centímetro de aresta. O cubo maior, por sua vez, tem 10 centímetros ou 1 decímetro de aresta. Calcule, em centímetros cúbicos, o volume das peças do Material Dourado.

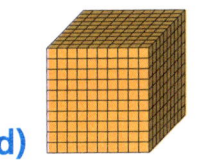

a) cubinho _____

b) placa _____

c) barra _____

d) _____

6. O bloco abaixo tem suas medidas de comprimento, largura e altura dadas em centímetros.

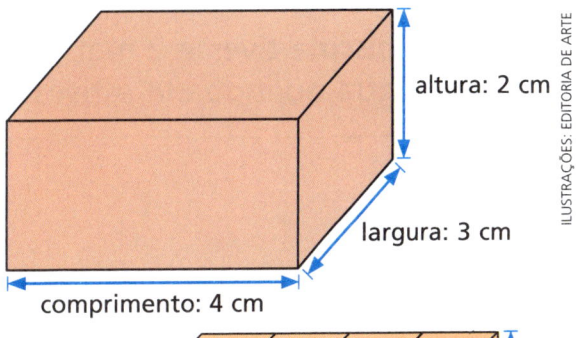

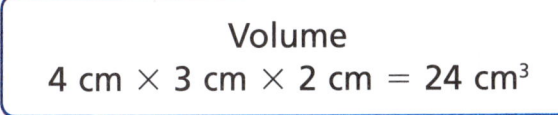

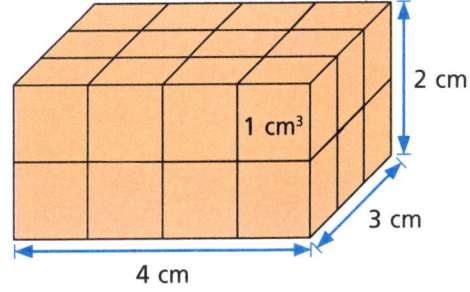

VEJA COMO PODEMOS CALCULAR O VOLUME DESTE BLOCO EM CENTÍMETROS CÚBICOS.

altura: 2 cm
largura: 3 cm
comprimento: 4 cm

Volume
4 cm × 3 cm × 2 cm = 24 cm³

a) Calcule o volume deste outro bloco. Complete os cálculos:

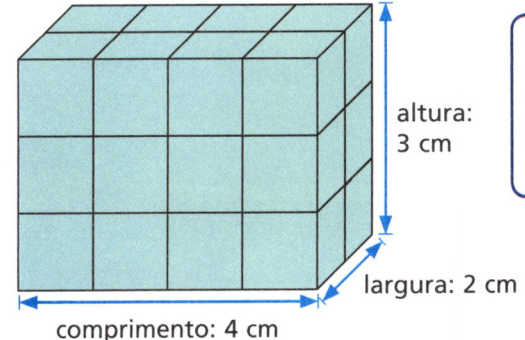

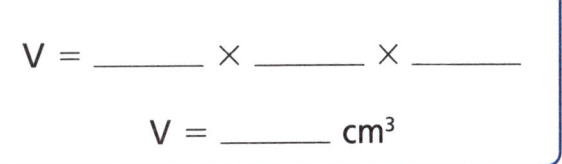

altura: 3 cm
largura: 2 cm
comprimento: 4 cm

V = _____ × _____ × _____

V = _____ cm³

CONSTATAR É DESCOBRIR, VERIFICAR.

b) O que é possível constatar observando o volume dos blocos desta atividade? _____

7. Mário construiu uma piscina. Ela tem 1 metro de profundidade.

a) Qual é o volume de água quando ela está cheia?

b) Se a piscina tivesse 2 metros de profundidade, qual seria o volume de água quando ela estivesse cheia?

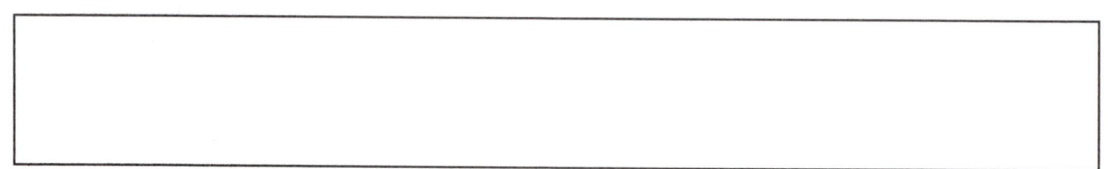

8. Calcule o volume do aquário cujas medidas das três dimensões estão em centímetros:

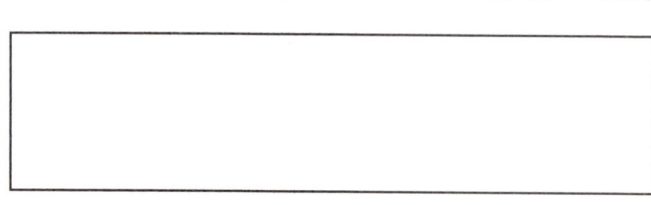

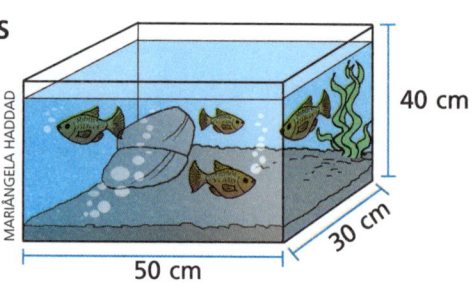

9. Lígia montou um cubo empilhando 27 cubinhos. Ela vai pintar seis faces do cubo montado.

a) Quantos cubinhos ficarão com 3 faces pintadas? _____

b) Quantos cubinhos ficarão com só 2 faces pintadas? _____

c) Quantos cubinhos terão só 1 face pintada? _____

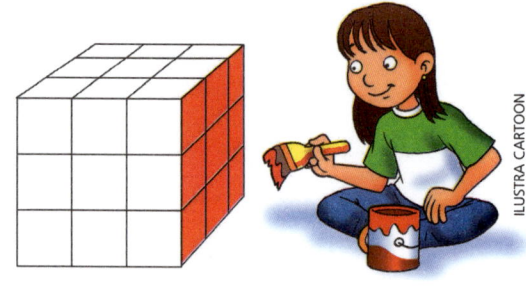

d) Quantos cubinhos ficarão com todas as faces sem pintar? _____

CAPACIDADE

Você sabe o que é capacidade? É a **medida de quanto** cabe em um recipiente. Uma unidade de medida de **capacidade bem** conhecida é o **litro** (ℓ ou **L**).

Como você já sabe, o volume de um **cubo com 1 decímetro de aresta** é de 1 decímetro cúbico (**dm³**).

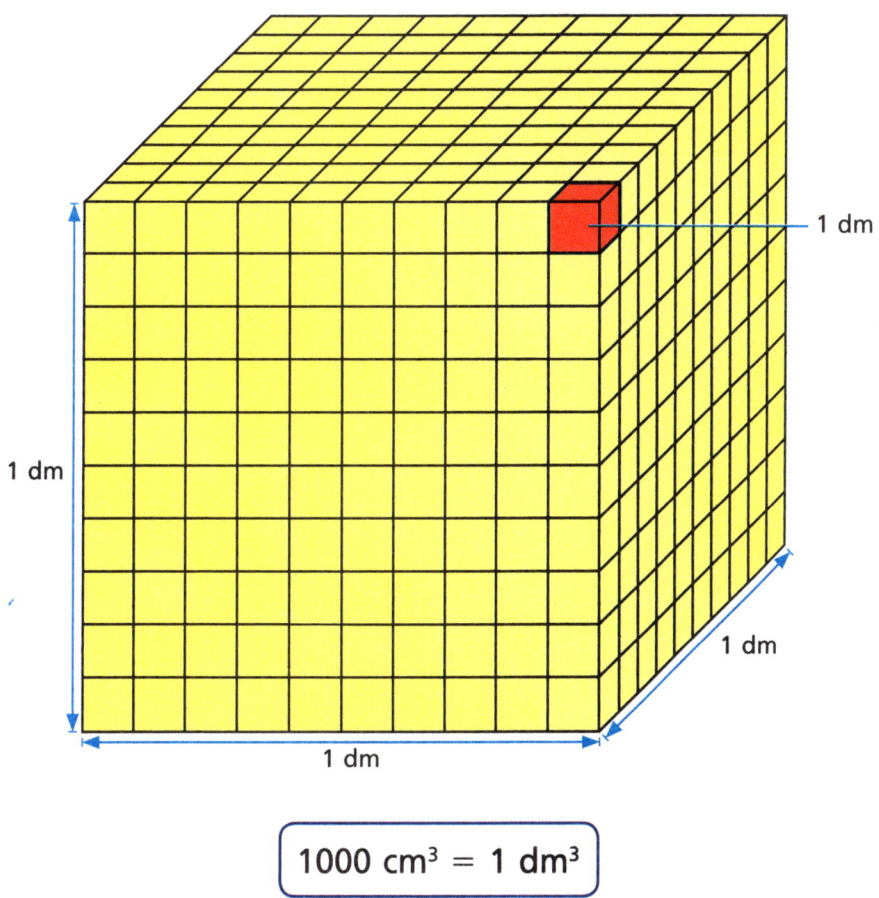

$$1000 \text{ cm}^3 = 1 \text{ dm}^3$$

Você sabia que, num cubo com volume interno de 1 decímetro cúbico, cabe exatamente 1 litro de água?

Material necessário:
- cartolina
- tesoura sem ponta
- fita adesiva
- saco plástico fininho
- **garrafa com exatamente 1 litro de água**

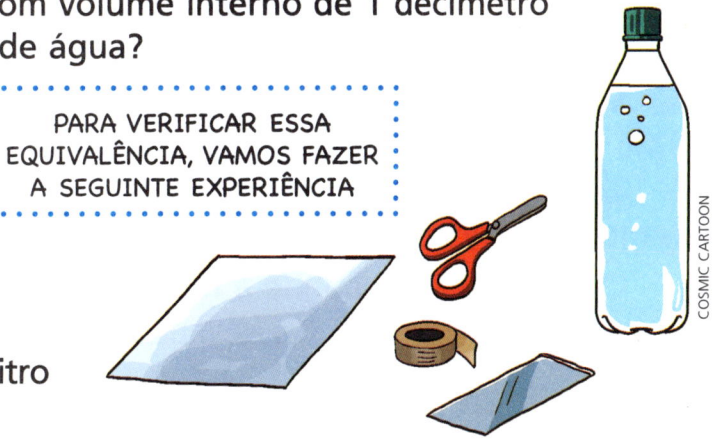

PARA VERIFICAR ESSA EQUIVALÊNCIA, VAMOS FAZER A SEGUINTE EXPERIÊNCIA

Procedimento:

1º Recorte 5 quadrados de cartolina com 10 cm (1 dm) de lado.

2º Com os 5 quadrados, construa uma caixa, de forma cúbica, usando fita adesiva para juntar as faces.

O volume interno dessa caixa que você construiu é de **1 dm³**.

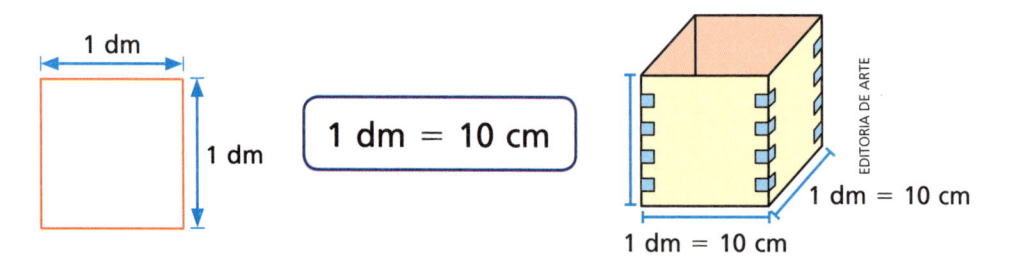

$1 \text{ dm} = 10 \text{ cm}$

3º Agora, vamos verificar qual é a **capacidade** dessa caixa.

Para isso, forre a caixa com um saco plástico bem fininho, assegure-se de que as arestas da caixa estejam bem presas com a fita adesiva e derrame, vagarosamente, 1 litro de água na caixa forrada.

Você vai notar que a quantidade de água que cabe num recipiente em forma de cubo cujo volume interno é de 1 decímetro cúbico é exatamente 1 litro.

Daí, você verifica a equivalência: $1 \text{ dm}^3 = 1 \text{ litro}$

Também podemos medir a capacidade de um recipiente usando o **mililitro (ml ou mL)**.

O mililitro corresponde à milésima parte do litro.

$1 \text{ L} = 1\,000 \text{ mL}$

1. Litro ou mililitro? O que você usaria para medir a capacidade de:

a) um copo?

_____

c) um frasco de xarope?

_____

b) um balde?

_____

d) uma caixa-d'água de uma casa?

_____

2. DIVIRTA-SE!
Marilda tem 3 recipientes: um de 6 litros, um de 10 litros e outro de 16 litros. Apenas usando os 3 recipientes como medida, como ela deve proceder para obter exatamente 8 litros de água?

3. Faça um desenho na primeira malha quadriculada. Depois, reduza e amplie esse desenho, copiando-o nas outras duas malhas.

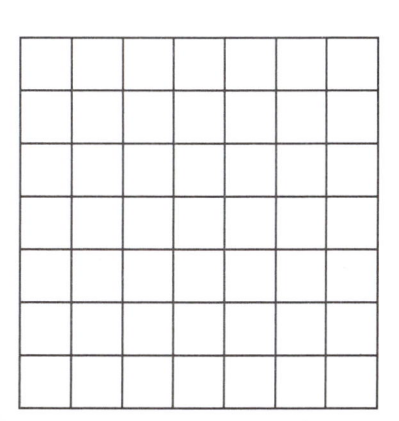

Desenho inicial.

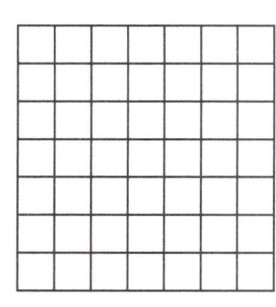

Desenho reduzido.

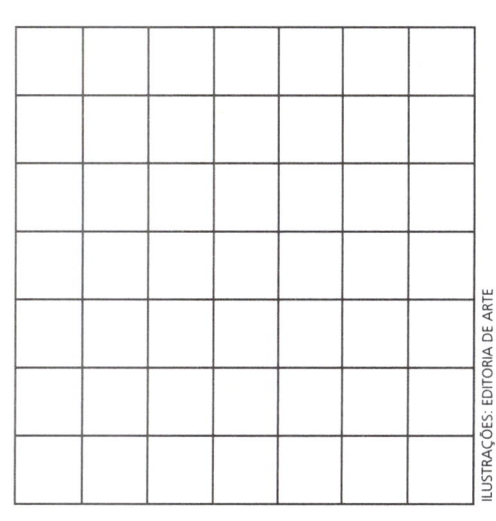

Desenho ampliado.

4. No caderno de receitas da vovó Belinha encontrei uma tabela com informações sobre a capacidade de alguns objetos. Veja a tabela e, depois, responda às questões.

Capacidade de alguns objetos

Objeto	Capacidade
colher de café	2 mℓ
colher de chá	5 mℓ
colher de sobremesa	10 mℓ
colher de sopa	15 mℓ
xícara de chá	200 mℓ

Fonte: Dados fictícios. Tabela elaborada em 2017.

a) Quantas colheres de chá equivalem, em capacidade, a uma colher de sopa?

_____

_____

b) Quantas xícaras de chá cheias de água são necessárias para obter 1 litro de água?

_____

_____

c) Quantas colheres de café equivalem, em capacidade, a uma colher de chá? _____

5. Um banho de chuveiro de 15 minutos, com o registro meio aberto, consome 135 litros de água. Se fecharmos o registro ao nos ensaboar, reduzindo o tempo do banho para 5 minutos, quantos litros de água economizaremos?

6. Na hora de escovar os dentes também é possível economizar água! Uma torneira chega a gastar 12 litros de água em 5 minutos. Se você fechá-la por 5 minutos enquanto escova os dentes, quanto vai deixar de gastar?

_____

SÓ PARA LEMBRAR

1 Jeferson fez uma experiência: colocou água num recipiente como o da figura ao lado, em que se pode "ler" o volume da água nele contido. Depois, mergulhou uma batata nesse recipiente. 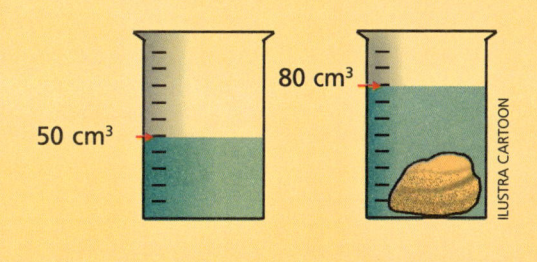
Qual é o volume ocupado pela batata? _____

2 Alice recortou 6 retângulos para representar diferentes moldes de uma caixa. Observe, ao lado, um dos moldes que ela montou.

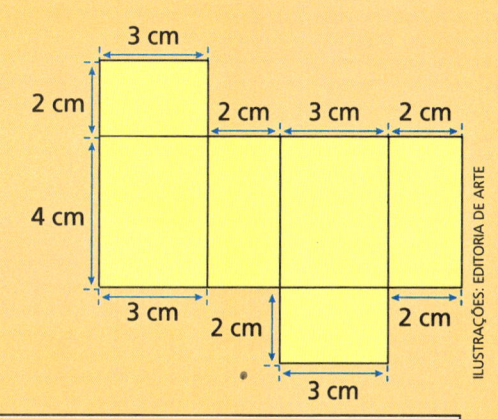

a) Recorte 6 retângulos usando as medidas indicadas no molde, como fez Alice, e descubra outras formas de obter moldes da caixa.

b) Calcule o volume dessa caixa, em cm³.

_____

3 Calcule a área do quadrado:

a) usando o ☐ como unidade de medida de superfície.

Área = _____ ☐

b) usando o  ☐ como unidade de medida de superfície.

Área = _____

157

UNIDADE 6
FRAÇÕES E PORCENTAGENS

As crianças estão tentando encontrar as cartas que formam par. Vamos ajudá-las?

ALEXANDRE MATOS

NESTA UNIDADE VAMOS EXPLORAR:
- Frações: revendo conceitos.
- Fração de um todo.
- Frações equivalentes.
- Simplificação e comparação de frações.
- Frações maiores que a unidade.
- Frações e porcentagens.

FRAÇÕES: REVENDO CONCEITOS

1. Cada uma das figuras abaixo foi dividida em partes iguais. Conte o número de partes e pinte:

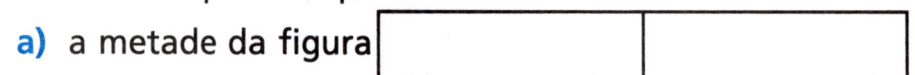

   a) a metade da figura — VOCÊ PINTOU $\frac{1}{2}$ DA FIGURA.

   b) a terça parte da figura — VOCÊ PINTOU $\frac{1}{3}$ DA FIGURA.

   c) a quarta parte da figura — VOCÊ PINTOU $\frac{1}{4}$ DA FIGURA.

   d) a quinta parte da figura — VOCÊ PINTOU $\frac{1}{5}$ DA FIGURA.

   e) a sexta parte da figura — VOCÊ PINTOU $\frac{1}{6}$ DA FIGURA.

2. Qual é o maior? Compare as frações usando os símbolos > ou <.

   a) $\frac{1}{6}$ ☐ $\frac{1}{2}$

   b) $\frac{1}{3}$ ☐ $\frac{1}{5}$

   c) $\frac{1}{2}$ ☐ $\frac{1}{3}$

3. As retas numéricas abaixo foram divididas em intervalos iguais. Qual é a fração indicada em cada uma?

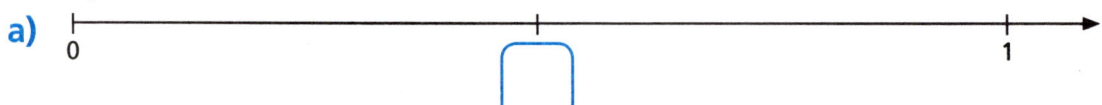

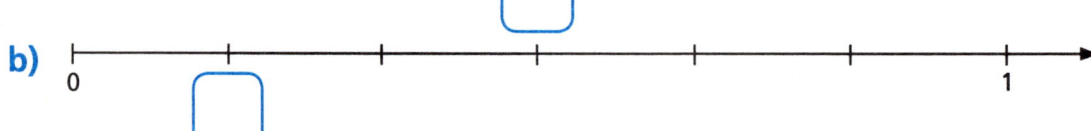

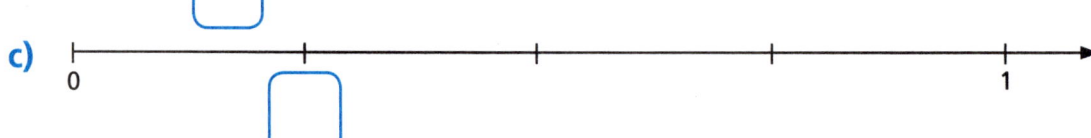

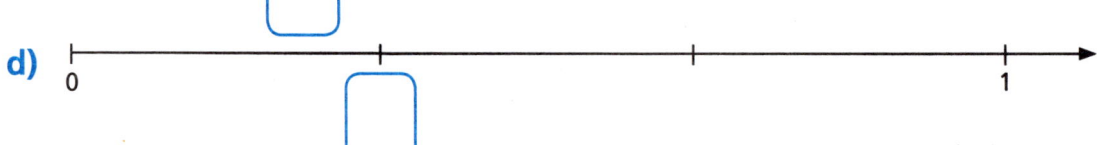

   a) 0 ——————————— 1

   b) 0 ——————————— 1

   c) 0 ——————————— 1

   d) 0 ——————————— 1

4. Você sabe quanto é a metade da metade? Para saber, pegue uma folha de papel, dobre-a ao meio e, depois, dobre-a ao meio novamente.

a) Em quantas partes iguais a folha ficou dividida?

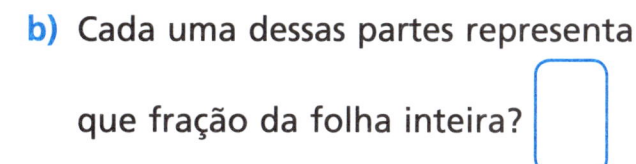

_____

b) Cada uma dessas partes representa que fração da folha inteira?

5. Beto comprou uma barra de chocolate. A barra veio dividida em 5 partes iguais.

A fração $\frac{5}{5}$ indica a barra de chocolate inteira.

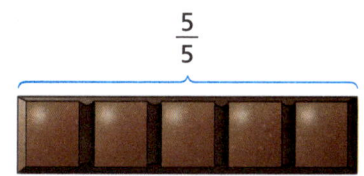

Beto deu 1 das partes para Pedro e ainda ficou com 4 partes.

Beto deu a quinta parte ou $\frac{1}{5}$ da barra para Pedro.

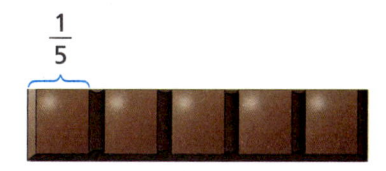

$\frac{4}{5}$ é a fração da barra de chocolate que ficou para Beto.

Na fração $\frac{4}{5}$, 4 é o **numerador**, e 5 é o **denominador**.

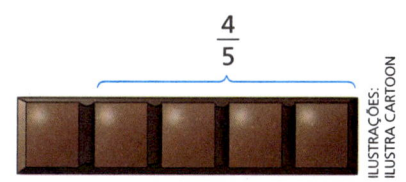

a) Escreva uma fração cujo numerador é 3 e o denominador é 8. _____

b) Essa fração indica que o todo foi dividido em quantas partes iguais?

_____

6. Qual é a fração que representa a parte pintada de amarelo em cada figura?

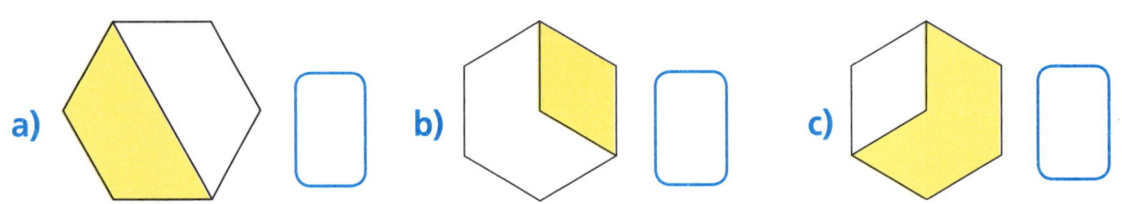

a) □   b) □   c) □

7. Pinte quantas partes quiser e indique a fração que você pintou em cada figura. Depois, troque o livro com um colega e cada um vê o que o outro fez.

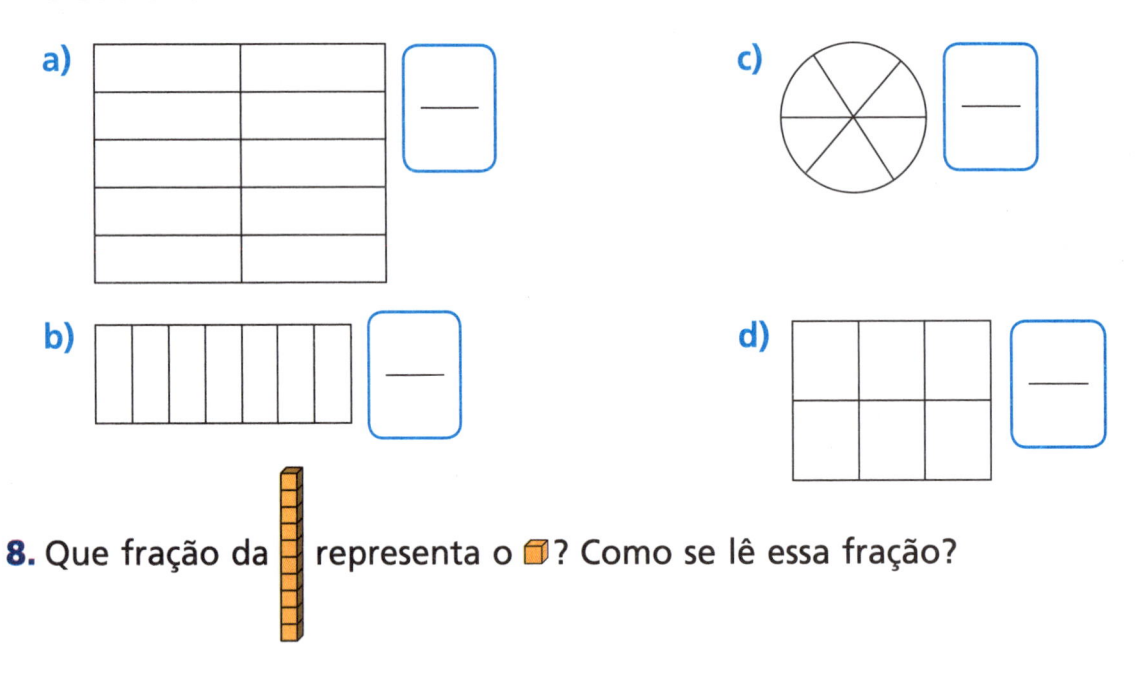

a) —

b) —

c) —

d) —

8. Que fração da ▮ representa o ▯? Como se lê essa fração?

_____

Que fração da ▮ representa o ▯? Como se lê essa fração?

_____

Que fração do cubo maior representa o cubinho? Como se lê essa fração?

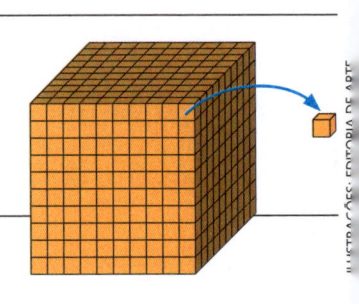

_____

162

QUAL É A CHANCE?

A seguir estão representadas as bandeiras de dois países.

Amsterdã, Países Baixos.
Foto de 2017.

Rússia.

Países Baixos.

Moscou, Rússia.
Foto de 2017.

Essas duas bandeiras apresentam duas coincidências:

1ª) têm as mesmas 3 cores.

2ª) cada cor ocupa $\frac{1}{3}$ da bandeira.

Pinte de seis maneiras diferentes as bandeiras abaixo, usando sempre 3 cores: vermelho, branco e azul.

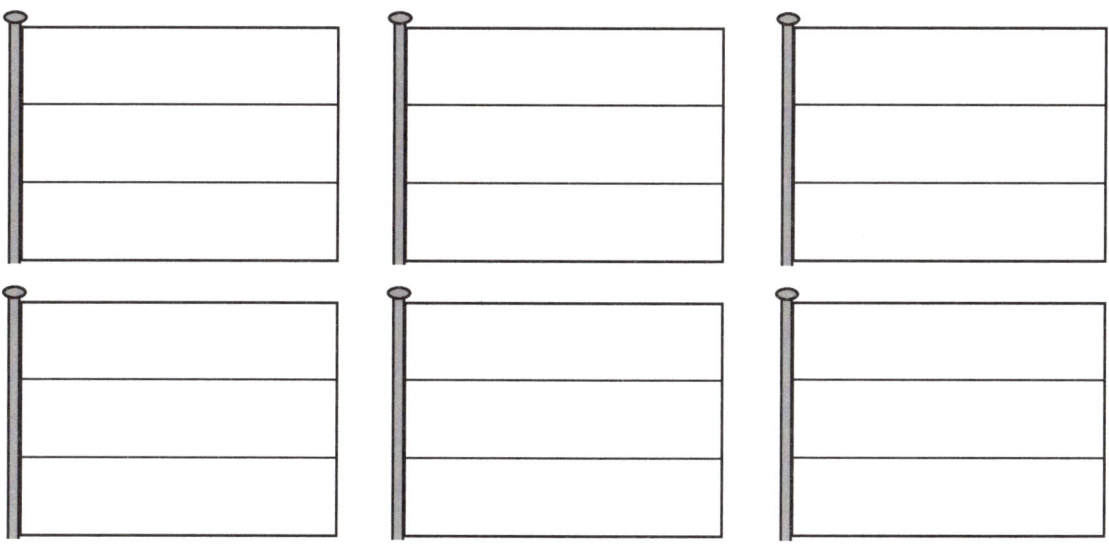

- Agora, observe todas as possibilidades e responda: Tomando uma entre essas seis possibilidades, qual é a chance de ela ser dos Países Baixos?

Países Baixos.

_____

FRAÇÃO DE UM TODO

1. Pinte de:

🟧 $\frac{1}{2}$ da tira   🟨 $\frac{1}{8}$ da tira   🟦 $\frac{1}{4}$ da tira   🟥 $\frac{1}{16}$ da tira

Que fração da tira ficou sem colorir? ☐

2. Pinte para indicar a quarta parte da quantidade de paraquedas.

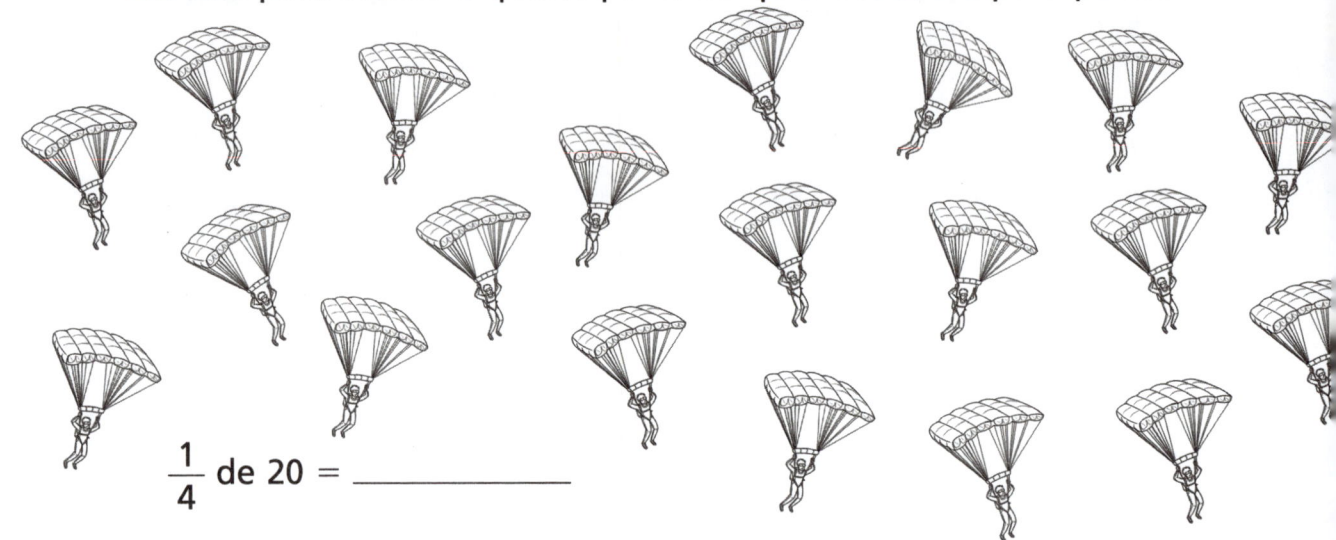

$\frac{1}{4}$ de 20 = _____

3. Bia tinha 30 figurinhas. Como dois quintos de suas figurinhas eram repetidas, deu-as para seu irmão Carlinhos. Quantas figurinhas Carlinhos recebeu?

- $\frac{1}{5}$ de 30 figurinhas = _____ figurinhas.

- $\frac{2}{5}$ de 30 figurinhas = _____ figurinhas.

Logo, Carlinhos recebeu _____ figurinhas.

> PRIMEIRO, VOU CALCULAR $\frac{1}{5}$ DE 30. DEPOIS, PARA CALCULAR $\frac{2}{5}$ DE 30 É SÓ MULTIPLICAR POR 2.

4. Miguel tem uma loja de materiais de construção. Ele observou que no estoque só restam $\frac{3}{5}$ dos 70 sacos de areia, pois $\frac{2}{5}$ já foram vendidos. Quantos sacos de areia ainda restam no estoque?

$\frac{3}{5}$ DE 70? DEIXE-ME VER... QUAL É A QUINTA PARTE DE 70?

_____
_____
_____

TRATANDO A INFORMAÇÃO

Entre os alunos da classe de Theo, $\frac{1}{2}$ tem 11 anos, $\frac{1}{3}$ tem 10 anos e $\frac{1}{6}$ tem 12 anos ou mais.

a) Qual dos diagramas indica melhor essa distribuição de idades?

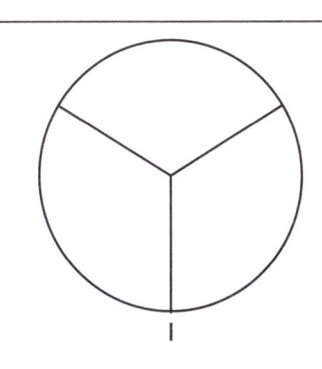

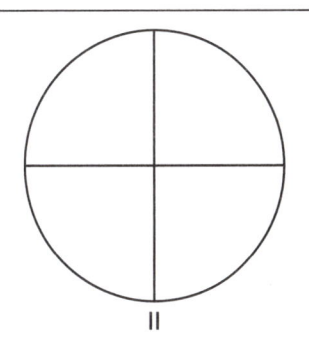

I

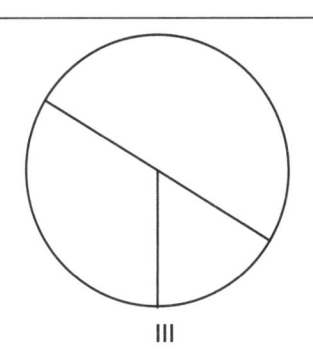

II

III

b) No diagrama que você escolheu, escreva um título e pinte segundo a legenda:

▰ 11 anos ▰ 10 anos ▰ 12 anos ou mais

165

5. Pinte as frações da figura conforme a legenda.

🟢 $\dfrac{1}{8}$ 🔵 $\dfrac{1}{4}$ 🟠 $\dfrac{1}{2}$

Que fração da figura ficou sem pintar? ☐

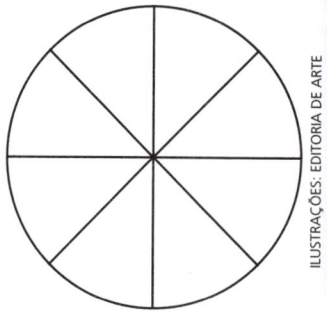

6. Observe cada diagrama e complete com o valor que falta, sabendo que a região pintada em amarelo corresponde à metade do círculo.

a) 17, 51, ☐

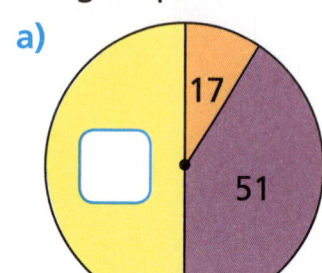

c) 12, ☐

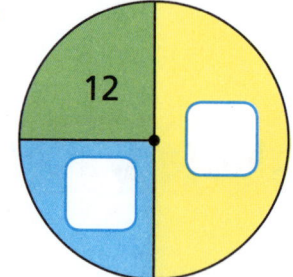

b) 50, 15, ☐

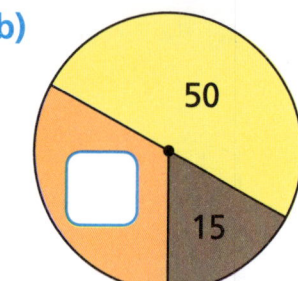

d) 54, ☐, ☐

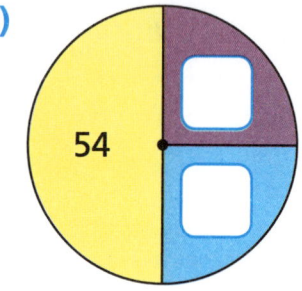

7. Dobrando uma tira de papel na metade, você obtém duas partes de mesma medida.

Dobrando ao meio mais uma vez, você obtém a metade da metade, ou seja, um quarto da tira. Veja as dobras e complete as frações:

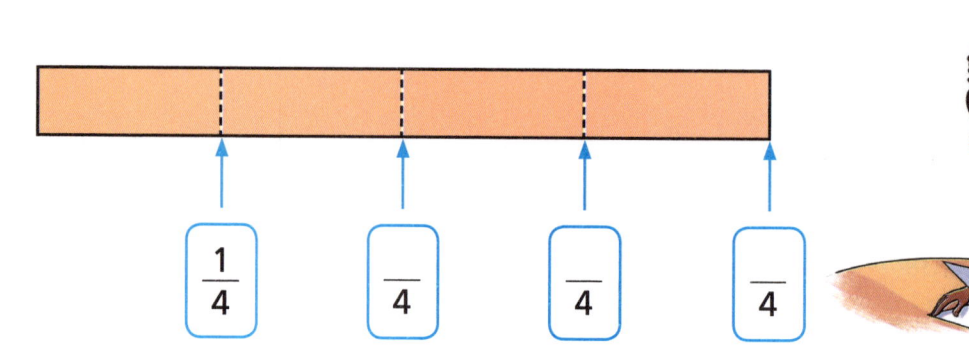

$\dfrac{1}{4}$ $\dfrac{\ }{4}$ $\dfrac{\ }{4}$ $\dfrac{\ }{4}$

166

8. VAMOS BRINCAR NA MALHA!

Este é um desafio. Você vê abaixo apenas $\frac{2}{3}$ de uma figura. Que figura pode ser? Complete a figura toda.

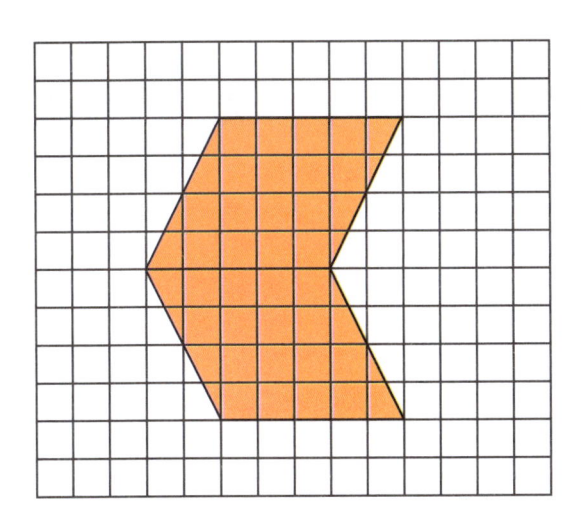

VOCÊ SABIA? A FIGURA TODA, NESSE CASO, REPRESENTA $\frac{3}{3}$!

9. Beto começou a dividir as figuras em partes iguais, mas interrompeu sua tarefa. Termine de dividi-las e pinte a fração indicada em cada item.

a) $\frac{3}{8}$ (três oitavos)

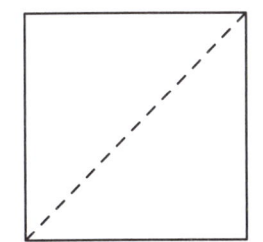

b) $\frac{3}{9}$ (três nonos)

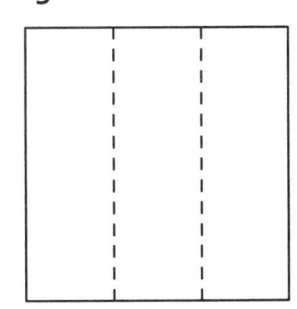

10. Uma hora tem 60 minutos. Quantos minutos há em:

a) um quarto de hora?

b) meia hora?

c) três quartos de hora?

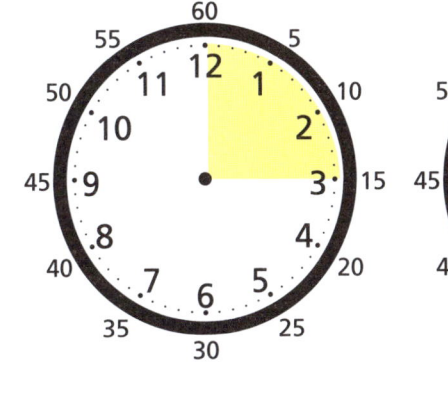

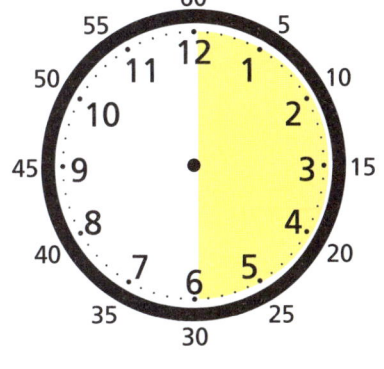

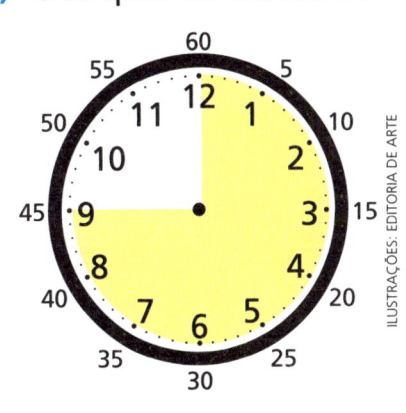

11. Quantos centímetros tem 1 metro? _____

• Complete o quadro com frações do metro.

Fração de 1 metro	1 m		$\frac{1}{4}$ m	$\frac{3}{4}$ m
Medidas em centímetros		50 cm		20 cm

Homem medindo com trena.

12. Quantos gramas tem 1 quilograma? _____

• Complete o quadro com frações do quilograma.

Fração de 1 quilograma	1 kg	$\frac{1}{2}$ kg		$\frac{3}{4}$ kg	
Medidas em gramas			250 g		200 g

Balança mecânica de um prato.

13. Desenhe quatro retângulos congruentes. Depois, divida cada um dos retângulos em quatro partes de mesma área, mas de modos diferentes. Pinte $\frac{1}{4}$ de cada retângulo.

RETÂNGULOS CONGRUENTES TÊM MESMAS MEDIDAS.

COMPARE COM UM COLEGA A FORMA COMO CADA UM PINTOU AS FIGURAS.

14. A professora dividiu igualmente 30 livros em 5 prateleiras. Essa divisão pode ser representada por uma fração. **Qual é essa fração?** _____

15. Vovô Mário dividiu igualmente 45 reais entre seus 5 netos. Essa divisão pode ser representada por uma fração. **Qual é essa fração?** _____

TRATANDO A INFORMAÇÃO

(Saresp-SP) Num campeonato de boliche, os pontos que Ana, Lia, Rui e Zeca marcaram aparecem na tabela abaixo.

Jogador	Pontos
Ana	8
Lia	32
Rui	8
Zeca	16

O gráfico que mostra a distribuição dos pontos é:

a)

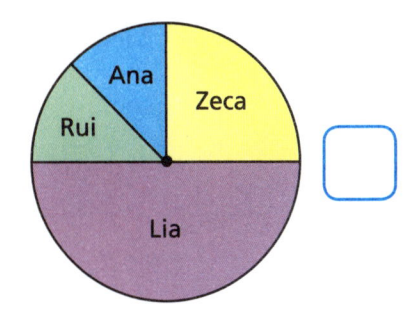

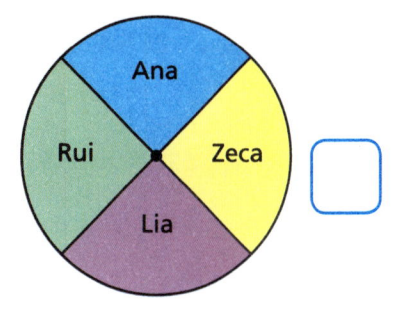

b)

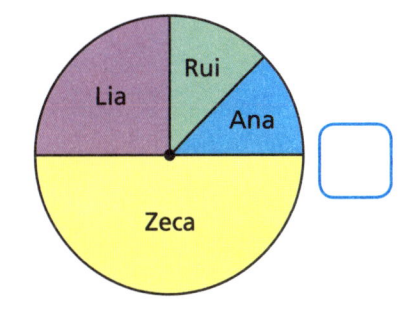

c)

d)

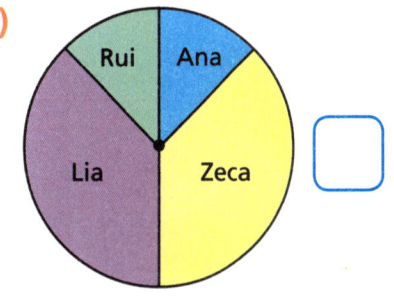

169

FRAÇÕES EQUIVALENTES

1. Pinte as frações indicadas em cada figura:

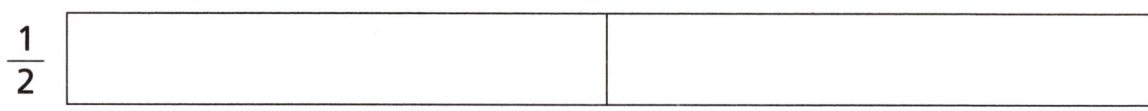

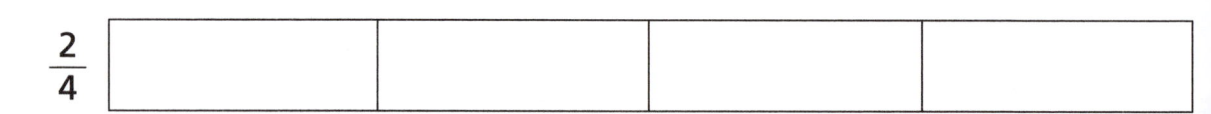

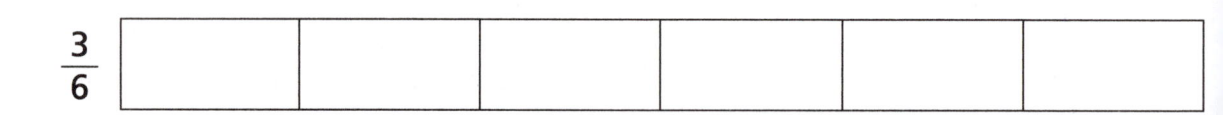

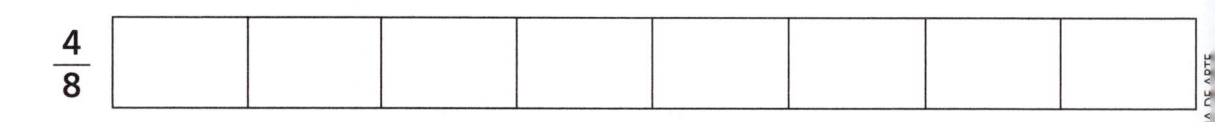

$\frac{1}{2}$

$\frac{2}{4}$

$\frac{3}{6}$

$\frac{4}{8}$

$\frac{5}{10}$

a) O que você pode observar em relação às frações que foram pintadas?

b) Podemos afirmar que $\frac{1}{2} = \frac{2}{4} = \frac{3}{6} = \frac{4}{8} = \frac{5}{10}$?

> AS FRAÇÕES QUE REPRESENTAM A MESMA PARTE DO TODO SÃO CHAMADAS **FRAÇÕES EQUIVALENTES**.

2. Pinte as frações indicadas em cada tira.

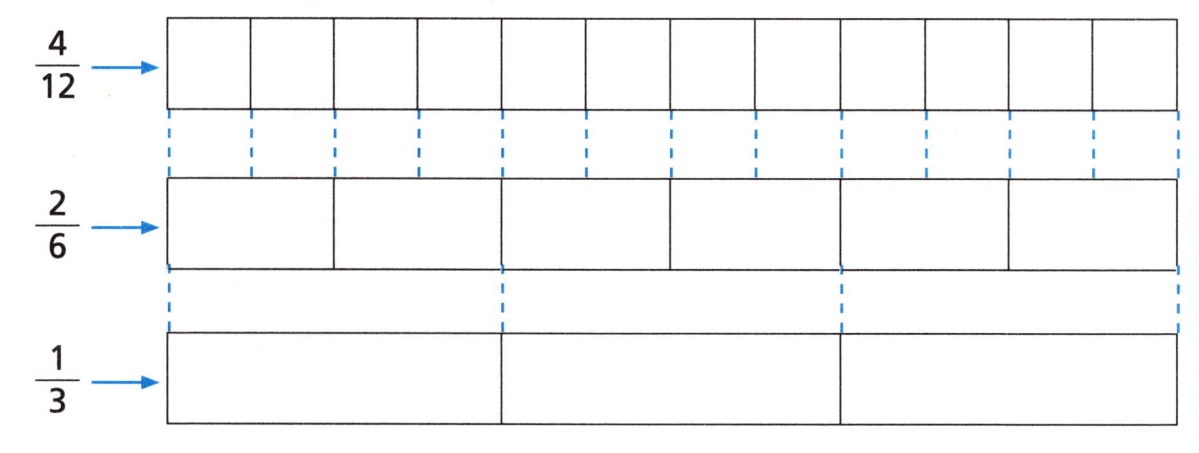

$\frac{4}{12}$ →

$\frac{2}{6}$ →

$\frac{1}{3}$ →

3. Podemos dizer que as frações $\frac{4}{12}$, $\frac{2}{6}$ e $\frac{1}{3}$ são equivalentes? Por quê?

4. Agora, observe as frações indicadas em cada tira e complete com as frações equivalentes.

$\frac{1}{12}$	$\frac{1}{12}$	$\frac{1}{12}$	$\frac{1}{12}$	$\frac{1}{12}$	$\frac{1}{12}$	$\frac{1}{12}$	$\frac{1}{12}$	$\frac{1}{12}$	$\frac{1}{12}$	$\frac{1}{12}$	$\frac{1}{12}$
$\frac{1}{6}$		$\frac{1}{6}$		$\frac{1}{6}$		$\frac{1}{6}$		$\frac{1}{6}$		$\frac{1}{6}$	
$\frac{1}{3}$				$\frac{1}{3}$				$\frac{1}{3}$			

a) $\frac{2}{12} = \boxed{}$ → fração com denominador 6

b) $\frac{1}{3} = \boxed{}$ → fração com denominador 12

c) $\frac{2}{3} = \boxed{}$ → fração com denominador 6

5. Verifique se as frações $\frac{2}{3}$ e $\frac{8}{12}$ são equivalentes. Troque ideias com seus colegas.

PRODUÇÃO

> **EQUIVALENTE** SIGNIFICA TER IGUAL VALOR. FRAÇÕES EQUIVALENTES INDICAM UM MESMO NÚMERO.

◣ JOGO DE FRAÇÕES

Destaque o **Jogo de frações** da página 281. Com as tiras do jogo, descubra as equivalências.

a) $\frac{1}{2} = \frac{\boxed{}}{4} = \frac{\boxed{}}{6} = \frac{\boxed{}}{8} = \frac{\boxed{}}{10}$

b) $\frac{3}{4} = \frac{6}{\boxed{}} = \frac{12}{\boxed{}}$

c) $\frac{2}{3} = \frac{\boxed{}}{6} = \frac{\boxed{}}{9}$

d) $\frac{2}{5} = \frac{\boxed{}}{10}$

e) $\frac{6}{10} = \frac{\boxed{}}{5}$

f) $\frac{6}{16} = \frac{\boxed{}}{8}$

g) $\frac{12}{16} = \frac{\boxed{}}{4}$

h) $\frac{5}{10} = \frac{\boxed{}}{8}$

SIMPLIFICAÇÃO E COMPARAÇÃO DE FRAÇÕES

As frações $\frac{3}{4}$ e $\frac{12}{16}$ representam a mesma parte do círculo pintada de verde. São **frações equivalentes**.

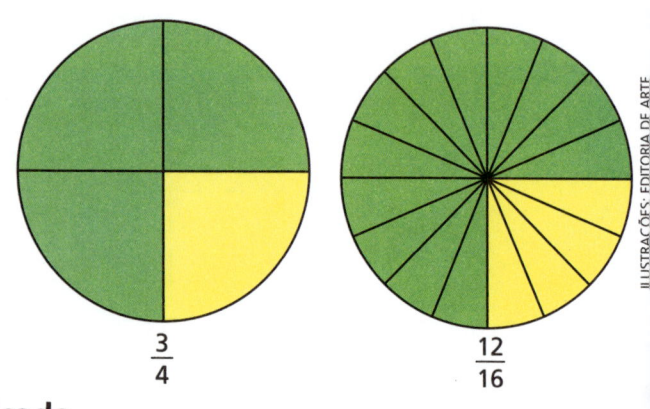

Como $\frac{3}{4}$ e $\frac{12}{16}$ são frações equivalentes, podemos escrever:

$\frac{12}{16} = \frac{3}{4} \rightarrow \frac{3}{4}$ é a fração $\frac{12}{16}$ **simplificada**.

$\frac{3}{4}$ $\qquad$ $\frac{12}{16}$

1. Veja como podemos encontrar uma fração equivalente a outra.

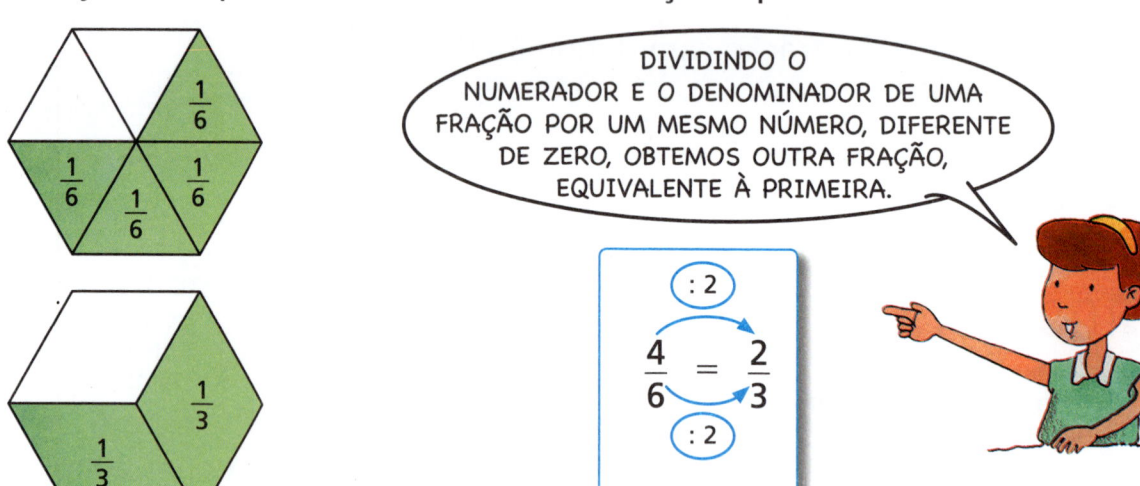

DIVIDINDO O NUMERADOR E O DENOMINADOR DE UMA FRAÇÃO POR UM MESMO NÚMERO, DIFERENTE DE ZERO, OBTEMOS OUTRA FRAÇÃO, EQUIVALENTE À PRIMEIRA.

$\frac{4}{6} = \frac{2}{3}$ (: 2)

MULTIPLICANDO O NUMERADOR E O DENOMINADOR DE UMA FRAÇÃO POR UM MESMO NÚMERO, DIFERENTE DE ZERO, OBTEMOS OUTRA FRAÇÃO, EQUIVALENTE À PRIMEIRA.

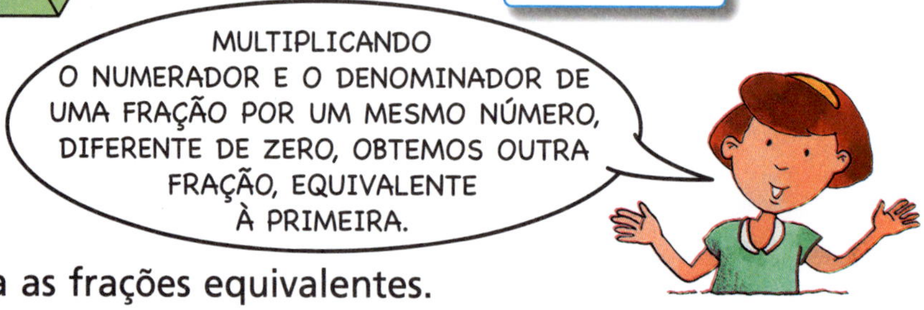

$\frac{2}{3} = \frac{4}{6}$ (× 2)

Escreva as frações equivalentes.

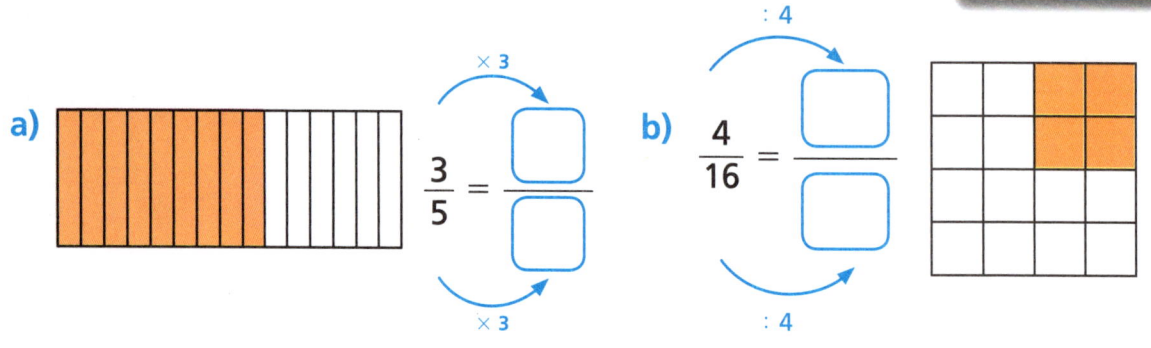

a) $\frac{3}{5} = \frac{\Box}{\Box}$ (× 3)

b) $\frac{4}{16} = \frac{\Box}{\Box}$ (: 4)

2. Use seu jogo de frações e compare.
Registre usando um dos símbolos <, > ou =.

> **VALE LEMBRAR:**
> \> MAIOR QUE; < MENOR QUE

a) $\dfrac{2}{3} \square \dfrac{2}{5}$ c) $\dfrac{2}{3} \square \dfrac{6}{9}$ e) $\dfrac{2}{5} \square \dfrac{3}{5}$

b) $\dfrac{3}{10} \square \dfrac{5}{10}$ d) $\dfrac{4}{8} \square \dfrac{4}{5}$ f) $\dfrac{3}{8} \square \dfrac{3}{5}$

3. Veja como Nana simplifica a fração $\dfrac{48}{84}$.

Primeiro, divido por 2.
$$\dfrac{48}{84} \xrightarrow{:2} \dfrac{24}{42} \xleftarrow{:2}$$

Depois, divido por 6.
$$\dfrac{24}{42} \xrightarrow{:6} \dfrac{4}{7} \xleftarrow{:6}$$

Agora escrevo a equivalência:
Então, $\dfrac{48}{84} = \dfrac{4}{7}$.

Theo pensou de outro modo.

COMO SEI QUE 48 E 84 SÃO DIVISÍVEIS POR 12, SIMPLIFICO ASSIM.

$$\dfrac{48}{84} \xrightarrow{:12} \dfrac{4}{7} \xleftarrow{:12}$$

• E você, como prefere simplificar a fração $\dfrac{48}{84}$?

4. Qual é a fração equivalente a $\dfrac{2}{5}$ com denominador 135?

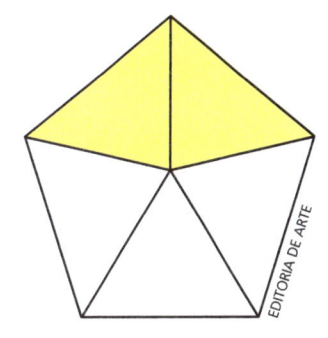

TRATANDO A INFORMAÇÃO

Em uma classe de 40 alunos, foi feita uma pesquisa para saber qual o esporte preferido de cada um. Veja o resultado na tabela de frequências abaixo.

a) Que fração do total representa o número de votos de cada esporte escolhido?

Esportes preferidos

Esportes preferidos na classe	Futebol	Basquete	Tênis	Natação
Número de alunos	20	8	5	7
Fração do total				

Dados fictícios. Tabela elaborada em 2017.

b) Agora você e seu grupo vão fazer uma pesquisa para saber qual o esporte preferido de cada aluno. Anotem as respostas e, depois, façam uma tabela de frequências como essa para registrar os resultados da pesquisa.

5. VAMOS BRINCAR NA MALHA!

A peça ♚ ocupa a posição **D8** no tabuleiro, pois está na coluna **D** e na linha **8**.

Indique a casa que as outras peças ocupam neste tabuleiro de xadrez.

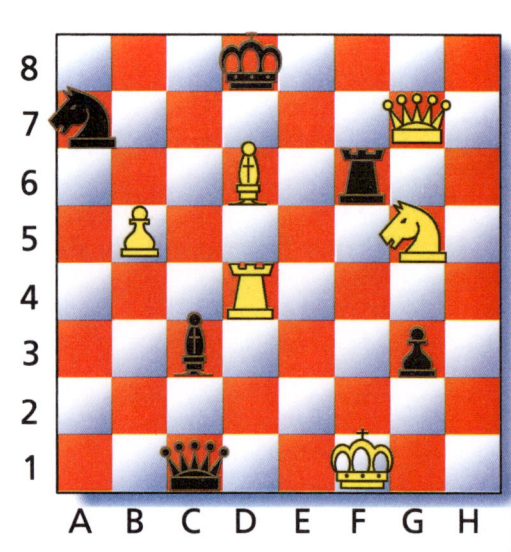

a) ♔ D 8

b) ♛ ☐

c) ♖ ☐

d) ♞ ☐

e) ♚ ☐

f) ♙ ☐

FRAÇÕES MAIORES QUE A UNIDADE

Beto fez sanduíches e cortou cada um em quatro partes iguais.

VOCÊ JÁ SABE QUE $\frac{4}{4}$ INDICA UM INTEIRO.

quatro quartos
$\frac{4}{4}$

Beto comeu $\frac{5}{4}$ de sanduíche.

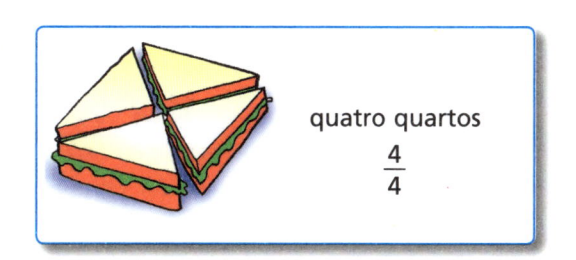

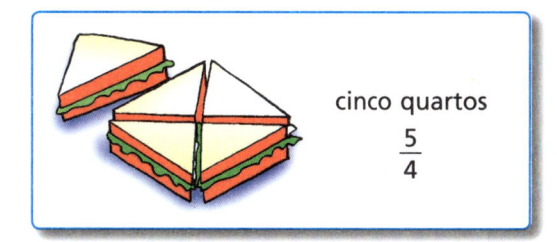

cinco quartos
$\frac{5}{4}$

A fração $\frac{5}{4}$ indica 1 inteiro mais $\frac{1}{4}$ e pode ser representada por um numeral misto.

$\frac{5}{4} = 1\frac{1}{4}$

fração maior que a unidade — numeral misto

$\frac{5}{4}$ → cinco quartos

$1\frac{1}{4}$ → um inteiro e um quarto

1. Emílio e seus amigos pediram duas *pizzas*. Sobraram alguns pedaços. Escreva na forma de fração e de numeral misto a parte da *pizza* que eles comeram.

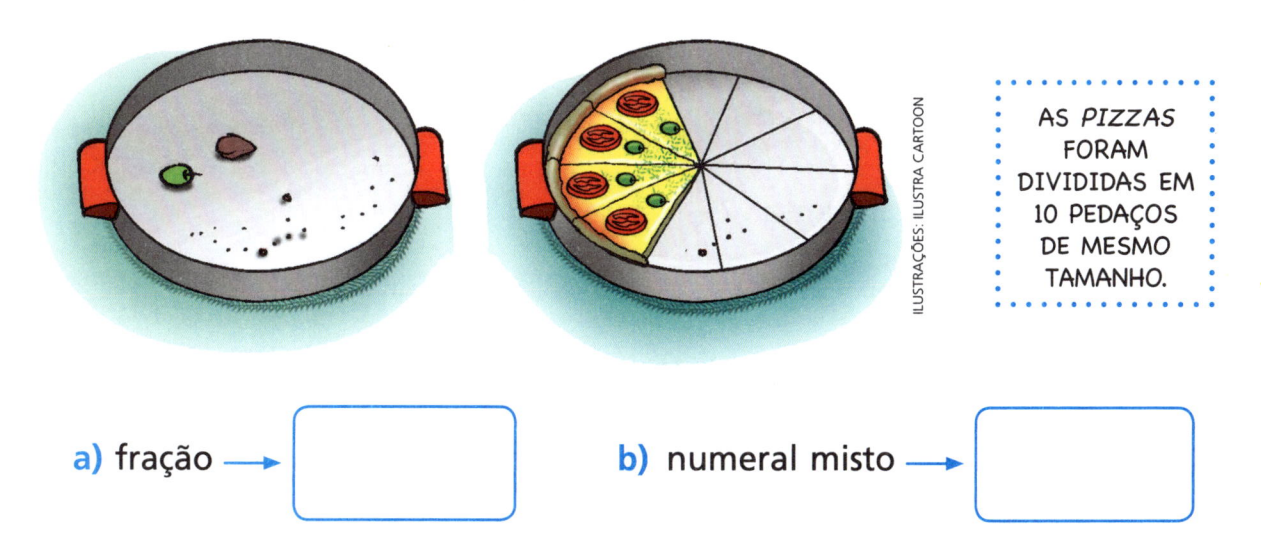

AS *PIZZAS* FORAM DIVIDIDAS EM 10 PEDAÇOS DE MESMO TAMANHO.

a) fração →

b) numeral misto →

2. Vovô Mário vai **fazer** um bolo de chocolate. Veja os ingredientes necessários.

BOLO DE CHOCOLATE

INGREDIENTES

- $2\frac{1}{2}$ xícaras de açúcar
- 2 xícaras de farinha de trigo
- $\frac{3}{4}$ de xícara de água morna
- 8 ovos
- $\frac{3}{4}$ de xícara de óleo
- 1 colher (sopa) de fermento químico
- $\frac{3}{4}$ de xícara de chocolate em pó

a) A receita pede três quartos de xícara de chocolate em pó. Pinte a parte que representa três quartos de xícara. Essa fração representa mais ou menos que a metade da xícara?

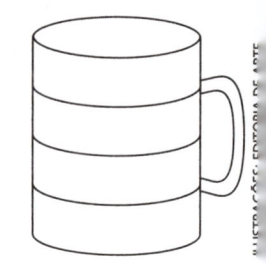

_____

_____

b) Veja na receita quantas xícaras de açúcar são necessárias para fazer o bolo.

Pinte para representar $2\frac{1}{2}$ xícaras.

LÊ-SE: DUAS XÍCARAS E MEIA DE AÇÚCAR.

duas xícaras inteiras
meia xícara
$2\frac{1}{2}$ xícaras de açúcar

3. Represente, na forma de numeral misto, as frações:

a) $\dfrac{15}{4} = \boxed{}$

b) $\dfrac{5}{3} = \boxed{}$

4. Escreva as frações indicadas na reta numérica.

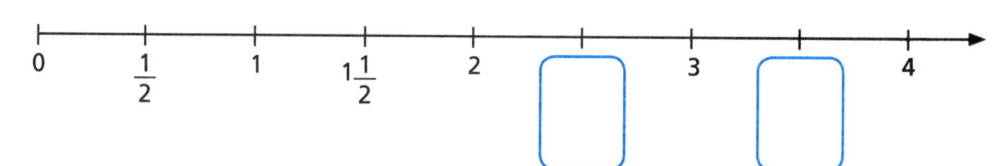

0 — $\dfrac{1}{2}$ — 1 — $1\dfrac{1}{2}$ — 2 — ☐ — 3 — ☐ — 4

5. Localize na reta numérica as frações: $\dfrac{5}{4}, \dfrac{4}{4}, \dfrac{8}{4}, \dfrac{3}{4}, \dfrac{12}{4}$. Depois, ordene da menor para a maior.

VALE LEMBRAR: UMA FRAÇÃO INDICA UMA DIVISÃO.

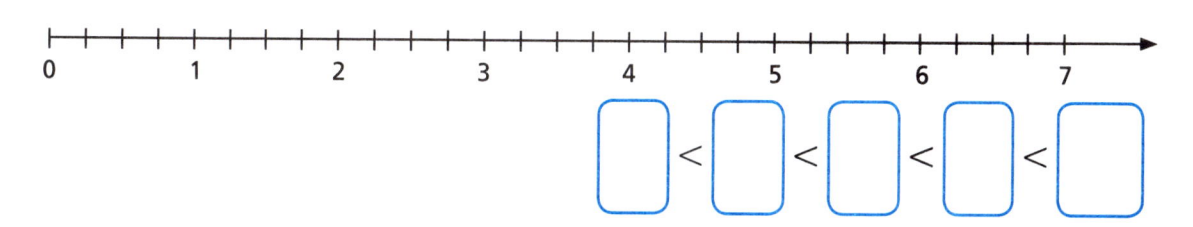

☐ < ☐ < ☐ < ☐ < ☐

6. Assinale a alternativa em que os números estão **corretamente** indicados na reta numérica.

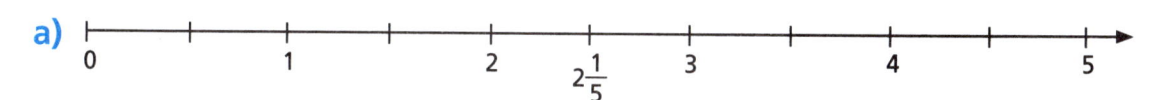

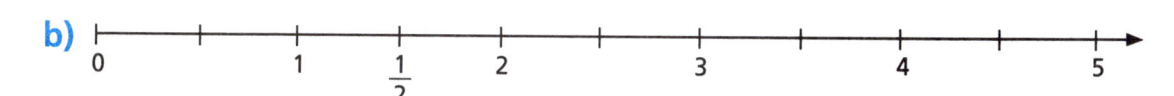

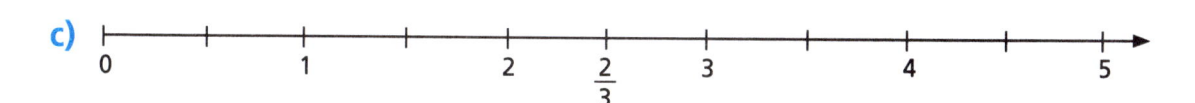

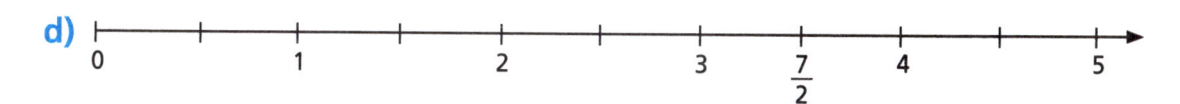

a) $2\dfrac{1}{5}$

b) $\dfrac{1}{2}$

c) $\dfrac{2}{3}$

d) $\dfrac{7}{2}$

177

FRAÇÕES E PORCENTAGENS

É comum encontrarmos em jornais ou revistas números seguidos do símbolo %. Leia o texto, localize um exemplo e destaque-o com uma cor.

Mesmo com política de resíduos, aproximadamente 42% do lixo no Brasil tem destino inadequado (lixões e aterros).

De 2003 a 2014, a quantidade de lixo produzida no Brasil aumentou 29%, enquanto o crescimento populacional aumentou 6%.

Fonte: LENHARO, Mariana. Mesmo com política de resíduos, 41,6% do lixo tem destino inadequado. **G1**, 27 jul. 2015. Disponível em: <http://g1.globo.com/natureza/noticia/2015/07/mesmo-com-politica-de-residuos-416-do-lixo-tem-destino-inadequado.html>. Acesso em: 3 out. 2017.

Lixão em Belford Roxo, Rio de Janeiro. Foto de 2006.

Esses números, seguidos do símbolo % (por cento), representam uma porcentagem. Por exemplo, um jogo de vôlei nunca termina empatado. Assim, a chance de um time ganhar a partida é de 50%.

A porcentagem 50% (cinquenta por cento) indica uma **fração centesimal**.

$$50\% = \frac{50}{100}$$

Simplificando a fração $\frac{50}{100}$, obtemos $\frac{1}{2}$.

Portanto, 50% de chance de ganhar é o mesmo que **metade** da chance: ou o time ganha (50%) ou o time perde (50%).

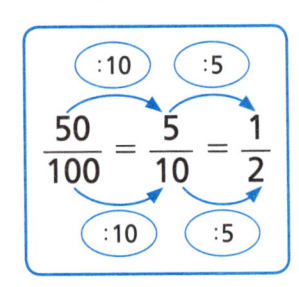

$$\frac{50}{100} = \frac{5}{10} = \frac{1}{2}$$

(:10) (:5)
(:10) (:5)

FIQUE SABENDO

Muito do que chamamos lixo é composto de materiais que podem ser reutilizados ou reciclados.

Para haver **reciclagem do lixo**, é necessária a coleta seletiva, separando-se materiais como papéis, vidros, plásticos e metais para serem reciclados. Até 2010, apenas 8% dos municípios brasileiros possuíam coleta seletiva de lixo. Veja no gráfico, em dados percentuais, a economia obtida com a reciclagem.

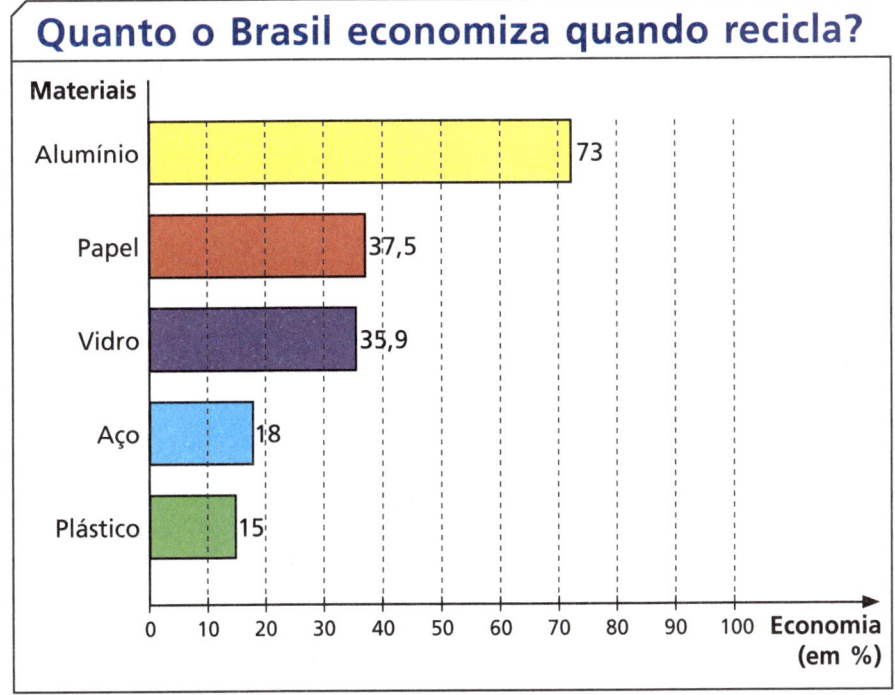

Quanto o Brasil economiza quando recicla?

Materiais	Economia (em %)
Alumínio	73
Papel	37,5
Vidro	35,9
Aço	18
Plástico	15

RECICLAR, NESSE CASO, É REAPROVEITAR PARTE DO QUE VAI PARA O LIXO. ASSIM, FAZEMOS ECONOMIA E PRESERVAMOS O MEIO AMBIENTE.

Fonte: Compromisso Empresarial para a Reciclagem (Cempre).
Dados publicados em Fichas técnicas do Cempre.

1. Você sabia que $\frac{3}{4}$ da superfície da Terra é coberta por água?

a) Complete a equivalência.

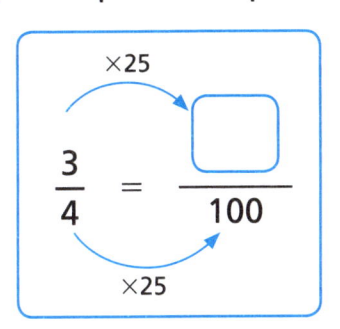

$$\frac{3}{4} = \frac{\square}{100}$$ (×25)

b) Escreva $\frac{3}{4}$ na forma de porcentagem.

2. Nosso planeta possui muita água em sua superfície. Você sabia que...

... 97% de toda essa água está nos mares e oceanos e é salgada?

... 2% estão armazenados nas geleiras?

... apenas 1% está disponível para consumo?

Escreva na forma de fração com denominador 100:

a) 97% = ☐

b) 2% = ☐

c) 1% = ☐

3. No Brasil, a distribuição de água para consumo, infelizmente, é realizada de forma desigual: aproximadamente 70% da água disponível para o uso está na região amazônica. Os 30% restantes distribuem-se desigualmente pelo país, para atender 92% da população.

Fonte: AGÊNCIA NACIONAL DE ÁGUAS. Portal acompanha volume de água que entra e sai do país. 23 mar. 2012. Disponível em: <www2.ana.gov.br/Paginas/imprensa/noticia.aspx?id_noticia=10342>. Acesso em: 3 out. 2017.

Arquipélago de Anavilhanas, AM. Foto de 1998.

70% NA REGIÃO AMAZÔNICA... 30% NAS OUTRAS REGIÕES DO PAÍS... 70% + 30% = 100%. JÁ ENTENDI! O TOTAL É 100%.

Pinte o gráfico segundo a legenda:

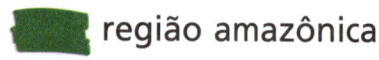

▇ região amazônica

▇ outras regiões do Brasil

Distribuição de água para consumo no Brasil

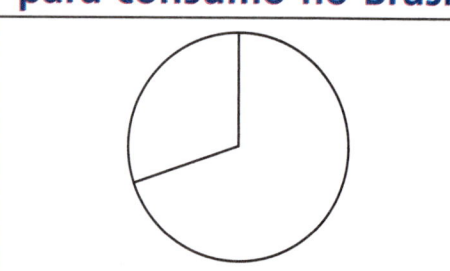

Gráfico elaborado com base nas informações do texto acima.

180

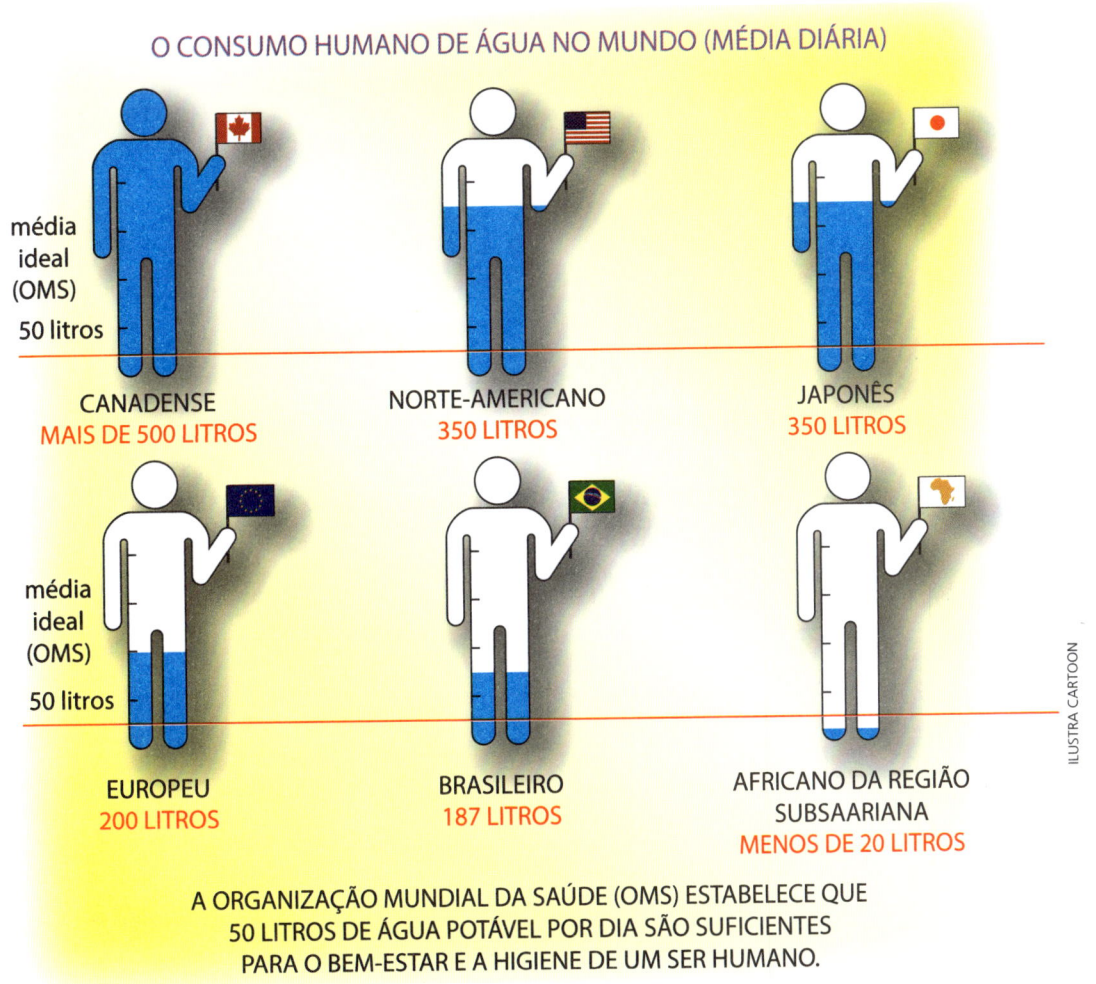

TRATANDO A INFORMAÇÃO

O CONSUMO HUMANO DE ÁGUA NO MUNDO (MÉDIA DIÁRIA)

CANADENSE — média ideal (OMS) 50 litros — MAIS DE 500 LITROS

NORTE-AMERICANO — 350 LITROS

JAPONÊS — 350 LITROS

EUROPEU — média ideal (OMS) 50 litros — 200 LITROS

BRASILEIRO — 187 LITROS

AFRICANO DA REGIÃO SUBSAARIANA — MENOS DE 20 LITROS

A ORGANIZAÇÃO MUNDIAL DA SAÚDE (OMS) ESTABELECE QUE 50 LITROS DE ÁGUA POTÁVEL POR DIA SÃO SUFICIENTES PARA O BEM-ESTAR E A HIGIENE DE UM SER HUMANO.

Fonte: QUANTO se gasta de água por dia. **Planeta Sustentável**. Disponível em: <http://planetasustentavel.abril.com.br/download/stand2-painel5-agua-por-pessoa2.pdf>. Acesso em: 12 set. 2017.

Segundo os dados apresentados no infográfico, responda.

a) Em média, quantos litros de água o brasileiro consome por dia?

b) Entre esses países, em qual se consome mais água?

c) Em média, quantos litros de água por dia uma pessoa que vive no Japão ou nos Estados Unidos consome a mais do que seria o suficiente para o bem-estar e a higiene de um ser humano, segundo a Organização Mundial da Saúde?

4. Observe o gráfico com as porcentagens do gasto de energia elétrica em uma casa.

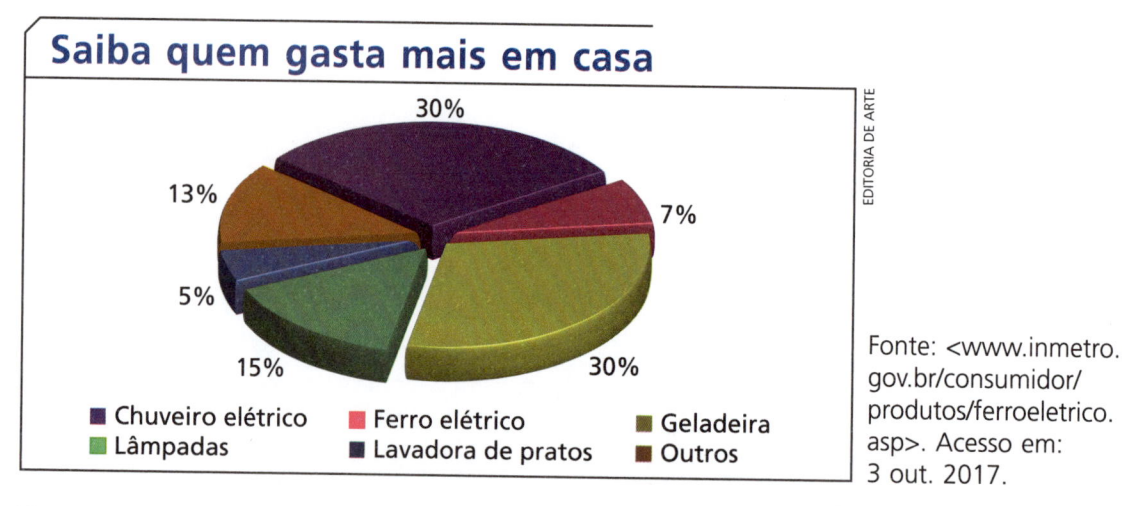

Saiba quem gasta mais em casa
- 30% Chuveiro elétrico
- 7% Ferro elétrico
- 30% Geladeira
- 15% Lâmpadas
- 5% Lavadora de pratos
- 13% Outros

Fonte: <www.inmetro.gov.br/consumidor/produtos/ferroeletrico.asp>. Acesso em: 3 out. 2017.

Escreva os percentuais na forma de fração com o denominador 100.

a) 30% ⟶ ☐   b) 15% ⟶ ☐   c) 5% ⟶ ☐

5. Quanto é 10% do valor de cada nota?

a) R$ 10 _____

b) R$ 20 _____

c) R$ 50 _____

d) R$ 100 _____

$10\% = \dfrac{10}{100} = \dfrac{1}{10}$
10% É O MESMO QUE A DÉCIMA PARTE!

6. INVESTIGANDO COM A CALCULADORA.

Você sabe como utilizar a tecla % da calculadora?

Para calcular 25% $\left(\text{ou } \dfrac{1}{4}\right)$ de 80, digite:

8 0 × 2 5 %

a) Que valor você lê no visor? _____
b) Como você faria para calcular essa porcentagem usando uma fração?

_____

182

7. Emílio vai comprar uma bicicleta que custava 600 reais. Como a bicicleta é usada, conseguiu um desconto de 30%. Qual o preço com desconto?

_____

Faça os cálculos usando uma calculadora.

> SE O DESCONTO É DE 30%, ENTÃO SÓ DEVO PAGAR 70% DO PREÇO.
>
> 30% É O DESCONTO. ← → 70% É O NOVO PREÇO.

- E se o desconto fosse de 25%, qual seria o preço?

_____

8. Um rolo de tecido com 10 metros custa R$ 120,00. Bruno, o costureiro, comprou o rolo inteiro e, por isso, ganhou 20% de desconto. Quanto pagou? Faça os cálculos na calculadora. _____

FAZENDO ESTIMATIVAS

Faça uma estimativa para encontrar a melhor opção, assinalando-a com um ✗.

a) A fração $\frac{1}{5}$ representa:

☐ 30%   ☐ 70%   ☐ 20%

b) A fração $\frac{1}{4}$ representa:

☐ 40%   ☐ 25%   ☐ 50%

c) A fração $\frac{3}{4}$ representa:

☐ 75%   ☐ 30%   ☐ 40%

d) A fração $\frac{5}{5}$ representa:

☐ 50%   ☐ 25%   ☐ 100%

9. Bia comprou uma camiseta nova. O preço da camiseta era R$ 60,00, mas na liquidação ela teve um desconto de 25%. Quanto Bia pagou pela camiseta?

a) Primeiro, calcule 25% de R$ 60,00.

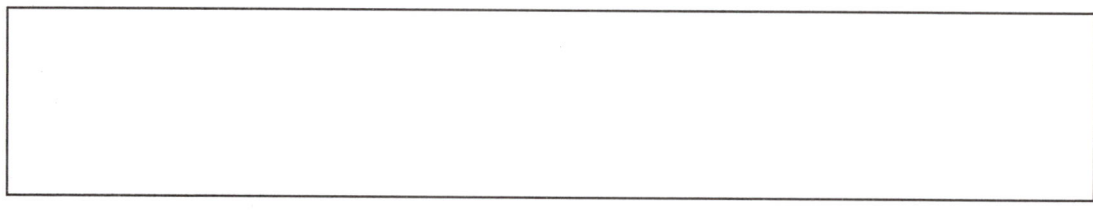

b) Para saber quanto Bia pagou pela camiseta, tire do preço o desconto.

• Há outras formas de calcular; qual você prefere?

10. Qual será o preço de cada mercadoria, após o desconto de 20%?

BAZAR
GRANDE LIQUIDAÇÃO. APROVEITE!
TUDO COM 20% DE DESCONTO.

a) R$ 65,00

b) R$ 60,00

c) R$ 35,00

d) R$ 80,00

SÓ PARA LEMBRAR

1 Busque na sopa de letras a escrita por extenso das frações seguintes.

$\frac{2}{3}$ $\frac{3}{4}$ $\frac{1}{2}$ $\frac{8}{12}$ $\frac{9}{10}$ $\frac{13}{100}$ $\frac{5}{10}$

```
T D R U A K J R J P M Q I Z D F R S G
E N O T I S L H E H I N W U X F D U D F T
R C I N C O D É C I M O S Y C G S M F D R
J F S Y R D X G Q T E F R T V H A M G F S
O I T O D O Z E A V O S T R B J L E H G F
T T E Q P F C F T Q R R Y E N K K I H H G
U R R I O G V G T R Ê S Q U A R T O S D H
N F Ç D I H B Q U Y T T Y E M G G H W S J
T N O V E D É C I M O S U R K H F W E R K
W S K W T R E Z E C E N T É S I M O S
```

• Entre essas frações, quais são equivalentes?

_____

2 Emílio mora a 1 quilômetro de sua escola. Como é perto, ele vai a pé. Um quinto do percurso ele percorre sozinho. Aí, encontra o Theo, e o resto do caminho eles vão juntos para a escola.

a) Lembrando que em 1 quilômetro há 1 000 metros, quantos metros Emílio caminha sozinho?

_____

b) Quantos metros ele caminha com Theo? _____

c) Que fração do caminho ele vai com o amigo? ☐

d) Complete: $\frac{4}{5}$ de 1 km = _____ m

185

3 Pinte as malhas para representar $3\frac{1}{2}$. Depois complete os espaços, com uma fração com denominador 100 e uma fração simplificada.

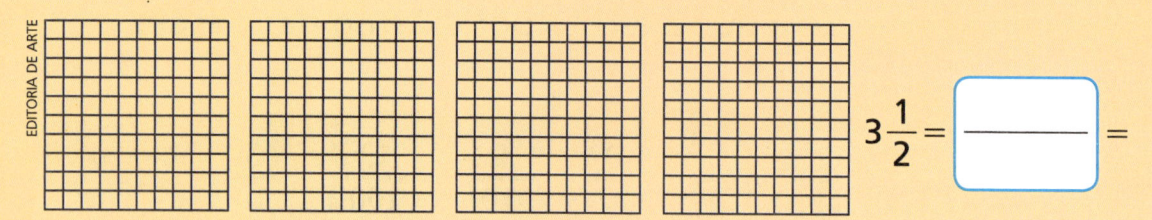

$3\frac{1}{2} = \dfrac{}{} =$ ▢

4 (Obemep) A capacidade do tanque de gasolina do carro de João é de 50 litros. As figuras mostram o medidor de gasolina do carro no momento da partida e no momento de chegada de uma viagem feita por João. Quantos litros de gasolina João gastou nesta viagem?

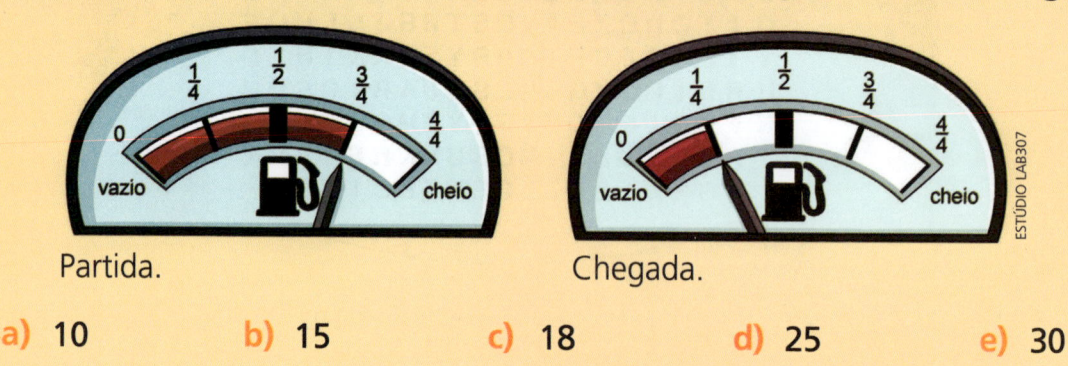

Partida.   Chegada.

a) 10   b) 15   c) 18   d) 25   e) 30

5 Observe a capacidade de cada embalagem e responda às questões.

Os elementos não foram representados em proporção de tamanho entre si.

(SUCO $1\frac{1}{2}$ ℓ)   (LEITE 1 ℓ)   ($2\frac{1}{2}$ ℓ)   (5 ℓ)

a) Qual é a fração que corresponde ao número misto $1\frac{1}{2}$? ▢

b) Quantas vezes meio litro "cabe" em 2 litros e meio? _____

c) Qual é a fração que corresponde ao número misto $2\frac{1}{2}$? ▢

Troque ideias com um colega e veja se ele respondeu da mesma forma que você. Comparem como cada um fez os cálculos.

6 Localizando a fração $\frac{7}{2}$ na reta numérica, ela vai estar no intervalo entre quais números?

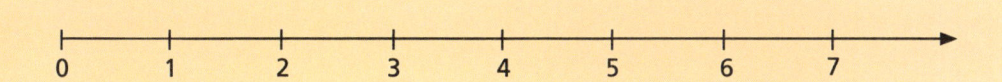

_____

```
+---+---+---+---+---+---+---+--->
0   1   2   3   4   5   6   7
```

7 Foram entrevistadas 260 pessoas: 195 disseram que escovam os dentes após as refeições e 65 pessoas disseram que só escovam os dentes pela manhã, ao acordar.
Qual é o percentual das pessoas entrevistadas que:

a) Escovam os dentes após as refeições?

_____

b) Escovam os dentes apenas pela manhã?

_____

c) E você, escova os dentes após as refeições?

8 Na figura a seguir, cada centímetro corresponde a 2 metros. Jair tem 2 metros de altura.

a) Faça uma estimativa para a altura da árvore.

_____

b) Usando a régua, meça a altura da árvore, faça os cálculos e confira se a sua estimativa foi boa.

INVESTIGANDO PADRÕES E REGULARIDADES

O desenho que representa partes de uma construção é chamado **planta**. Observe abaixo a planta de um apartamento.

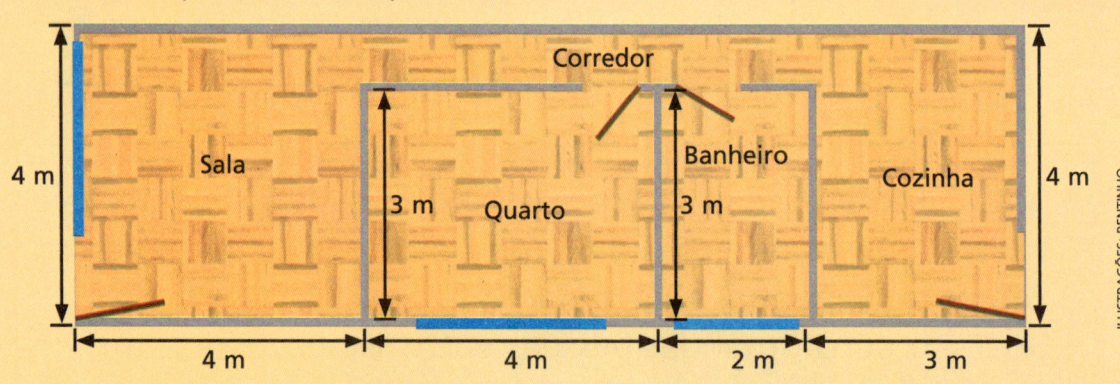

a) Para retratar todos os cômodos desse apartamento, a planta é feita cuidadosamente. Nesse caso, todos os comprimentos reais foram divididos por 100. Depois, a planta foi feita com as medidas obtidas dessas divisões. Podemos então estabelecer uma equivalência entre o comprimento no desenho e o comprimento real. Complete a equivalência.

$$\frac{\text{comprimento no desenho}}{\text{comprimento real}} \Rightarrow \boxed{}$$

b) Na planta de uma casa, uma porta cuja altura é de 2 metros está representada por um segmento de 4 centímetros.

- Escreva a equivalência usada.
- Qual a altura do muro que está representado por 2 centímetros na planta?

9 A linha azul é um eixo de simetria.
Pinte o barco que está desenhado à direita da linha azul, usando as mesmas cores do barco que está à esquerda da linha.

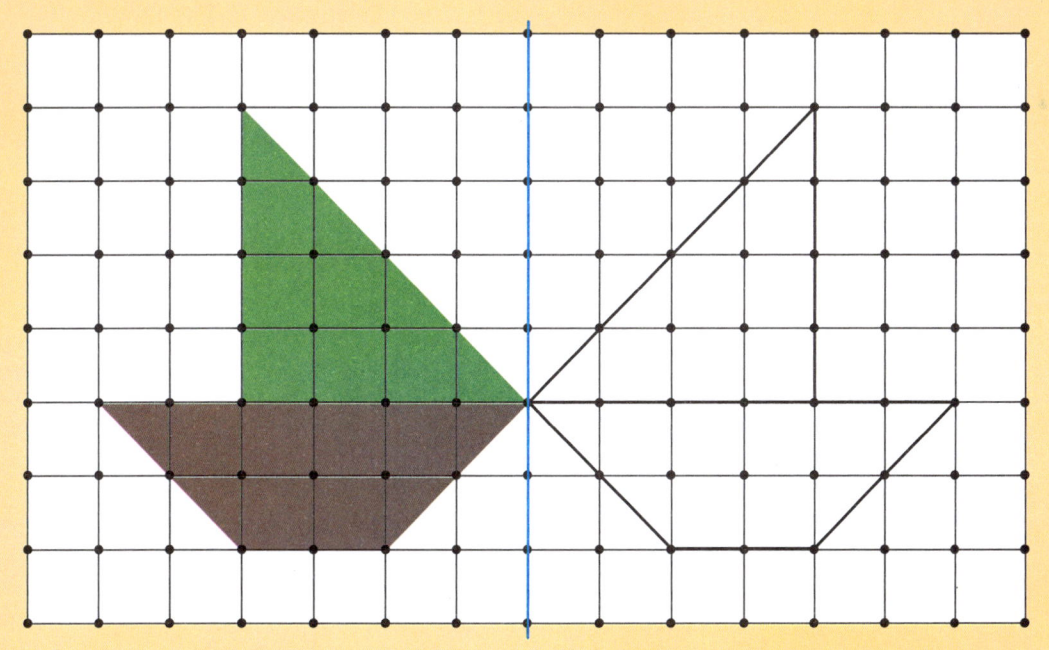

10 **VAMOS BRINCAR NA MALHA!**
Utilize o quadriculado menor para reduzir o desenho do barco e o quadriculado maior para ampliá-lo.
Depois, pinte.

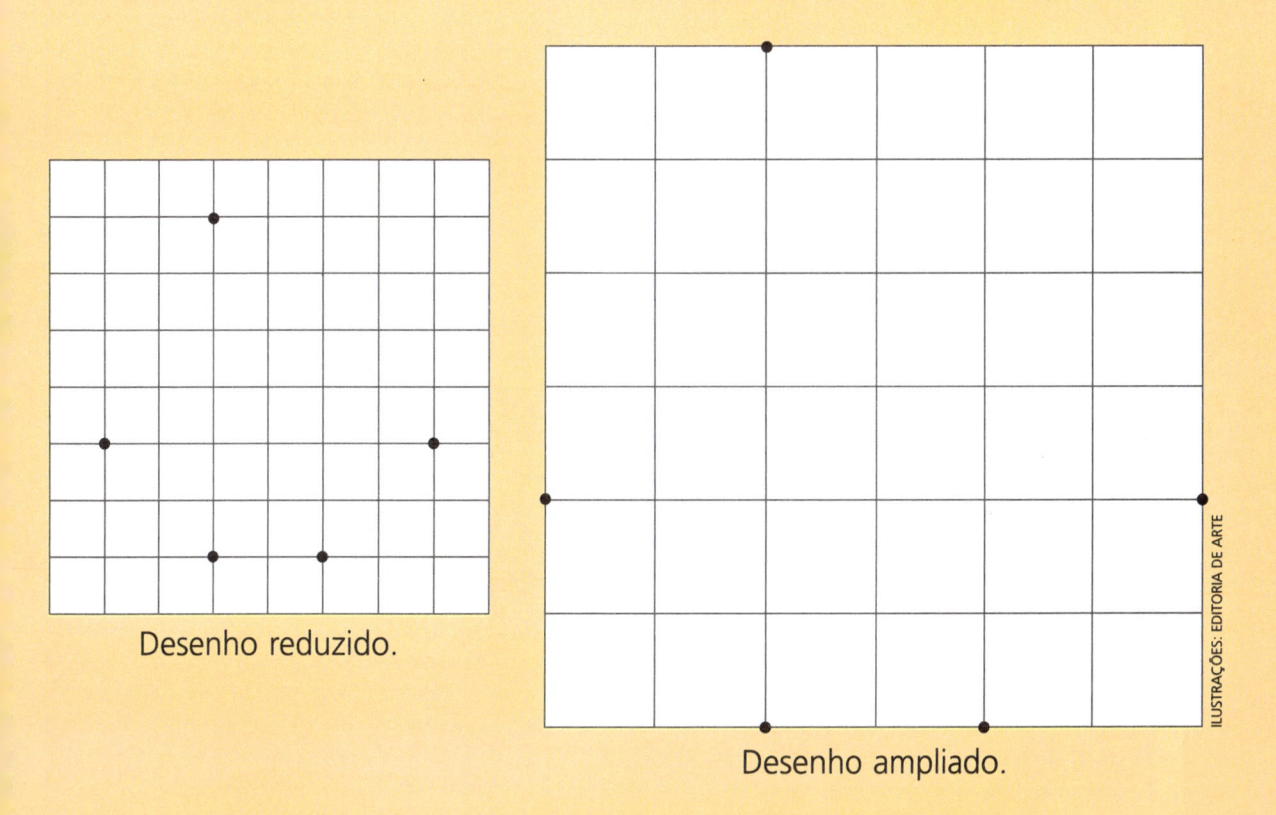

Desenho reduzido.

Desenho ampliado.

UNIDADE 7
NÚMEROS DECIMAIS E MEDIDAS

Os alunos investigaram diferentes maneiras de representar um real e setenta e cinco centavos usando sempre uma moeda de 1 real e outras moedas de centavos de real. Investigue outras representações diferentes das que os alunos encontraram.

NÓS USAMOS TRÊS MOEDAS!

E NÓS, QUATRO MOEDAS!

R$ 1,75 → 1 real e 75 centavos

AQUI USAMOS CINCO MOEDAS!

E NÓS, SEIS MOEDAS!

NESTA UNIDADE VAMOS EXPLORAR:
- Números decimais: inteiros, décimos e centésimos.
- Comparação de números decimais.
- Operações com números decimais.
- Porcentagens.

NÚMEROS DECIMAIS: INTEIROS, DÉCIMOS E CENTÉSIMOS

Manuel é carpinteiro. **Para medir comprimentos, ele usa o metro articulado.** Alguns metros articulados são divididos em partes **de 20 cm**, outros em partes **de 10 cm**.

Quando se divide o metro **em dez partes iguais**, cada uma dessas partes corresponde a **um décimo** do metro.

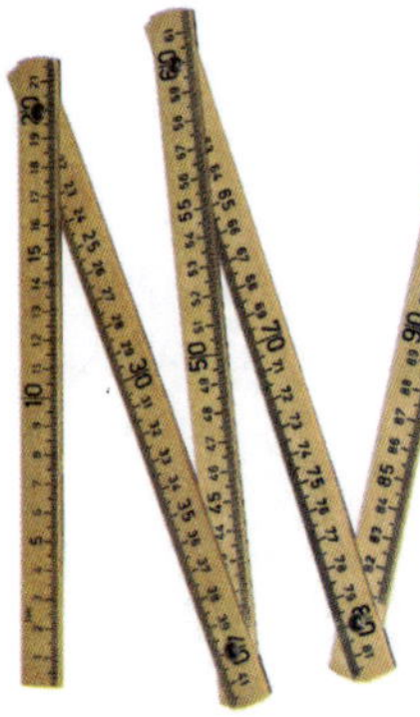

UM DÉCIMO CORRESPONDE À **DÉCIMA PARTE** DO INTEIRO.

Metro articulado.

Veja como representar um décimo na forma decimal.

10 cm ou 1 dm → **um décimo do metro**

$\frac{1}{10}$ m   ou   0,1 m

representação fracionária   representação decimal

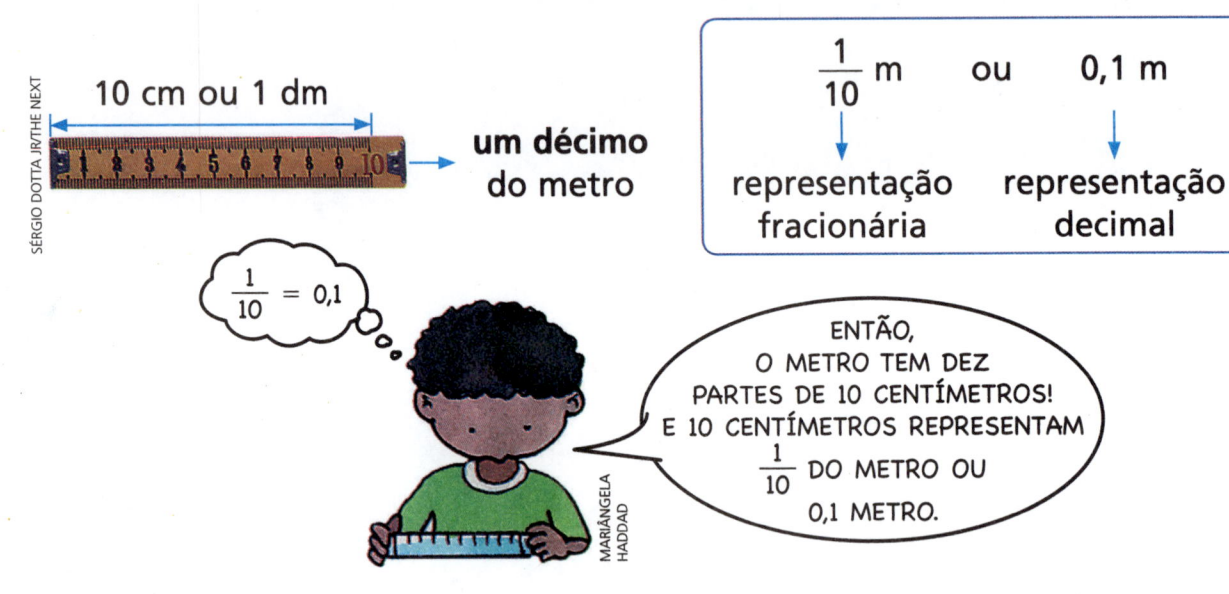

$\frac{1}{10} = 0,1$

ENTÃO, O METRO TEM DEZ PARTES DE 10 CENTÍMETROS! E 10 CENTÍMETROS REPRESENTAM $\frac{1}{10}$ DO METRO OU 0,1 METRO.

Se dividirmos uma unidade em dez partes iguais, cada uma das partes corresponderá **a um décimo** da unidade.

1 UNIDADE = 10 DÉCIMOS
1 DÉCIMO = $\frac{1}{10}$ = 0,1

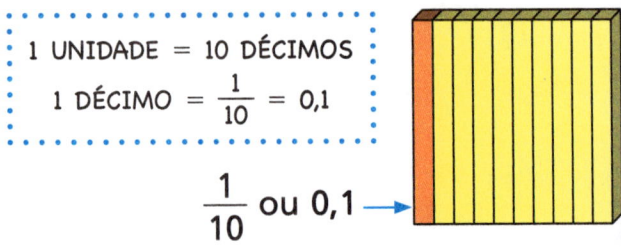

$\frac{1}{10}$ ou 0,1 →

1. Escreva como se lê:

a) 0,5 → _____

b) 0,8 → _____

2. Represente na forma decimal:

a) $\frac{8}{10}$ metros → _____

c) meio metro → _____

b) $\frac{6}{10}$ metros → _____

d) $\frac{7}{10}$ metros → _____

3. Na fita métrica ilustrada abaixo, 1 metro está dividido em 10 partes de 10 centímetros cada uma. Complete as equivalências usando uma fração ou um número decimal.

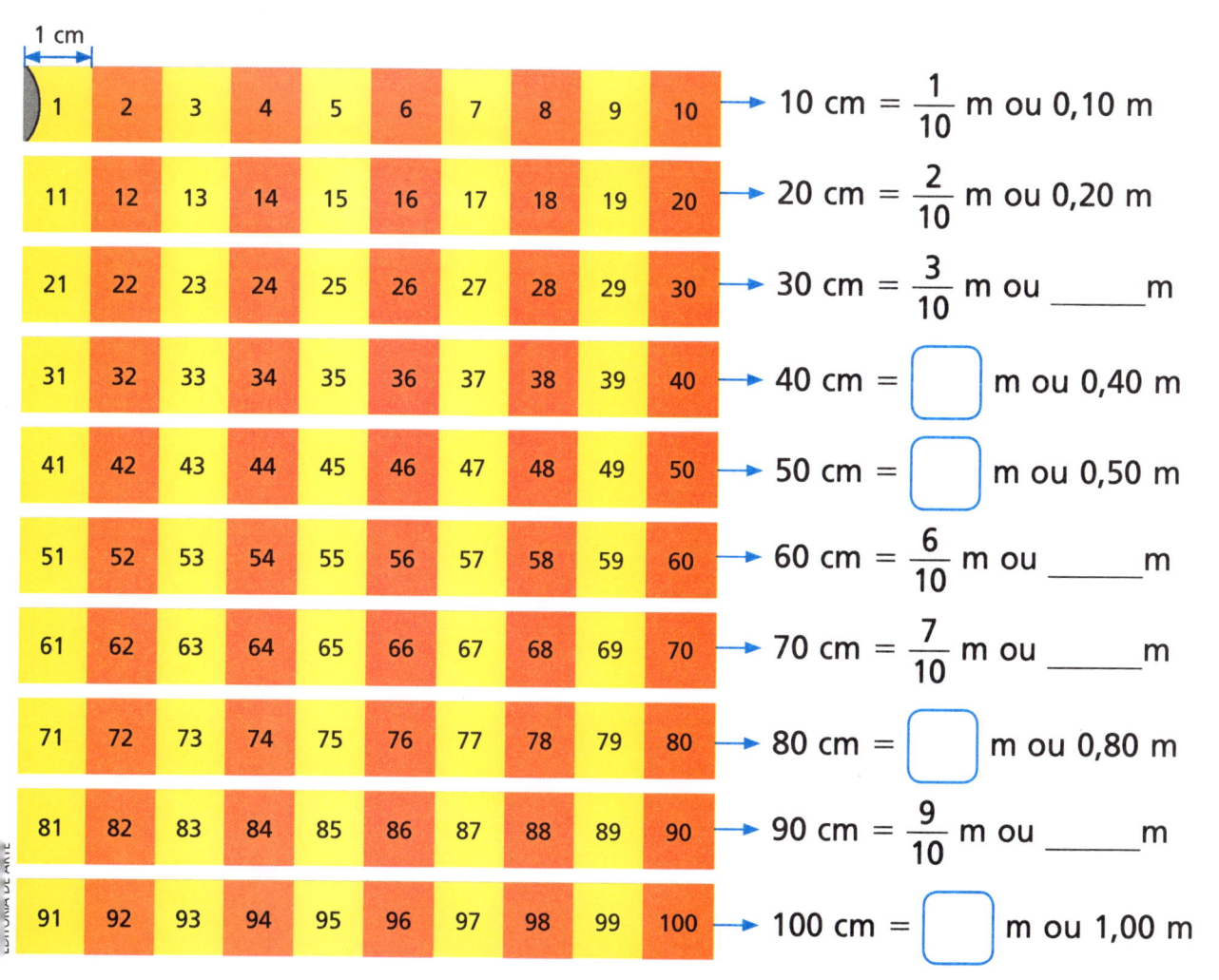

10 cm = $\dfrac{1}{10}$ m ou 0,10 m

20 cm = $\dfrac{2}{10}$ m ou 0,20 m

30 cm = $\dfrac{3}{10}$ m ou _____ m

40 cm = ☐ m ou 0,40 m

50 cm = ☐ m ou 0,50 m

60 cm = $\dfrac{6}{10}$ m ou _____ m

70 cm = $\dfrac{7}{10}$ m ou _____ m

80 cm = ☐ m ou 0,80 m

90 cm = $\dfrac{9}{10}$ m ou _____ m

100 cm = ☐ m ou 1,00 m

Continue a representar na reta numérica o número decimal que corresponde a cada fração indicada.

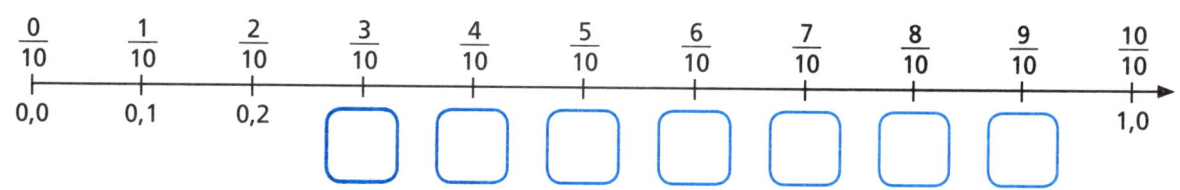

$\dfrac{0}{10}$ $\dfrac{1}{10}$ $\dfrac{2}{10}$ $\dfrac{3}{10}$ $\dfrac{4}{10}$ $\dfrac{5}{10}$ $\dfrac{6}{10}$ $\dfrac{7}{10}$ $\dfrac{8}{10}$ $\dfrac{9}{10}$ $\dfrac{10}{10}$

0,0   0,1   0,2   ☐   ☐   ☐   ☐   ☐   ☐   ☐   1,0

4. Dona Maria comprou um metro e meio de tecido para fazer uma cortina. Como se representa um metro e meio? _____
Agora, troque ideias com um colega e veja como ele representou.

Pessoa medindo tecido com fita métrica.

5. No Material Dourado, a ▮ corresponde a 0,1 da ▆.

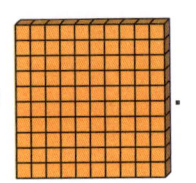

Represente com uma fração e um número decimal que fração da ▆ representam:

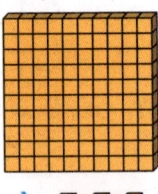

a) _____

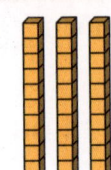

b) _____

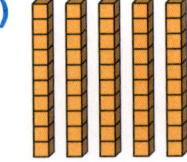

c) _____

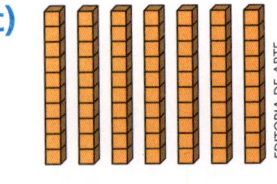

6. Contorne na reta numérica os números decimais dos itens a seguir. Depois, escreva-os por extenso.

> 1,5 INDICA UM E MEIO.

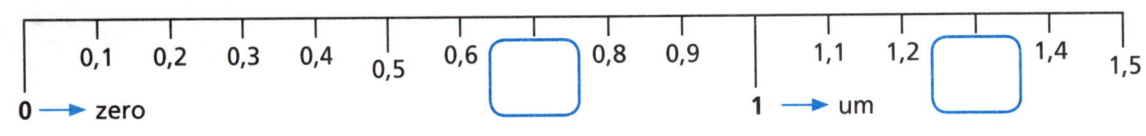

0,1 0,2 0,3 0,4 0,5 0,6 0,7 0,8 0,9 1,1 1,2 1,3 1,4 1,5

0 → zero   1 → um

a) 1,3 → _____

b) 0,7 → _____

7. Desenhe uma fita. Ela deve ter 1,5 cm de largura e 6,5 cm de comprimento. Depois pinte-a da cor que você quiser. Use a régua!

- Escreva por extenso as medidas da largura e do comprimento dessa fita.

_____

8. Represente na forma fracionária e na forma decimal a fração do real que valem as moedas de 50 centavos e de 10 centavos.

a) _____

b) _____

FIQUE SABENDO

Flávia vê que a placa do Material Dourado é dividida em 100 partes iguais.

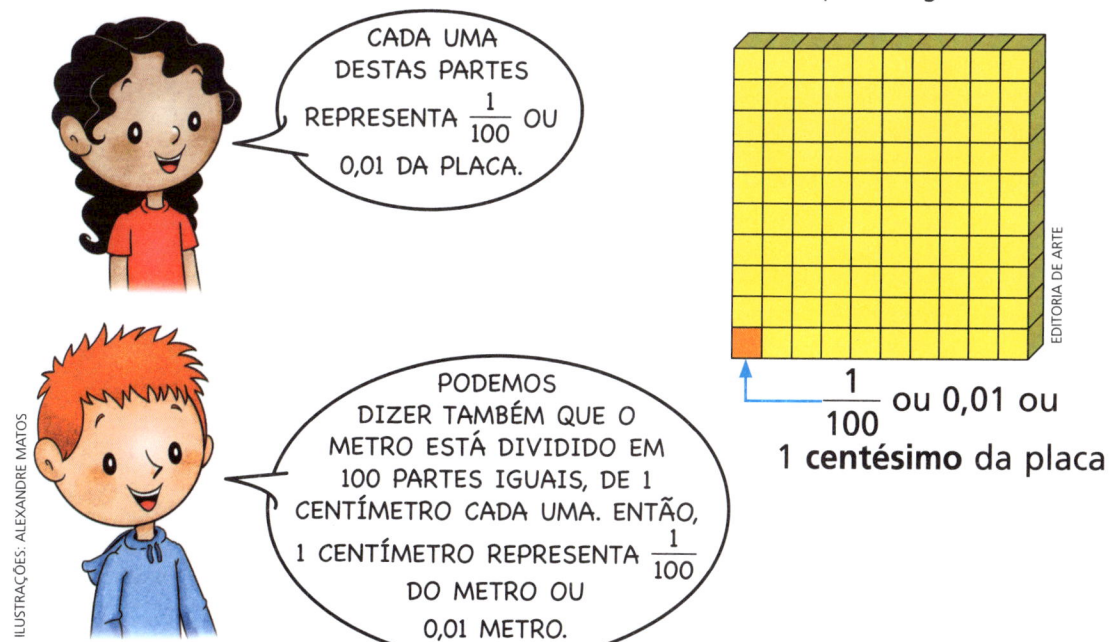

CADA UMA DESTAS PARTES REPRESENTA $\frac{1}{100}$ OU 0,01 DA PLACA.

PODEMOS DIZER TAMBÉM QUE O METRO ESTÁ DIVIDIDO EM 100 PARTES IGUAIS, DE 1 CENTÍMETRO CADA UMA. ENTÃO, 1 CENTÍMETRO REPRESENTA $\frac{1}{100}$ DO METRO OU 0,01 METRO.

$\frac{1}{100}$ ou 0,01 ou 1 **centésimo** da placa

9. Vamos usar o Material Dourado? Lembrando que o ▢ corresponde a 0,01 da ▢, represente com uma fração e um número decimal que fração da ▢ representa:

a) _____

b) _____

c) _____

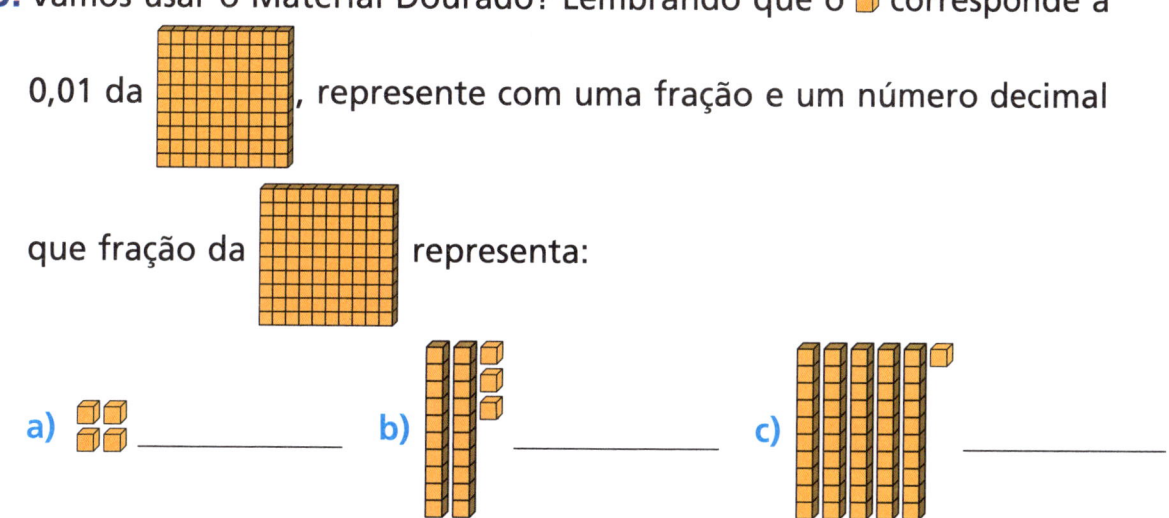

• Continue a representar na reta numérica o número decimal que corresponde a cada fração indicada.

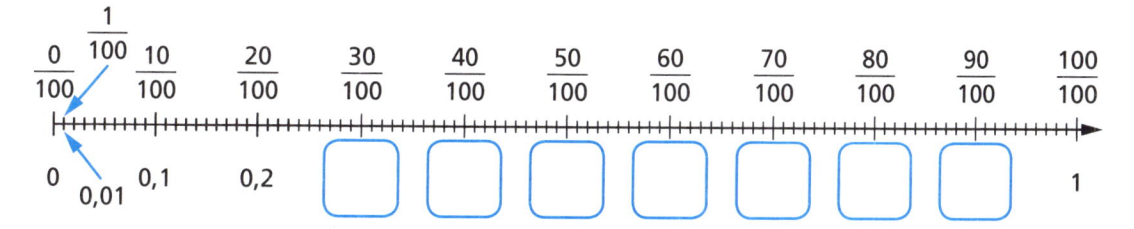

$\frac{0}{100}$ $\frac{1}{100}$ $\frac{10}{100}$ $\frac{20}{100}$ $\frac{30}{100}$ $\frac{40}{100}$ $\frac{50}{100}$ $\frac{60}{100}$ $\frac{70}{100}$ $\frac{80}{100}$ $\frac{90}{100}$ $\frac{100}{100}$

0   0,01   0,1   0,2   ▢   ▢   ▢   ▢   ▢   ▢   1

10. Represente com número decimal a parte pintada de laranja em cada placa.

> PARA ORDENAR É SÓ OBSERVAR A PARTE PINTADA DE LARANJA NAS PLACAS.

a) _____

b) _____

c) _____

d) _____

11. Em qual dos itens da atividade anterior está pintada de laranja:

a) mais da metade do inteiro? _____

b) menos da metade do inteiro? _____

c) a metade do inteiro? _____

12. Escreva estes números decimais em ordem crescente.

| 0,30 | 0,15 | 0,50 | 0,58 |

_____

13. Escreva na forma decimal:

a) vinte e cinco centésimos ⟶ _____

b) dois inteiros e oito décimos ⟶ _____

14. Dos números representados na atividade 13, qual está compreendido entre 2 e 3?

_____

15. Qual é o valor do algarismo 3 em cada um dos números abaixo?

a) 31,2 _____   b) 3,62 _____   c) 7,35 _____

TRATANDO A INFORMAÇÃO

Observe o gráfico com a altura de Aline medida nos dias de alguns aniversários dela.

Altura de Aline em alguns aniversários

- 2 anos: 86 cm
- 4 anos: 102 cm
- 6 anos: 113 cm
- 8 anos: 125 cm
- 10 anos: 137 cm

Dados fictícios. Gráfico elaborado em 2017.

a) Represente as alturas de Aline em metros:

Altura em cm	86	102	113	125	137
Altura em m					

b) Em quantos centímetros a altura de Aline variou:

- dos 2 para os 4 anos? _____
- dos 4 para os 6 anos? _____
- dos 6 para os 8 anos? _____
- dos 8 para os 10 anos? _____

c) É certo afirmar que a partir de certa idade Aline vai parar de crescer? Troque ideias com seus colegas.

16. Ao completar 12 anos, Aline está com 1 metro e 48 centímetros de altura.

1,48 é um **número decimal**.

Observe a representação no Quadro de Ordens.

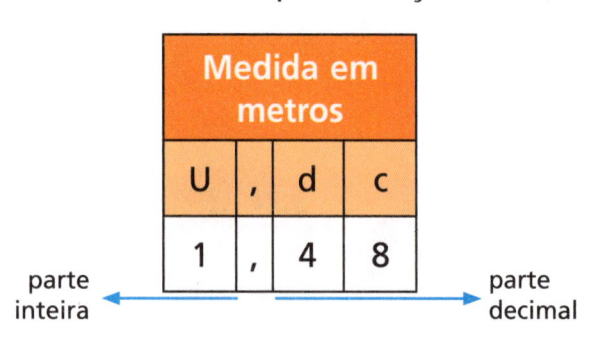

Medida em metros		
U	d	c
1	4	8

parte inteira ← → parte decimal

• E você, quanto mede? Represente sua altura em metros e em centímetros.

_____

1,48 m É O MESMO QUE
1 m + 48 cm OU,
AINDA, 148 cm.

17. Veja a altura deste grupo de amigos.

Tito: 1 m E 45 cm.
Raul: 137 cm.
Plínio: 1 m E 29 cm.
Elza: 1 m MAIS 46 cm.

• Represente a altura de cada criança neste Quadro de Ordens:

	Medidas em metros				
	C	D	U	, d	c
	Centena	Dezena	Unidade	, décimo	centésimo
Plínio				,	
Raul				,	
Tito				,	
Elza				,	

18. Quando o preço de um produto é, por exemplo, R$ 99,99, e o consumidor paga com uma nota de 100 reais, dificilmente recebe ou espera o troco.

SUPER OFERTA! IMPERDÍVEL!
Qualquer calça *jeans* por R$ 99,99

a) Embora o arredondamento correto de R$ 99,99 seja R$ 100,00, como o lojista precisa dar o troco ao cliente, se ele desse 5 centavos de troco, como ficaria o preço da calça?

_____

b) Na falta de moedas de 1 centavo e de 5 centavos, para qual valor o lojista deveria baixar o preço da calça?

_____

c) Complete o quadro com o troco que o lojista deixaria de dar ao consumidor se vendesse o número de calças indicado no quadro.

Nº de calças	100	200	300	400	500	600	700	800	900	1000
Troco em reais										

QUAL É A SUA OPINIÃO?

Quando o consumidor vê uma oferta como essa, R$ 99,99, tem a sensação de que não custa "nem 100 reais". Essa prática é muito comum no comércio.

O Banco Central parou de fabricar as moedas de R$ 0,01 (1 centavo) em 2004, o que acaba dificultando o troco, como vimos acima. Mesmo assim, muitos comerciantes ainda adotam preços que terminam em R$ 0,09 (nove centavos) como estratégia para incentivar a compra. Segundo a Associação Brasileira de Defesa do Consumidor, se a loja não tem R$ 0,01 para dar de troco deve arredondar o preço para baixo.

Fonte: Fabiola Salani. Na falta de moeda de 1 centavo, preço deve ser arredondado para baixo. **Folha S.Paulo**, 23 mar. 2015. Disponível em: <http://www1.folha.uol.com.br/mercado/2015/03/1606602-na-falta-de-moeda-de-1-centavo-preco-deve-ser-arredondado-para-baixo.shtml>. Acesso em: 13 set. 2017.

O que você acha dessa prática?

19. VAMOS BRINCAR NA MALHA!

a) Veja como construir, passo a passo, um retângulo em papel quadriculado.

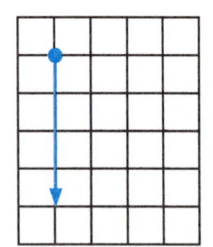

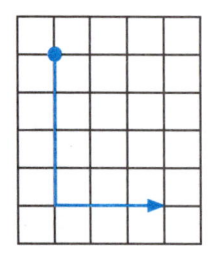

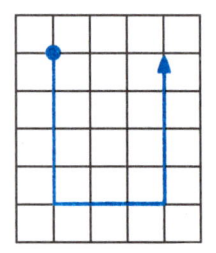

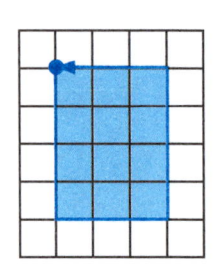

- Dê instruções ao colega de dupla para ele desenhar um retângulo em uma folha de papel quadriculado. Depois, é a vez de ele dar as instruções.

b) Se cada quadrinho da malha tem 0,5 cm de lado, quais são as medidas da altura e da largura do retângulo desenhado?

_____

c) Desenhe e pinte na malha a seguir dois quadriláteros diferentes que apresentem a mesma medida de perímetro: 18 cm.

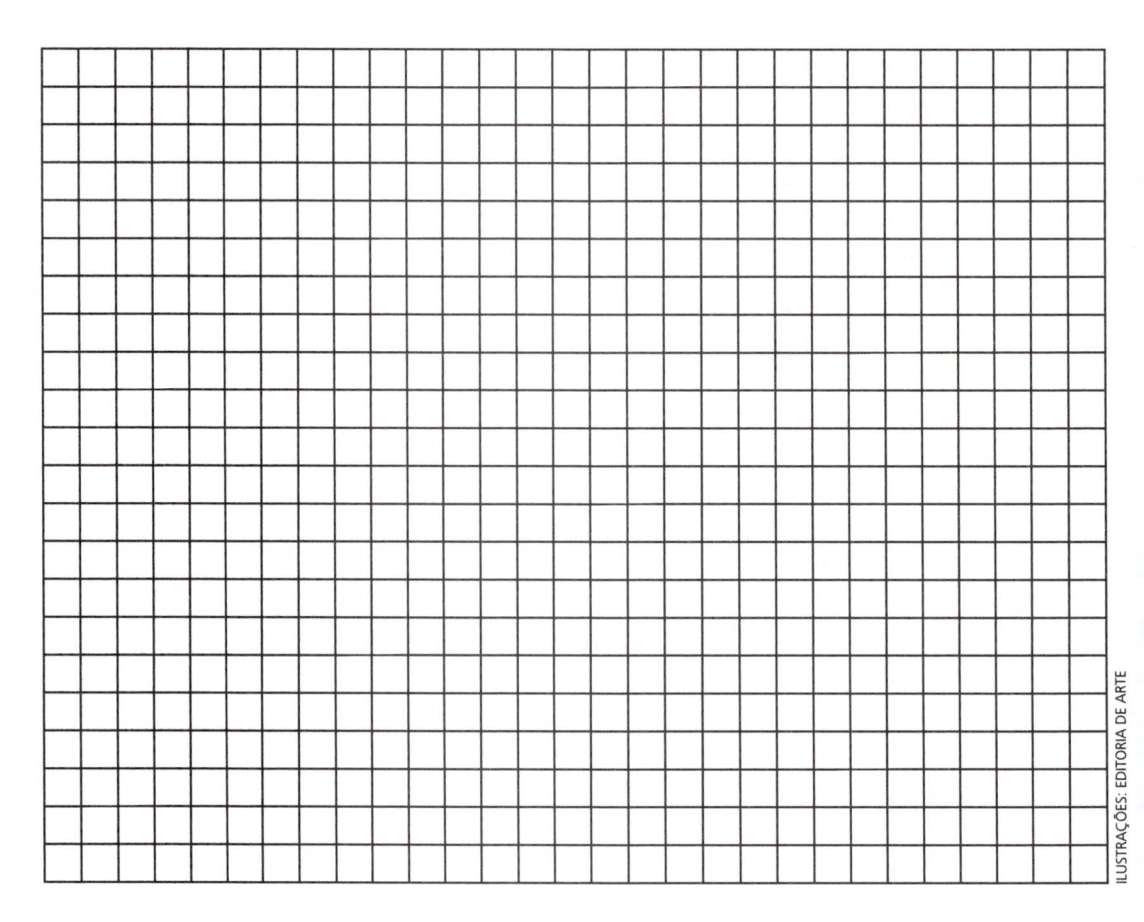

OS MILÉSIMOS

Você já conhece o **décimo** e o **centésimo**. Conheça agora o **milésimo**.
A parte colorida de verde corresponde a **1 décimo** desse quadrado.

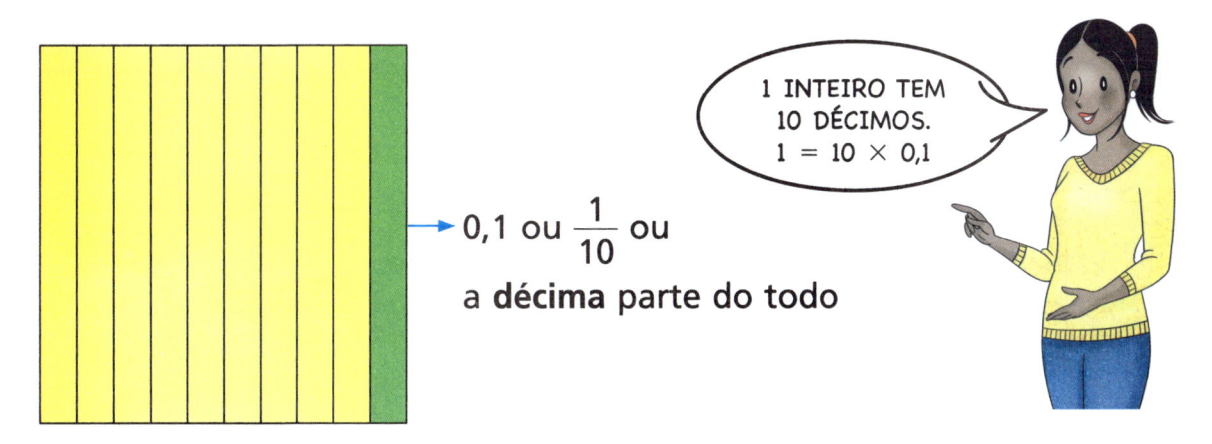

0,1 ou $\frac{1}{10}$ ou a **décima** parte do todo

1 INTEIRO TEM 10 DÉCIMOS.
$1 = 10 \times 0,1$

A parte colorida de azul corresponde a **1 centésimo** desse quadrado.

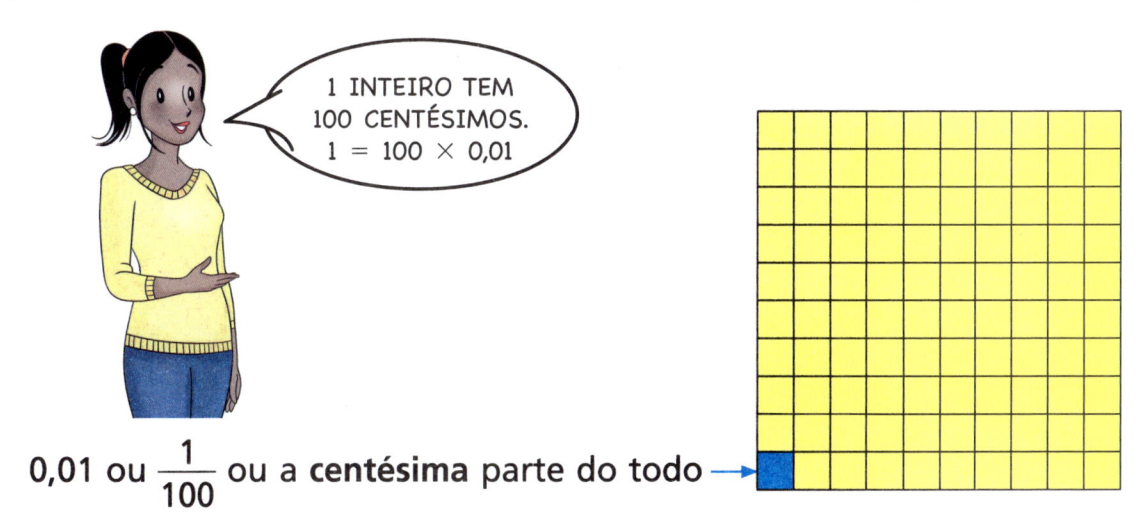

1 INTEIRO TEM 100 CENTÉSIMOS.
$1 = 100 \times 0,01$

0,01 ou $\frac{1}{100}$ ou a **centésima** parte do todo

A parte colorida de vermelho corresponde a **1 milésimo** desse quadrado.

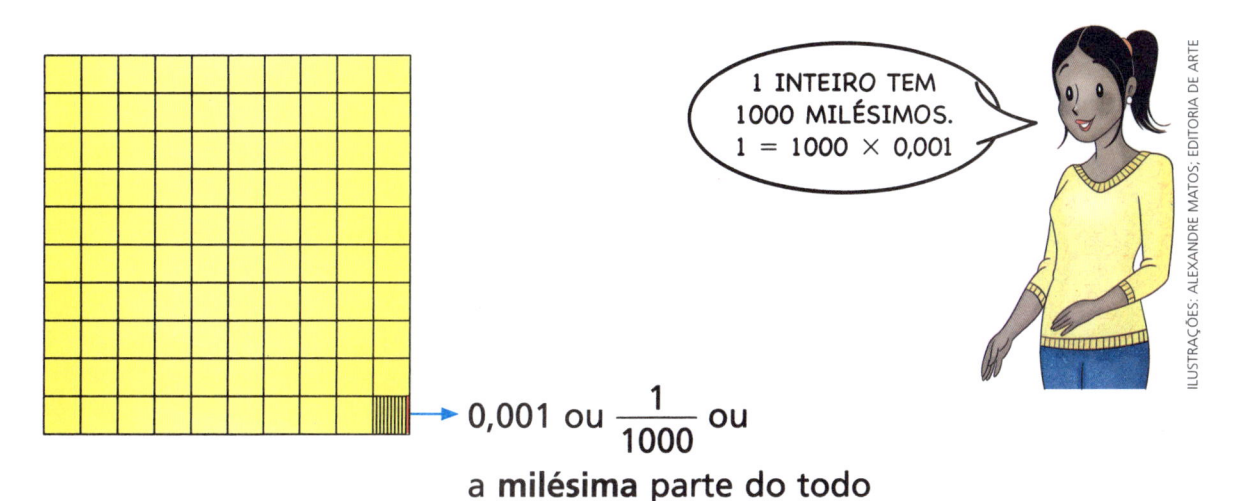

1 INTEIRO TEM 1000 MILÉSIMOS.
$1 = 1000 \times 0,001$

0,001 ou $\frac{1}{1000}$ ou a **milésima** parte do todo

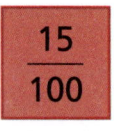

1. Pinte da mesma cor a representação fracionária e decimal de um mesmo número.

| $\frac{5}{100}$ | $\frac{5}{10}$ | $\frac{15}{100}$ | $\frac{15}{10}$ | $\frac{15}{1000}$ |

| 0,5 | 0,15 | 0,015 | 0,05 | 1,5 |

2. Responda às questões.

   a) Qual é a centésima parte de 1 metro?

   _____

   b) Qual é a milésima parte de 1 quilograma?

   _____

   c) Qual é a milésima parte de 1 litro?

   _____

3. Como você já sabe, 1 kg = 1000 g. Quantos gramas tem:

   a) 0,7 kg? _____

   b) 0,5 kg? _____

   c) 1,4 kg? _____

   d) 0,9 kg? _____

   e) 2,8 kg? _____

   f) 0,2 kg? _____

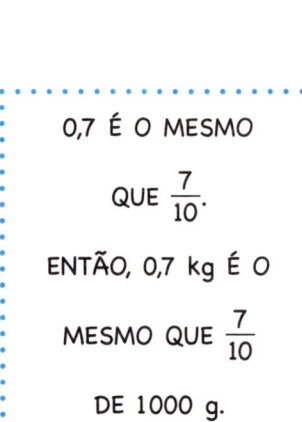

   > 0,7 É O MESMO QUE $\frac{7}{10}$.
   >
   > ENTÃO, 0,7 kg É O MESMO QUE $\frac{7}{10}$ DE 1000 g.

4. Qual é a escrita decimal de cada fração?

   a) $\frac{75}{10}$ _____

   b) $\frac{75}{100}$ _____

   c) $\frac{75}{1000}$ _____

5. Esta é a nota de dez reais. Que moeda vale:

a) a **décima** parte de 10 reais? _____

b) a **centésima** parte de 10 reais? _____

c) a **milésima** parte de 10 reais? _____

6. INVESTIGANDO COM A CALCULADORA.

Digitando a sequência de teclas indicadas abaixo, registre o que aparece no visor da calculadora.

$$1\ 0\ 0\ 0\ \div\ 1\ 0\ =\ \square$$

a) Divida o que apareceu no visor novamente por 10, digitando as teclas a seguir, e registre o resultado.

$$\div\ 1\ 0\ =\ \square$$

b) Divida por 10 o resultado obtido, 4 vezes seguidas, e registre-o abaixo.

- $\div\ 1\ 0\ =\ \square$
- $\div\ 1\ 0\ =\ \square$
- $\div\ 1\ 0\ =\ \square$
- $\div\ 1\ 0\ =\ \square$

VOCÊ PERCEBEU QUE DIVIDIR POR 10 E DIVIDIR POR 10 NOVAMENTE É O MESMO QUE DIVIDIR POR 100?

c) O que você observou nos 3 últimos resultados que apareceram no visor da calculadora? Como se leem esses números?

COMPARAÇÃO DE NÚMEROS DECIMAIS

Veja as alturas de jogadores de basquete representadas no gráfico a seguir. Qual é o jogador mais alto? E o mais baixo?

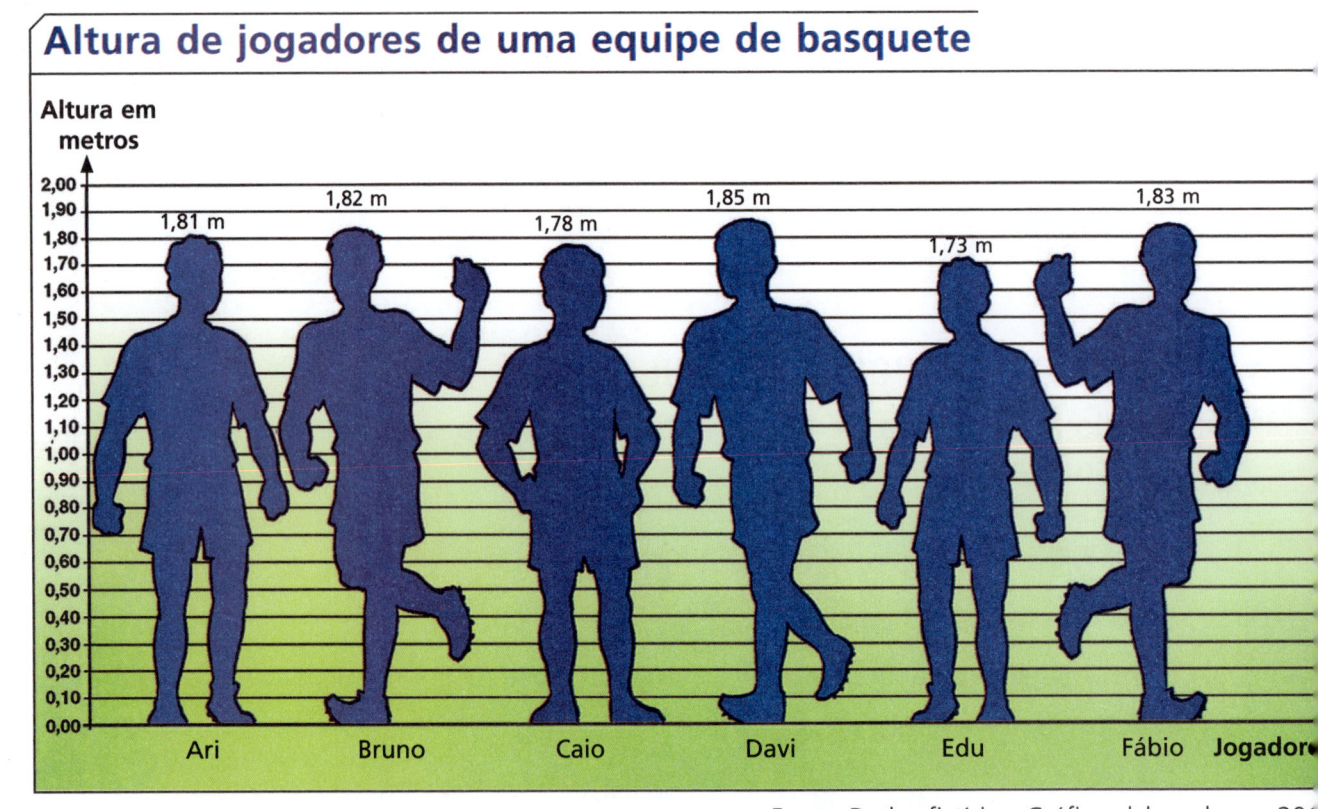

Altura de jogadores de uma equipe de basquete

- Ari: 1,81 m
- Bruno: 1,82 m
- Caio: 1,78 m
- Davi: 1,85 m
- Edu: 1,73 m
- Fábio: 1,83 m

Fonte: Dados fictícios. Gráfico elaborado em 20

As alturas, em metros, estão indicadas na forma de números decimais. Para compará-las, primeiro observamos a parte inteira do número decimal. Como nesses números a parte inteira é igual a 1, comparamos os décimos e, depois, os centésimos.

Assim, a ordem crescente dessas medidas é:

1,73 < 1,78 < 1,81 < 1,82 < 1,83 < 1,85

Medidas em metros			
U ,	d	c	
1 ,	8	1	→ Ari
1 ,	8	2	→ Bruno
1 ,	7	8	→ Caio
1 ,	8	5	→ Davi
1 ,	7	3	→ Edu
1 ,	8	3	→ Fábio

1. Compare os números utilizando um dos símbolos: >, < ou =.

a) 1,8 ☐ 1,58

b) 2,3 ☐ 2,30

c) 5,21 ☐ 5,12

d) 3,4 ☐ 3,27

2. Vamos comparar os números decimais 0,28 e 0,3.

• 0,28   • 0,3

a) Pinte as figuras ao lado para representar o número decimal indicado:

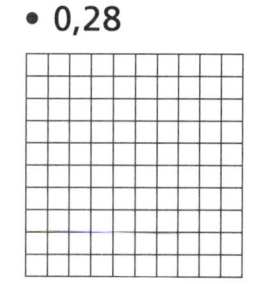

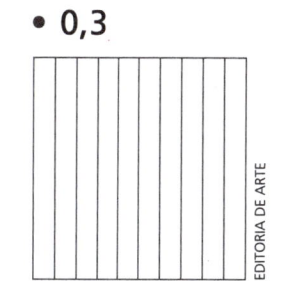

b) Agora, localize 0,28 e 0,3 na reta numérica.

```
0,0      0,10     0,20     0,30     0,40     0,50
```

• Complete com > (maior que) ou < (menor que): 0,28 _____ 0,3.

3. INVESTIGANDO COM A CALCULADORA.

Lígia digitou o número 1,200 na calculadora e apertou a tecla [+].

Ficou surpresa, pois, antes mesmo de continuar a operação, apareceu no visor 1,2. Faça a experiência e comprove. Você sabe por que isso acontece?

• Igual ou diferente? Use a calculadora e verifique se os números são iguais ou diferentes.

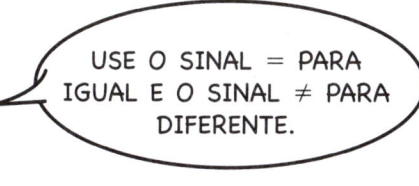

USE O SINAL = PARA IGUAL E O SINAL ≠ PARA DIFERENTE.

0,05 _____ 0,50

3,800 _____ 3,80

4. O quadro indica os resultados obtidos no salto em distância dos alunos da classe de Alex. Complete-o com a classificação de cada aluno.

Aluno	Comprimento do salto	Classificação
Alex	1,57 m	
Emílio	1,5 m	
Fábio	1,4 m	
Heloísa	1,42 m	
Irene	1,46 m	

FAZENDO ESTIMATIVAS

a) Escolha quatro colegas de turma. Tomando como referência a sua altura, estime as alturas deles, em centímetros.

- Minha altura é _____ cm.
- Anote os nomes e as estimativas de altura no quadro.

Nomes	Colegas			
Estimativas das alturas	cm	cm	cm	cm

b) Usando as estimativas, calcule mentalmente a diferença de altura, em centímetros, entre os dois mais altos.

_____

c) Agora, peça aos colegas que informem a altura real e anote no quadro abaixo.

Nomes				
Altura em centímetros	cm	cm	cm	cm
Altura em metros	m	m	m	m

d) Suas estimativas ficaram próximas das medidas das alturas reais?

e) Escreva as medidas das alturas, incluindo a sua, em ordem crescente.

☐ < ☐ < ☐ < ☐ < ☐

f) Qual a diferença das medidas de altura entre os dois mais baixos? Expresse a resposta em centímetros e em metros.

_____

ADIÇÃO E SUBTRAÇÃO

1. Leandro quer comprar dois carrinhos para a sua coleção. De quantos reais ele precisará? Veja como ele pensou e registre o cálculo.

ADICIONEI OS VALORES DAS NOTAS E, DEPOIS, OS VALORES DAS MOEDAS.

R$ 10,50

R$ 10,75

10 com 10 com 20 são são

2. Veja o lanche que Marina comprou.

R$ 5,45

R$ 2,25

R$ 5,50

U	,	d	c
5	,	4	5
5	,	5	0
+ 2	,	2	5

PARA ADICIONAR, É SÓ COLOCAR VÍRGULA EMBAIXO DE VÍRGULA.

a) Quanto ela gastou? _____

b) Se Marina pagou a conta com o menor número possível de notas e moedas, sem receber troco, quais são as notas e moedas com as quais ela pagou a conta?

_____
_____

207

TRATANDO A INFORMAÇÃO

Você já imaginou uma competição de salto em altura entre um homem, um tigre, um cavalo, um canguru, um gato e uma pulga?

O canguru seria medalha de ouro, pois alcança até 3,50 metros com seu salto. Já o homem seria medalha de bronze, pois salta até 2,41 metros.

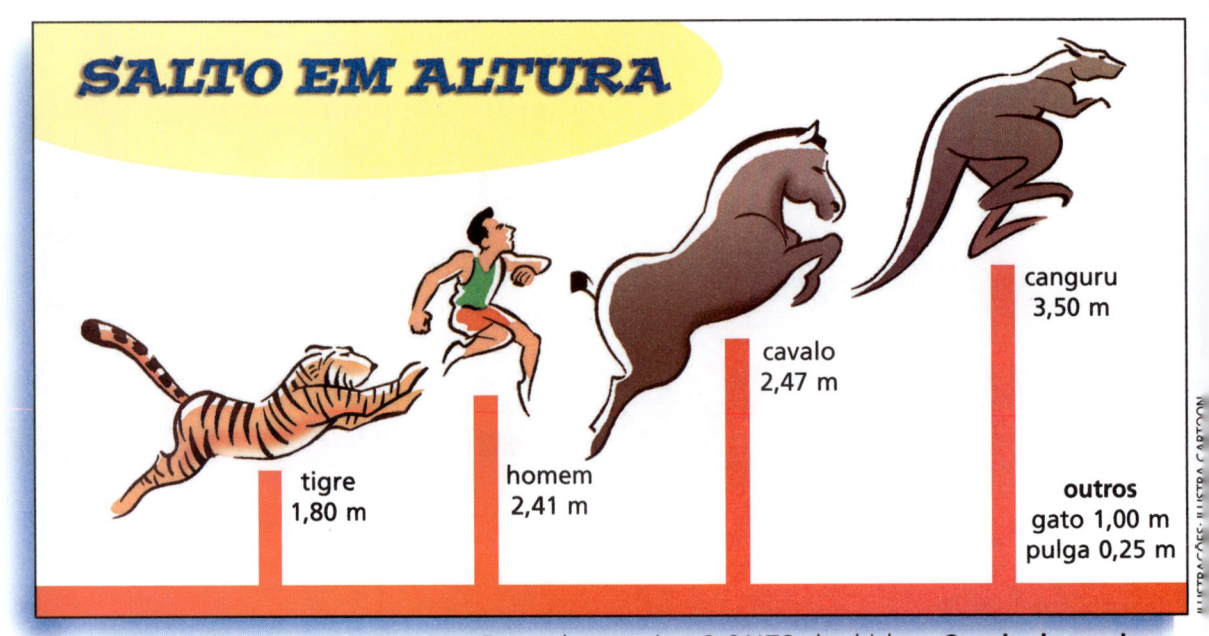

SALTO EM ALTURA

tigre 1,80 m
homem 2,41 m
cavalo 2,47 m
canguru 3,50 m
outros
gato 1,00 m
pulga 0,25 m

Fonte de pesquisa: O SALTO dos bichos. **O guia dos curiosos**. Disponível em: <http://www.guiadoscuriosos.com.br/categorias/2040/1/o-salto-dos-bichos.html>. Acesso em: 30 ago. 2017.

Quantos metros o canguru salta a mais que o homem? Veja como Teresa calculou essa diferença.

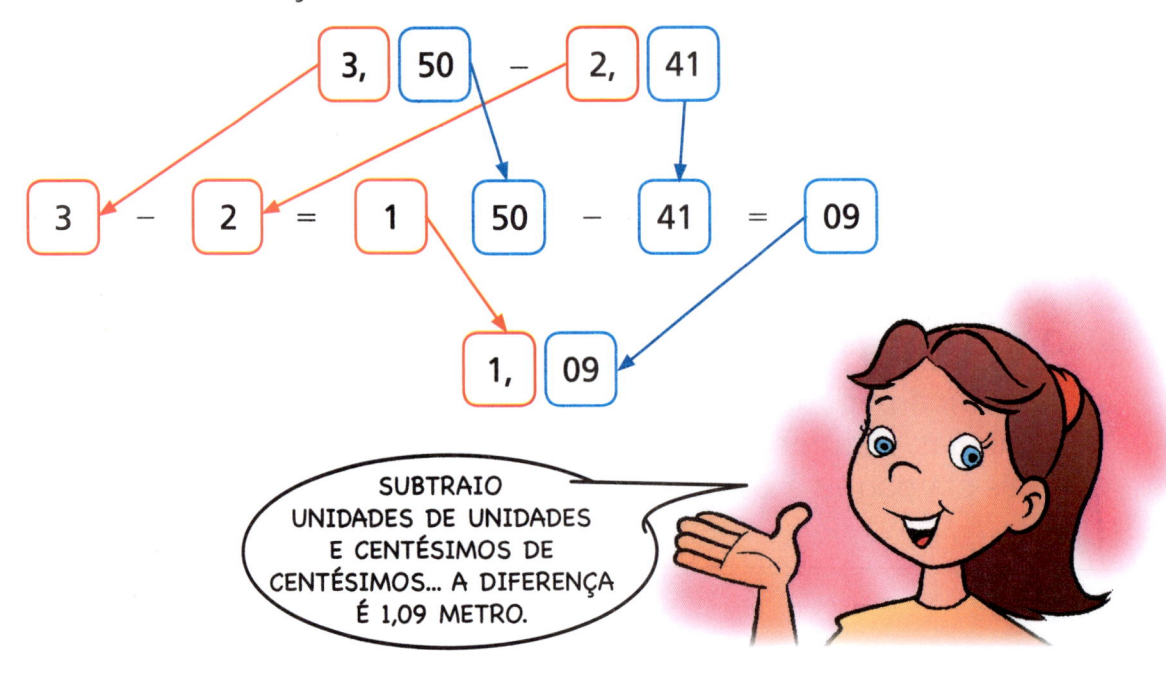

3,50 − 2,41

3 − 2 = 1   50 − 41 = 09

1,09

SUBTRAIO UNIDADES DE UNIDADES E CENTÉSIMOS DE CENTÉSIMOS... A DIFERENÇA É 1,09 METRO.

- Bia fez diferente: colocou as duas medidas de modo organizado em um Quadro de Ordens, **vírgula embaixo de vírgula**.

U	,	d	c
3	,	⁴5̶	¹0
− 2	,	4	1
1	,	0	9

SUBTRAÍ CENTÉSIMOS DE CENTÉSIMOS, DÉCIMOS DE DÉCIMOS E UNIDADES DE UNIDADES.

Agora, você!

- Qual é a diferença, em metros, entre as alturas atingidas no salto do canguru e do cavalo?

- Quanto o homem salta a mais que o tigre?

- Quanto o gato salta a mais que a pulga?

3. Se Tiago comprar as duas miniaturas de carrinhos e pagar com uma nota de 50 reais, receberá troco? De quanto?

R$ 12,60

R$ 11,90

4. Alex comprou 50 m de barbante. Usou 1,25 m num embrulho de uma caixa. Quantos metros de barbante sobraram? Faça o cálculo proposto por Alex.

E AGORA, COMO FAÇO? JÁ SEI! 50 = 50,00.

D	U	,	d	c
5	0	,	0	0
	1	,	2	5

5. Para o almoço de domingo, papai comprou 2 litros de suco. Já tomamos 1,3 litro. Você acha que resta mais ou menos do que meio litro? Quanto?

6. A costureira comprou 1 metro e meio de tecido para fazer um conjunto de blusa e saia. Usou 80 centímetros para a saia. Quanto sobrou para a blusa?

TRABALHANDO COM O CÁLCULO MENTAL

1 Veja como Júlia calcula mentalmente a soma de 3,4 com 4,5.

PRIMEIRO, ADICIONO AS UNIDADES: 3 + 4 = 7. DEPOIS, ADICIONO OS DÉCIMOS: 0,4 + 0,5 = 0,9. FINALMENTE, ADICIONO 7 E 0,9.

3,4 + 4,5
7,9

Calcule mentalmente as somas e registre os resultados.

a) 3,1 + 7,8 = _____   c) 5,4 + 3,3 = _____   e) 4,3 + 6,2 = _____

b) 4,3 + 2,4 = _____   d) 7,1 + 4,6 = _____   f) 7,8 + 9,1 = _____

2 Veja como Paulo calcula mentalmente a diferença entre 7,3 e 5,2.

7,3 − 5,2
2,1

PRIMEIRO, SUBTRAIO 5 DE 7. DÁ 2. DEPOIS, SUBTRAIO 0,2 DE 0,3. DÁ 0,1.

Calcule mentalmente as diferenças e registre os resultados.

a) 12,7 − 9,2 = _____   c) 21,7 − 12,5 = _____   e) 17,6 − 8,2 = _____

b) 5,8 − 3,6 = _____   d) 19,9 − 11,4 = _____   f) 15,7 − 9,4 = _____

3 Descubra o número que falta para obter 1 unidade em cada caso.

a) 0,4 + _____ = 1   c) 1 = 1,3 − _____   e) _____ + 0,1 = 1

b) 0,5 + _____ = 1   d) 0,3 + _____ = 1   f) 1 = _____ − 0,4

4 Veja como calcular mentalmente a soma do quadro ao lado. Depois, calcule mentalmente as somas em cada item.

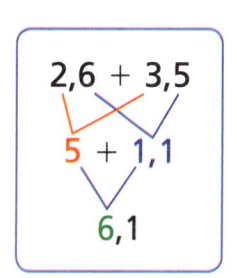

2,6 + 3,5
5 + 1,1
6,1

a) 4,8 + 3,6 = _____   c) 6,8 + 2,7 = _____

b) 7,3 + 1,7 = _____   d) 9,9 + 1,1 = _____

7. INVESTIGANDO COM A CALCULADORA.

Nas calculadoras, usa-se o ponto, e não a vírgula, para separar a parte inteira da parte decimal.

a) Numa calculadora, pressione a sequência de teclas abaixo e registre o resultado do visor.

$$0 \;.\; 5 \;+\; 0 \;.\; 5 \;=\; \boxed{}$$

b) Esse mesmo resultado é obtido sem usar a tecla 0. Confira.

$$.\; 5 \;+\; .\; 5 \;=\; \boxed{}$$

FAZENDO ESTIMATIVAS

Na adição de números decimais, podemos encontrar um resultado aproximado ao arredondar as parcelas, como já fizemos com os números naturais.

- Carol vai comprar o material escolar para seu filho Pedro. Ela levou para a papelaria uma nota de 100.

Você acha que dá para Carol comprar os 7 itens representados abaixo? Se não der para comprar todos, o que você sugere que ela deixe para a próxima compra?

Arredonde os preços e calcule a soma aproximada.

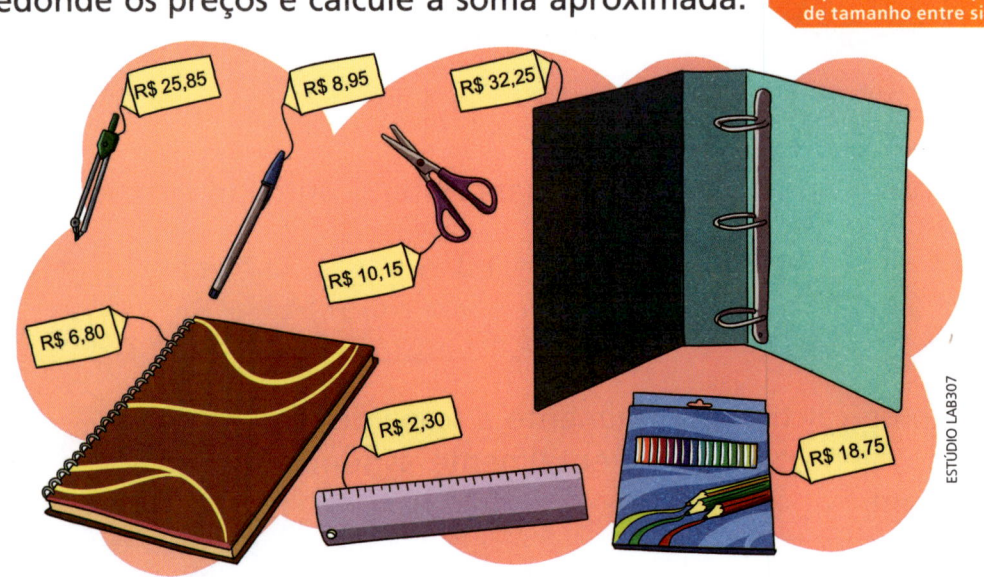

Os elementos não foram representados em proporção de tamanho entre si.

R$ 25,85 — R$ 8,95 — R$ 32,25 — R$ 10,15 — R$ 6,80 — R$ 2,30 — R$ 18,75

Troque ideias com seus colegas e veja se eles calculam a mesma soma aproximada.

MULTIPLICAÇÃO

1. Quantas moedas de cada item são necessárias para se ter 1 REAL?

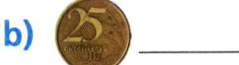

a) _____ c) _____

b) _____ d) _____

2. Utilize os resultados da atividade anterior para calcular os produtos:

a) $2 \times 0{,}5 =$ _____

b) $4 \times 0{,}25 =$ _____

c) $10 \times 0{,}1 =$ _____

d) $100 \times 0{,}01 =$ _____

3. Para calcular o produto de um número decimal por um número natural, basta observar as regularidades, descobrir um padrão e, então, tudo fica mais fácil!

Veja como Flávia e Emílio calculam o produto $4 \times 3{,}12$:

EU PREFIRO FAZER UMA ADIÇÃO!

$$3{,}12 + 3{,}12 + 3{,}12 + 3{,}12 = 12{,}48$$

EU VOU DECOMPOR O NÚMERO: 3,12 = 3 INTEIROS + + 1 DÉCIMO + 2 CENTÉSIMOS. AGORA, MULTIPLICO POR 4!

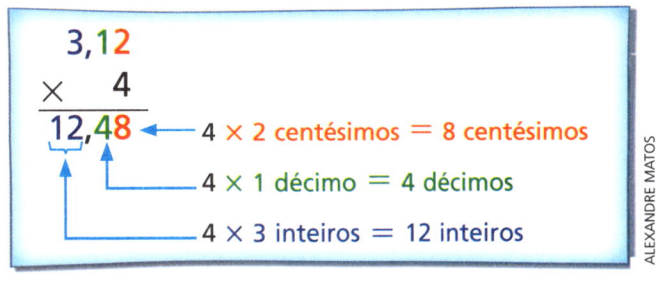

```
   3,12
 ×    4
  12,48
```
← 4 × 2 centésimos = 8 centésimos
← 4 × 1 décimo = 4 décimos
← 4 × 3 inteiros = 12 inteiros

O cálculo que eles fizeram justifica o padrão:

```
   3,12   → duas casas decimais
 ×    4
  12,48   → duas casas decimais
```

213

• Calcule os produtos, observando o número de casas decimais de um dos fatores.

a) 3 × 3,05 = _____

b) 2 × 5,03 = _____

c) 4 × 12,6 = _____

d) 5 × 7,23 = _____

4. Carlos é muito bom no salto em distância. A cada salto, Carlos avança 1,8 metro! Carlos deu 3 saltos. Que distância ele atingiu desde o ponto de partida? Calcule de dois modos diferentes.

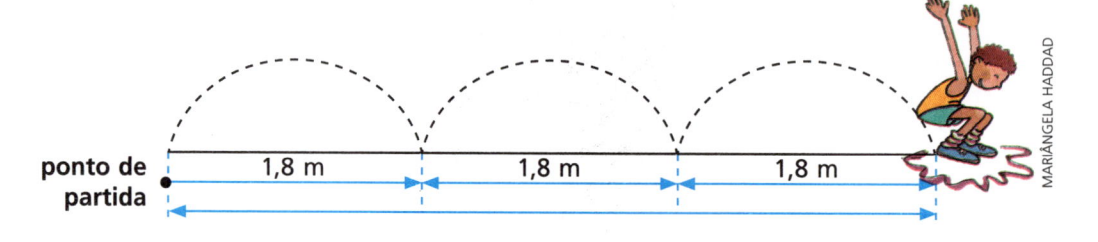

ponto de partida — 1,8 m — 1,8 m — 1,8 m

5. Para comemorar o seu aniversário, Gilda fez sanduíches e um bolo. Veja ao lado quanto ela pagou pelo pão. Você acha que R$ 10,00 são suficientes para comprar três pães de forma? Se não são suficientes, quanto falta?

VOU PRECISAR DE TRÊS PÃES DE FORMA.

R$ 3,85

6. Marcos foi comprar tecido para forrar o sofá e encontrou na loja uma promoção muito interessante. A cor da etiqueta indica o preço por metro do tecido. Veja.

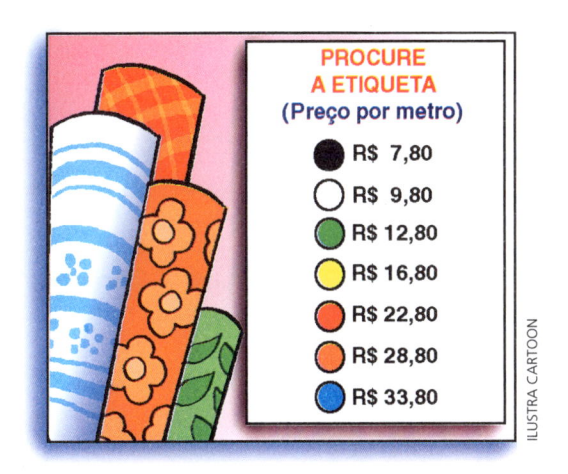

PROCURE A ETIQUETA
(Preço por metro)
● R$ 7,80
○ R$ 9,80
● R$ 12,80
● R$ 16,80
● R$ 22,80
● R$ 28,80
● R$ 33,80

a) Se ele comprar 5 metros de um tecido cuja etiqueta é amarela, quanto vai gastar?

_____

b) Comprando 5 metros de um tecido com etiqueta vermelha, quanto ele vai gastar?

_____

INVESTIGANDO PADRÕES E REGULARIDADES

Faça a multiplicação e tenha uma surpresa.

a) Pressione as teclas na sequência indicada e veja o que acontece.

$6 \times 0 . 5 = \boxed{}$

UÉ! MULTIPLIQUEI E DIMINUIU?

Vamos entender esse produto por meio de figuras.

Vamos indicar o inteiro por (1,0) e a metade por (0,5). Veja:

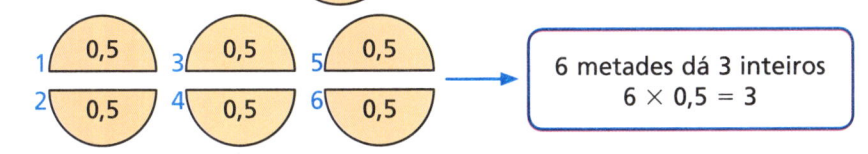

1 (0,5) 3 (0,5) 5 (0,5)
2 (0,5) 4 (0,5) 6 (0,5)   → 6 metades dá 3 inteiros
                               $6 \times 0,5 = 3$

b) Pressione esta outra sequência de teclas e veja o resultado.

$8 \times 0 . 5 = \boxed{}$

• Agora que você já sabe o resultado de $8 \times 0,5$, faça desenhos para mostrar como chegar ao produto de 8 por 0,5.

DIVISÃO

1. Veja como Marilda divide igualmente 21 reais entre quatro pessoas.

SÃO DUAS NOTAS DE 10 REAIS E UMA MOEDA DE 1 REAL.

PRIMEIRO, VOU TER DE TROCAR AS NOTAS DE 10 REAIS POR NOTAS DE 5 REAIS.

ASSIM, POSSO DAR UMA NOTA DE 5 REAIS PARA CADA PESSOA. EM SEGUIDA, PARA DIVIDIR A MOEDA DE 1 REAL ENTRE AS QUATRO PESSOAS, VOU TROCÁ-LA POR MOEDAS DE 25 CENTAVOS.

AGORA, ENTREGO UMA MOEDA DE 25 CENTAVOS PARA CADA PESSOA. CADA UMA FICARÁ COM 5 REAIS E 25 CENTAVOS. PARA ESCREVER ESSA QUANTIA USANDO VÍRGULA, FAZEMOS DA SEGUINTE FORMA.

5 REAIS É A PARTE INTEIRA, POR ISSO DEVEMOS ESCREVER O 5 ANTES DA VÍRGULA.

R$ 5,00

25 CENTAVOS É A PARTE DECIMAL, POR ISSO DEVEMOS ESCREVER 25 DEPOIS DA VÍRGULA.

R$ 5,25

ASSIM, CADA UMA DAS QUATRO PESSOAS RECEBERÁ 5 REAIS E 25 CENTAVOS.

Agora, você!

a) Divida 45 reais entre 6 pessoas.

b) 22 reais entre 4 pessoas.

2. Theo comprou uma bicicleta usada e vai pagar em duas vezes sem acréscimo.
De quanto será cada pagamento? Veja como Theo calcula.

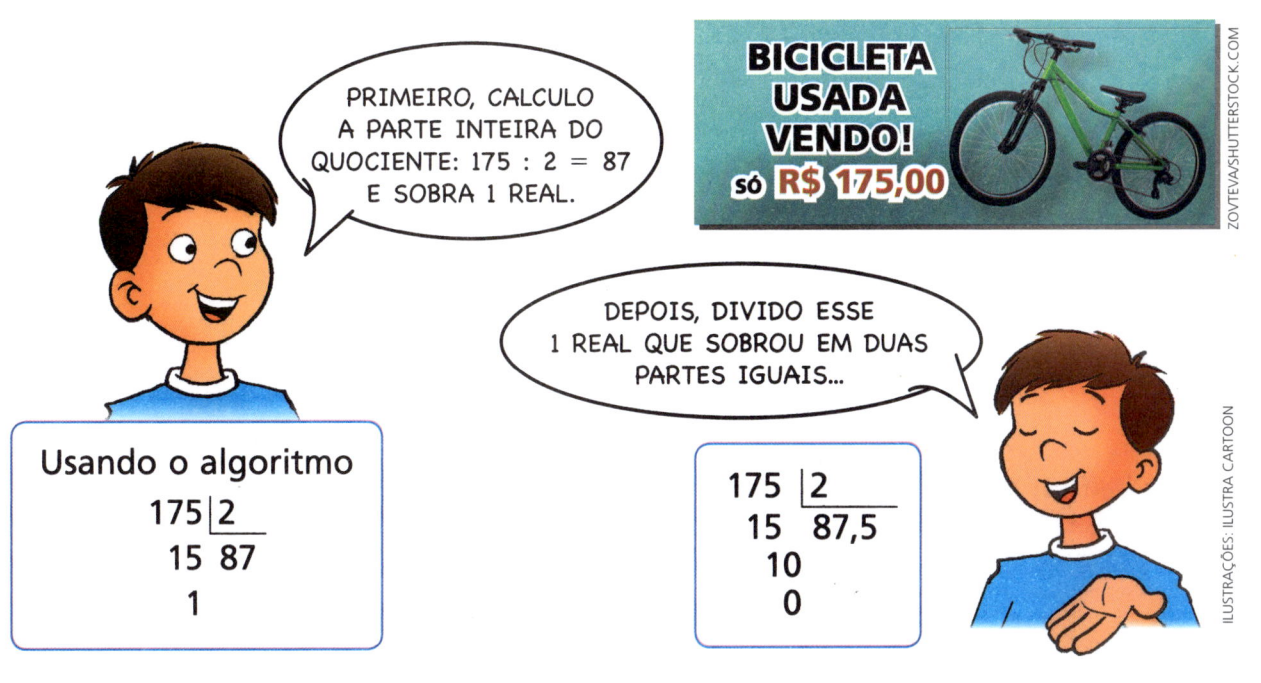

LEMBRE-SE DE QUE 87,5 = 87,50.

PRIMEIRO, CALCULO A PARTE INTEIRA DO QUOCIENTE: 175 : 2 = 87 E SOBRA 1 REAL.

DEPOIS, DIVIDO ESSE 1 REAL QUE SOBROU EM DUAS PARTES IGUAIS...

Usando o algoritmo

175 | 2
15   87
 1

175 | 2
 15   87,5
 10
  0

Portanto, Theo vai efetuar dois pagamentos de 87 reais e 50 centavos ou R$ 87,50 cada um.

• Agora, calcule os quocientes decimais.

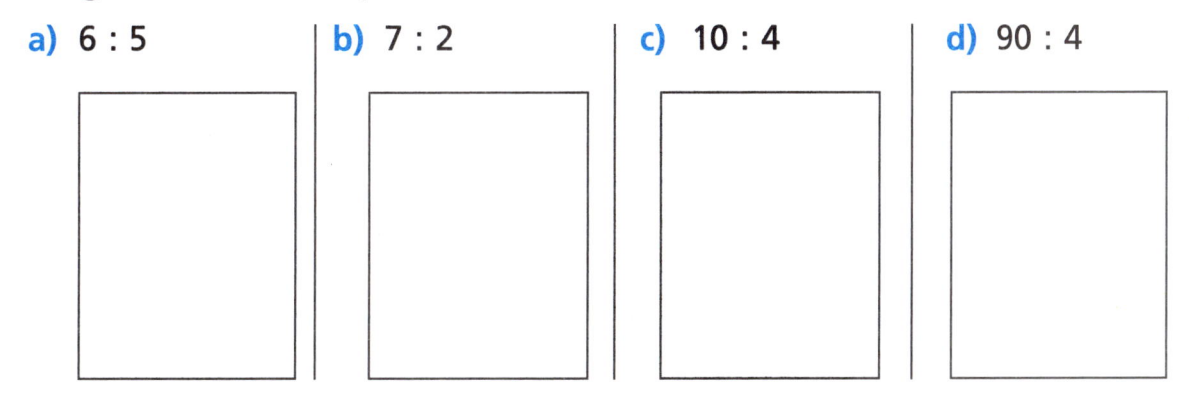

a) 6 : 5

b) 7 : 2

c) 10 : 4

d) 90 : 4

3. No mercado, fiquei em dúvida: a garrafa com 1 500 mℓ (1 litro e meio) de água custava R$ 2,10, e a garrafa com 500 mℓ (meio litro) custava R$ 0,80.
Em qual das duas opções o preço da água compensa mais?

4. Fernanda comprou um celular. Como o preço à vista era o mesmo que o preço a prazo, optou pelo pagamento em 6 prestações iguais. De quanto foi cada prestação?

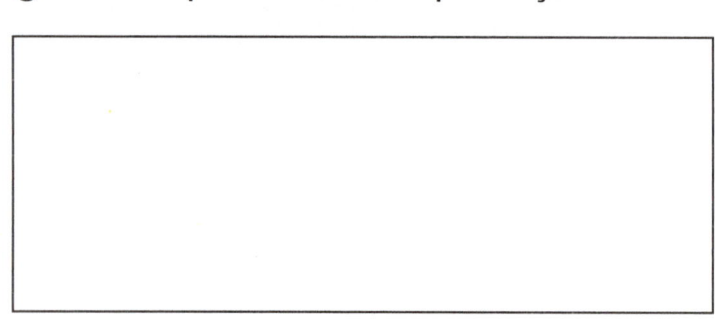

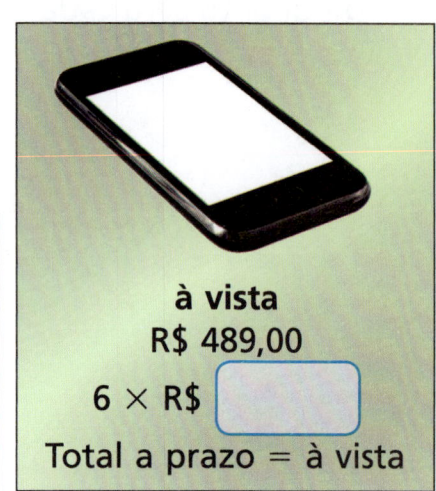

à vista
R$ 489,00
6 × R$ _____
Total a prazo = à vista

5. Você sabia que multiplicar por 10 e dividir por 10 são operações inversas? Observe os cálculos indicados pelas setas no item **a**. Depois, complete os outros itens.

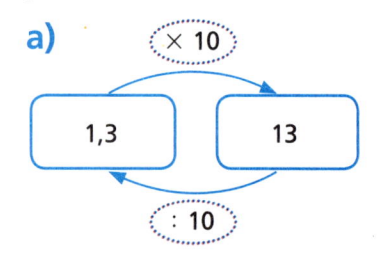

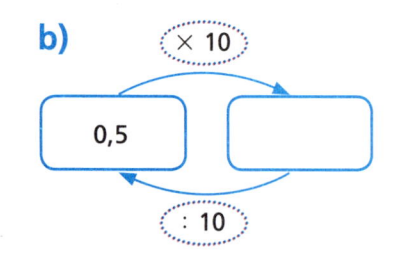

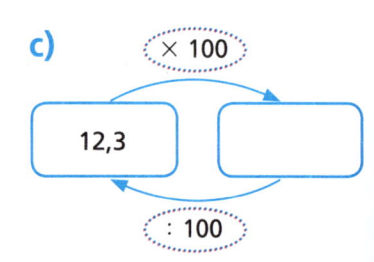

a) × 10 / : 10
1,3 → 13

b) × 10 / : 10
0,5 → ____

c) × 100 / : 100
12,3 → ____

FAZENDO ESTIMATIVAS

Estime se:

a) o resultado de R$ 8,50 : 2 é maior ou menor que R$ 4,00; _____

b) o resultado de R$ 49,90 : 5 é maior ou menor R$ 10,00. _____

6. INVESTIGANDO COM A CALCULADORA.

Use uma calculadora para realizar estes cálculos:

a) ON 1 ÷ 2 = ☐

b) ON 1 ÷ 4 = ☐

c) ON 1 ÷ 5 = ☐

7. VAMOS BRINCAR COM PERCURSOS?

O labirinto abaixo está representado em três dimensões (3D).
O caminho para entrar e sair do labirinto está representado no esquema que você vê ao lado dele.

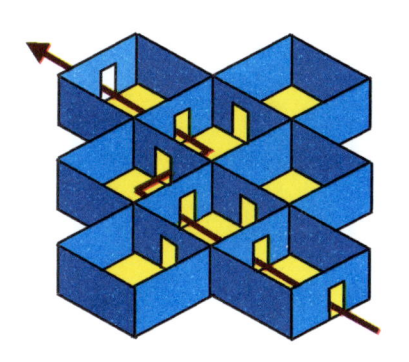

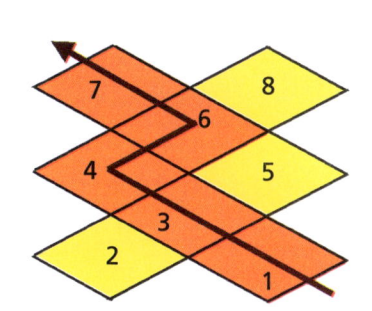

Para realizar esse percurso, deve-se passar pelas casas 1, 3, 4, 6 e 7, nessa ordem.
No caminho traçado observam-se duas mudanças de direção.

a) Agora é com você!
- Trace o caminho para entrar e sair deste labirinto.
- Contorne os números das casas pelas quais você passou ao traçar o percurso.

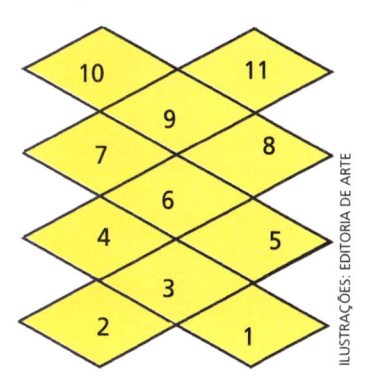

b) Quantas mudanças de direção você observa no traçado desse percurso? _____

PORCENTAGENS

Você já conhece o símbolo **%**. Ele indica um número dividido por cem e lê-se **por cento**. Porcentagens aparecem em muitas situações do dia a dia. Observe um exemplo:

- Você sabia que 10% do "peso" da criança é o máximo que a mochila dela pode pesar? O excesso de "peso" pode causar lesões e deformidades na coluna das crianças.

Por exemplo, se uma criança "pesar" 30 kg, o "peso" máximo da mochila dela deverá ser 3 kg, pois 10% = 0,1 e 0,1 × 30 kg = 3 kg.

$$10\% \text{ é o mesmo que } \frac{10}{100} \text{ ou } 0,1$$

1. Veja como Carlos e Lígia calculam 10% de uma quantidade.

COMO 10% = $\frac{10}{100}$ = 0,1, EU MULTIPLICO POR 0,1.

COMO 10% = $\frac{10}{100}$ = $\frac{1}{10}$, EU DIVIDO POR 10.

Calcule da maneira que preferir:

a) 10% de R$ 200,00. _____

b) 10% de 30 quilogramas. _____

c) 10% de 150 metros. _____

d) 10% de 5 quilômetros. _____

2. Complete o quadro com as representações que faltam.

Porcentagem	10%	20%	30%		50%			80%		100%
Fração	$\frac{10}{100}$		$\frac{30}{100}$	$\frac{40}{100}$			$\frac{70}{100}$			$\frac{100}{100}$
Número decimal	0,1	0,2		0,4		0,6				1

TRABALHANDO COM O CÁLCULO MENTAL

a) Como calcular 50% de R$ 300,00? Complete os cálculos.

EU DIVIDO POR 2.

300 : 2 = _____

É O MESMO QUE CALCULAR A METADE.

• 50% de R$ 300,00 = _____

b) Para calcular 25% de R$ 400,00?

EU DIVIDO POR 4.

400 : 2 = 200 E

200 : 2 = _____

400 : 4 = _____

EU CALCULO A METADE DA METADE.

• 25% de R$ 400,00 = _____

3. Em uma turma do 5º ano, 75% eram meninas e 25% eram meninos.

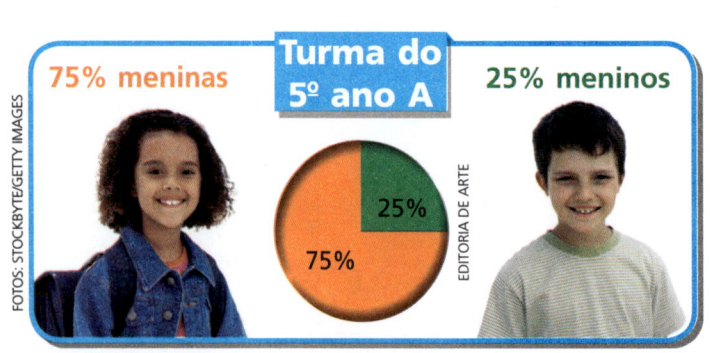

75% meninas — Turma do 5º ano A — 25% meninos

75% + 25% = 100%

a) Escreva 75% e 25% na forma fracionária e na forma decimal.

b) Nessa turma do 5º ano há 36 alunos. Complete o esquema com a quantidade de alunos que corresponde a cada porcentagem.

100%			
50%		50%	
25%	25%	25%	25%
75%			25%

36 alunos			
18 alunos			
9 alunos			

4. Veja no quadro os percentuais de cacau que uma doceira utiliza para fazer diferentes tipos de chocolate.

Percentual de cacau	Característica
30% (ao leite)	É o mais doce e o mais consumido.
50% (meio amargo)	Apresenta pouco açúcar.
60% (amargo)	Apresenta acentuado gosto de cacau
80% (alta concentração)	Apresenta sabor semelhante ao do café.

Escreva os percentuais na forma de fração e de número decimal.

a) $30\% = \dfrac{30}{100} = \dfrac{3}{10} = 0{,}3$

b) 50% =

c) 60% =

d) 80% =

5. Qual é a cédula que representa:

a) 50% de 100 reais? _____

b) 25% de 20 reais? _____

6. Cada um dos irmãos, Rita e Robson, tinha uma dívida de R$ 1000,00. Rita aproveitou o desconto e pagou antecipado. Robson não conseguiu pagar na data de vencimento e atrasou o pagamento. Calcule o valor que cada um pagou.

> EU PAGUEI COM 10% DE MULTA.

> EU PAGUEI COM 10% DE DESCONTO.

TRABALHANDO COM O CÁLCULO MENTAL

a) Complete o esquema com a quantia em reais que corresponde a cada porcentagem.

100%					1000 reais			
50%		50%			500 reais			
25%	25%	25%	25%		250 reais			
75%			25%					

b) Cleber ganhou um prêmio de 10 000 reais. Ele ficou com 50% e deu 25% para cada um dos pais. Com quantos reais cada um ficou?

TRATANDO A INFORMAÇÃO

Você sabia que **apenas 18%** dos municípios brasileiros **operam com coleta seletiva de lixo**?

Veja, no gráfico, **a distribuição desses municípios por região**. A porcentagem de **municípios relativos à região Sudeste (41%)** aparece localizada no gráfico em cor **verde**.

Fonte de pesquisa: RADIOGRAFANDO a Coleta Seletiva. **Cempre**. Disponível em: <http://cempre.org.br/ciclosoft/id/8>. Acesso em: 5 out. 2017.

Fontes: RADIOGRAFANDO a coleta seletiva. **Cempre**. Disponível em: <http://cempre.org.br/ciclosoft/id/8>; Bruno Calixto. 85% dos brasileiros não têm acesso à coleta seletiva, mostra estudo. **Época**, 16 jun. 2016. Disponível em: <http://epoca.globo.com/colunas-e-blogs/blog-do-planeta/noticia/2016/06/85-dos-brasileiros-nao-tem-acesso-coleta-seletiva-mostra-estudo.html>. Acessos em: 15 set. 2017.

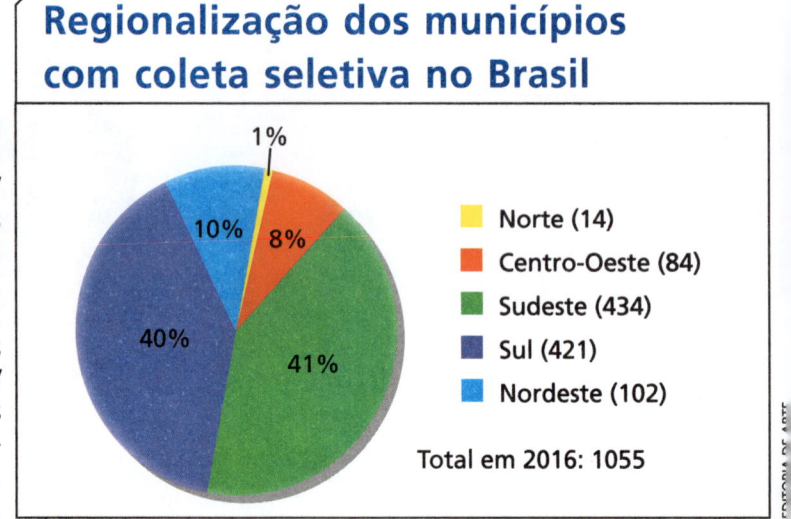

Regionalização dos municípios com coleta seletiva no Brasil

- Norte (14) — 1%
- Centro-Oeste (84) — 8%
- Sudeste (434) — 41%
- Sul (421) — 40%
- Nordeste (102) — 10%

Total em 2016: 1055

a) Que cor das **partes do gráfico** indica:

- os 40% que **representam os municípios da região Sul**? _____
- os 10% que **representam os municípios da região Nordeste**? _____

b) Os 8% que representam os municípios da região Centro-Oeste estão representados em cor vermelha. Quantos por cento representam a região Norte?
Com que cor **essa região aparece representada no gráfico**?

_____

c) Analisando as **porcentagens do gráfico, o que você pode concluir** sobre a **coleta seletiva no Brasil**?

7. DIVIRTA-SE!

Destaque os cartões do **Jogo da memória** da página 283. Convide dois ou três colegas **para jogar**.

7. INVESTIGANDO COM A CALCULADORA

a) Faça os três cálculos a seguir e escreva no visor os resultados obtidos.

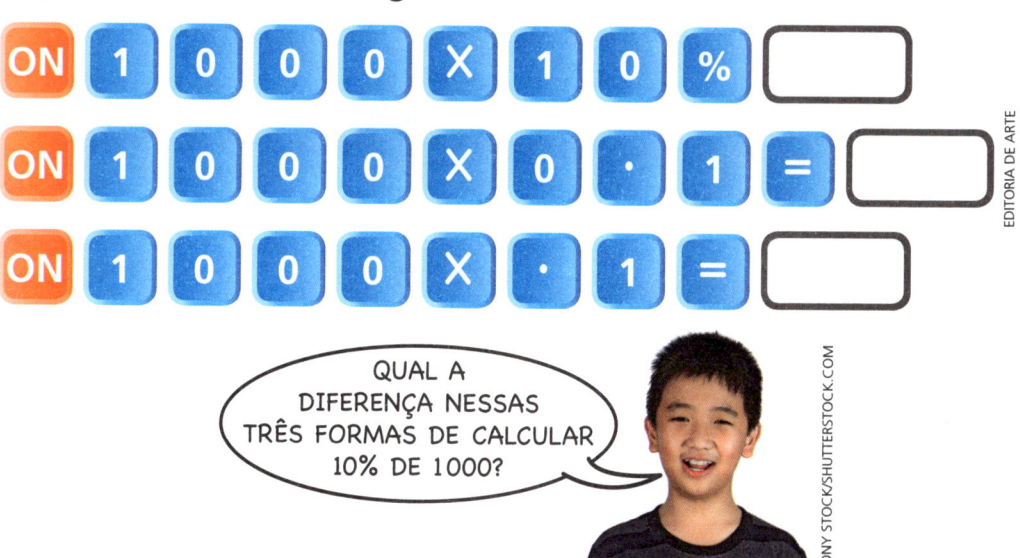

`ON` `1` `0` `0` `0` `X` `1` `0` `%` ☐

`ON` `1` `0` `0` `0` `X` `0` `.` `1` `=` ☐

`ON` `1` `0` `0` `0` `X` `.` `1` `=` ☐

"QUAL A DIFERENÇA NESSAS TRÊS FORMAS DE CALCULAR 10% DE 1000?"

Qual das três formas você prefere?

b) Escolha uma dessas maneiras para calcular:

- 50% de 1 000 = ☐
- 75% de 1 000 = ☐
- 25% de 1 000 = ☐

c) Compare suas escolhas com as de um colega.

PRODUÇÃO

◣ OFICINA DE PROBLEMAS COM %

Com seus colegas de grupo, recortem de panfletos, de jornais e revistas propagandas com promoções que apresentam descontos em porcentagens.

Você também pode pedir a um adulto que o ajude a pesquisar promoções na internet.

Com o material obtido, elaborem 5 problemas que envolvam o cálculo de porcentagens.

Depois, entreguem os problemas para a professora. Ela sorteará os problemas para serem resolvidos por toda a turma.

Sala de aula na tribo Guarani Mbyá em São Paulo - SP. Foto de 2012.

FIQUE SABENDO

Publicações, como jornais e revistas, muitas vezes apresentam números inteiros escritos com vírgula.

VOCÊ DEVE ESTAR PENSANDO: "POR QUE USAR A VÍRGULA?".

BOA PERGUNTA! A RESPOSTA É: PARA SIMPLIFICAR A LEITURA.

Veja um exemplo:

O censo de 2010 apontou: a população do Brasil em 2010 era de aproximadamente 190,7 milhões de habitantes.

Fonte de pesquisa: PROJEÇÃO da população brasileira. **IBGE**. Disponível em: <http://www.ibge.gov.br/apps/populacao/projecao/>. Acesso em: 15 set. 2017.

O número 190,7 milhões pode também ser escrito assim:

190 700 000

milhão   milhar   unidades

Como se lê esse número? Assim: cento e noventa milhões e setecentos mil.

Rua 25 de Março, centro de São Paulo. Foto de 2012.

No *site* do IBGE, disponível em <http://ftd.li/ag86z4>, é possível acessar um contador automático que atualiza o número de habitantes do Brasil a cada 20 segundos.

Com o auxílio de um adulto, acesse o *site* indicado.

Não se esqueça de registrar o dia e o horário em que fez o acesso.

Dia: _____/_____/_____   Horário: _____/_____/_____

Registre o total de habitantes informado para o Brasil:

a) sem usar vírgula.

_____

b) usando vírgula.

_____

QUAL É A CHANCE?

O grupo de Felipe está investigando todas as somas de pontos possíveis que podem ser obtidas ao lançar dois dados.

Eles já anotaram algumas no quadro a seguir.

Dado 2 \ Dado 1	1	2	3	4	5	6
1	2	3	4	5	6	7
2						
3						
4						
5						
6						

a) Termine de preencher o quadro com todas as combinações possíveis que podem ser obtidas ao se lançar dois dados.

b) Quantas são as combinações possíveis de se obter ao lançar os dois dados?

_____

c) Qual soma é mais provável de sair ao se lançar dois dados?

_____

d) Qual soma é menos provável de sair ao se lançar dois dados?

_____

SÓ PARA LEMBRAR

1 O professor de Educação Física mediu o comprimento e a largura do pátio e encontrou 95 pés e meio de comprimento e 48 pés e meio de largura. Se o pé do professor mede 26 centímetros, calcule:

a) o comprimento e a largura do pátio em centímetros e em metros.

b) o perímetro do pátio em centímetros e em metros.

2 As crianças da escola de Carla vão ao zoológico. Para transportá-las, serão alugadas algumas *vans* escolares. São 70 alunos no total, e em cada *van* só cabem 12. Quantos veículos serão alugados?

NÃO PODEM SOBRAR ALUNOS SEM IR AO PASSEIO!

3 Comprei uma embalagem que deveria conter 600 mililitros de suco. Nela, havia uma etiqueta como a que você vê ao lado. Quantos mililitros de suco continha essa embalagem?

LEVE 20% a mais.

4 Ligue cada consumidor ao produto que comprou.

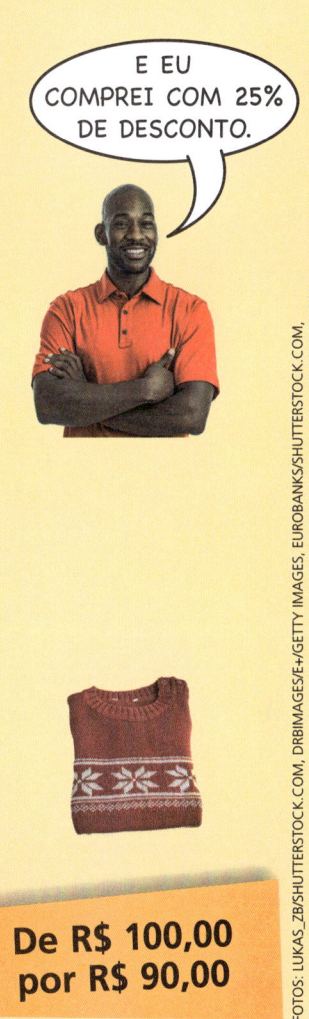

EU COMPREI COM 10% DE DESCONTO.

EU COMPREI COM 50% DE DESCONTO.

E EU COMPREI COM 25% DE DESCONTO.

De R$ 100,00 por R$ 75,00

De R$ 100,00 por R$ 50,00

De R$ 100,00 por R$ 90,00

QUAL É A SUA OPINIÃO?

Geralmente, depois das festas de final de ano, também, no fim do verão e do inverno, muitas lojas colocam as mercadorias em promoção para liquidar o estoque e abrir espaço para a chegada de novas coleções.

Nesses períodos, as porcentagens de desconto ficam estampadas nas vitrines das lojas. Entretanto, muitas pessoas acabam comprando por impulso, sem necessidade, motivadas pela sensação de estarem levando vantagem. Por outro lado, consumidores mais conscientes esperam essas épocas para comprar o que necessitam por preços mais acessíveis.

O que você acha do comportamento desses dois tipos de consumidores? Troque ideias com seu grupo.

UNIDADE 8
ESPAÇO E FORMA

A turma visitou uma exposição de fotos sobre a Geometria na Arte de povos indígenas do Brasil e de povos africanos.

Que tal participar também desta exposição? Leia as informações de cada foto.

Decoração nas construções do Povo Ndebele, África do Sul e Zimbábue.

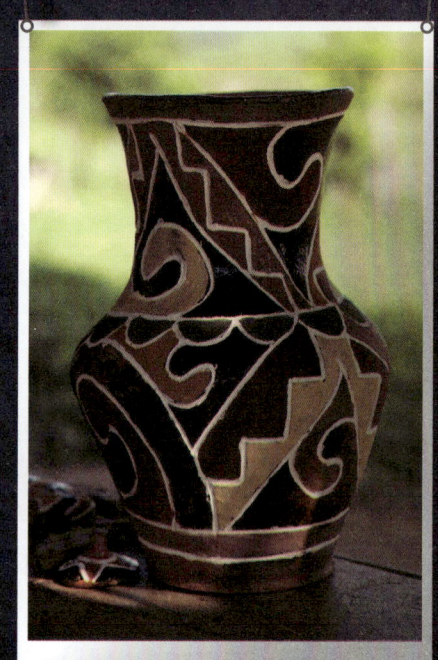

Cerâmica do povo indígena Kadiwéu, que vive em Mato Grosso do Sul.

Cestos trançados em cipó pelas mulheres Yanomami, da região amazônica.

Colares característicos das mulheres Samburu, que vivem no Quênia, África.

NESTA UNIDADE VAMOS EXPLORAR:
- Segmentos de reta
- Retas paralelas e retas concorrentes
- Ângulos
- Giros e ângulos
- Medindo ângulos
- Ângulo agudo e ângulo obtuso
- Retas paralelas e retas perpendiculares
- Polígonos
- Triângulos
- Quadriláteros

SEGMENTOS DE RETA

O trabalho de pintura das fachadas das casas do povo Ndebele é feito à mão livre. São diferentes mosaicos nos quais é possível observar muita criatividade.

Essa arte, presente também em suas vestimentas e adornos, tem em Esther Mahlangu (1935-) sua artista mais conhecida.

Observe novamente as imagens da abertura desta Unidade e faça as atividades a seguir.

1. Em uma folha de papel sem pauta, usando sua criatividade, faça um mosaico inspirado na arte do povo Ndebele.

Esther Mahlangu criou a Fundação Ndebele, que preserva e divulga a arte de seu povo. Foto de 2016.

#FICA A DICA

Que tal acessar o *site* para saber mais sobre os ricos desenhos feitos na decoração dos muros e nas fachadas das casas do povo Ndebele? Acesse: <http://ftd.li/gp7gxq>. Acesso em: 10 set. 2017.

2. Sandra usou a régua para ligar alguns pontos de um desenho que ela fez.

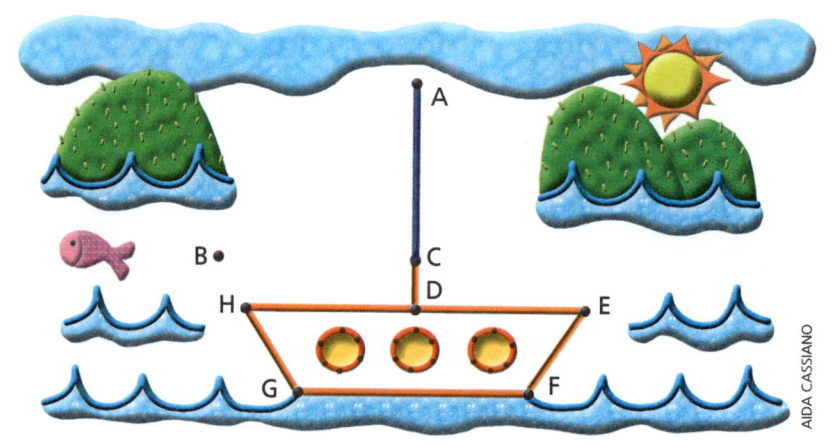

a) Use uma régua e ligue os pontos **A** com **B** e **B** com **C**.
b) Pinte a vela do barco.

FIQUE SABENDO

Ao ligar os pontos usando a régua, traça-se o caminho mais curto entre dois pontos: **segmento de reta**.

Ao ligar os pontos **A** e **C**, Sandra traçou o segmento $\overline{AC}$. Os pontos **A** e **C** são as **extremidades** desse segmento.

Ao ligar os pontos **A** e **B**, você traçou o segmento $\overline{AB}$, cujas extremidades são os pontos **A** e **B**. Ao ligar os pontos **B** e **C**, que segmento você obteve? _____

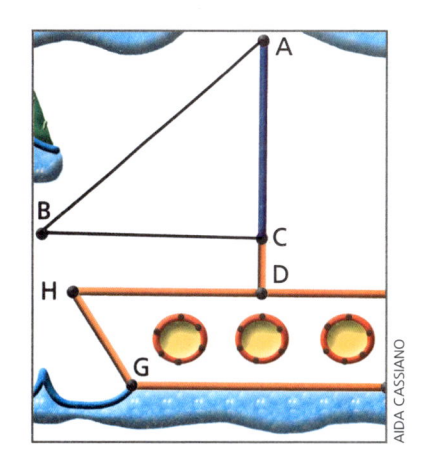

3. Em uma malha quadriculada, Emílio marcou os pontos A, B, C, D, E, F, G e H. Depois, com segmentos de reta, ele uniu alguns desses pontos. Quantos segmentos de reta Emílio traçou? _____

- O que esse desenho lembra?

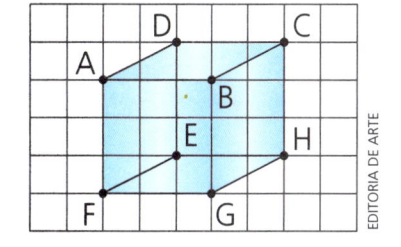

  _____

- Com o auxílio da régua, trace os segmentos $\overline{AB}$, $\overline{BC}$, $\overline{CD}$, $\overline{DE}$, $\overline{EF}$. Depois, pinte o interior da figura que você obteve. O que essa figura lembra? _____

4. Observe as figuras abaixo e diga quantos segmentos de reta foram usados para desenhar o contorno de cada uma delas.

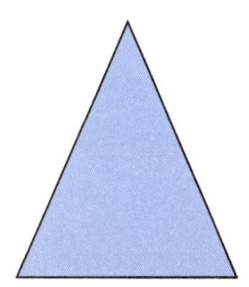

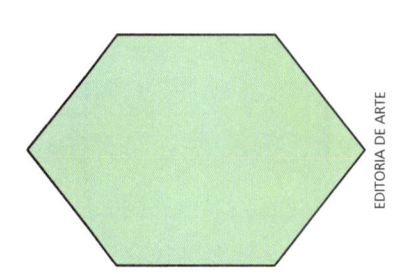

_____   _____   _____

233

5. Com a régua, meça o comprimento, em centímetros, de cada segmento de reta representado.

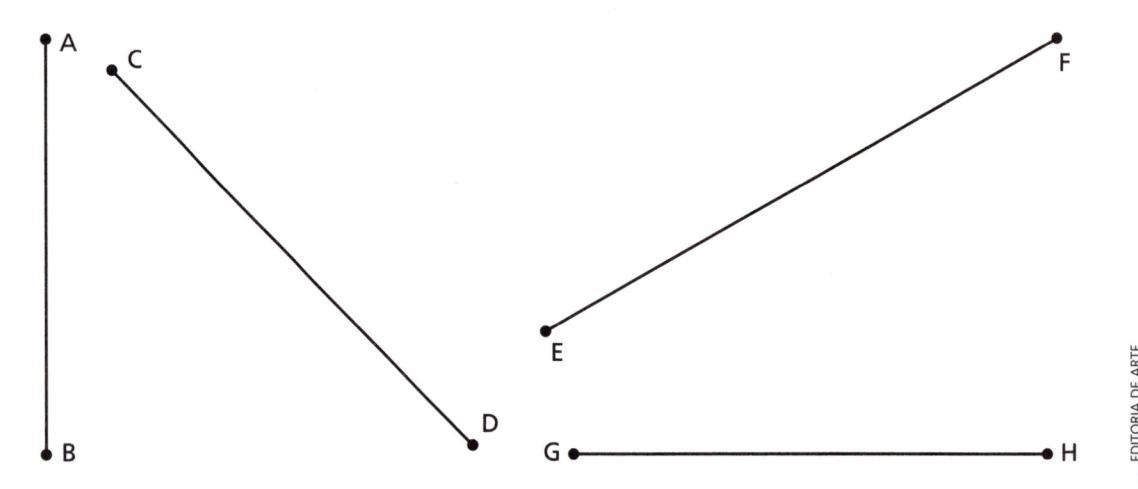

6. Use a régua e trace um segmento de reta com 12,5 cm.

FAZENDO ESTIMATIVAS

Apenas olhando, você é capaz de dizer qual dos percursos é maior: o de A até B ou de A até C?

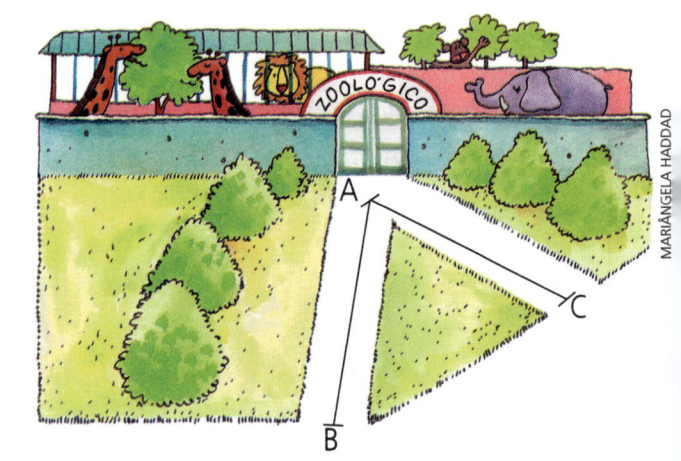

7. Agora, meça os segmentos com uma régua.

a) $\overline{AB}$ _____

b) $\overline{AC}$ _____

RETAS PARALELAS E RETAS CONCORRENTES

Veja algumas situações que nos dão a ideia de retas paralelas.

Retas paralelas mantêm entre si a mesma distância e não têm ponto em comum.

As raias dessa piscina.

As barras verticais dessa grade.

Os trilhos dessa malha férrea.

1. Veja agora como podemos traçar paralelas usando régua e esquadro.

a) Trace uma reta usando a régua.

b) Posicione o esquadro sobre a reta que você traçou, conforme mostra a **ilustração 1**.

c) Agora, posicione a régua: ela vai funcionar como um "trilho".

d) Escorregue o esquadro apoiado na régua e trace a paralela à reta inicialmente traçada, conforme a **ilustração 2**.

- Use régua e esquadro e trace paralelas.

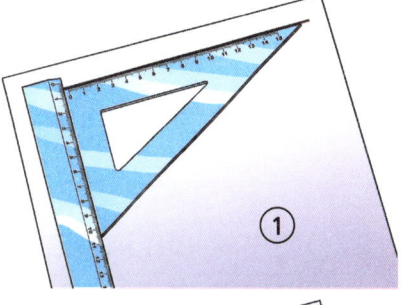

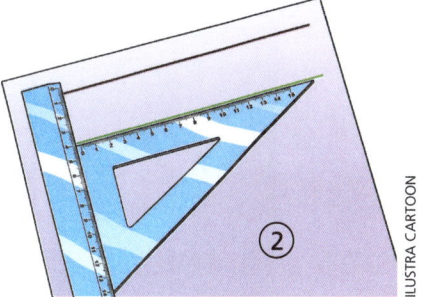

235

2. VAMOS BRINCAR COM PERCURSOS?

Observe este Guia de ruas. Depois, complete as frases usando a palavra **paralela** ou **concorrente**.

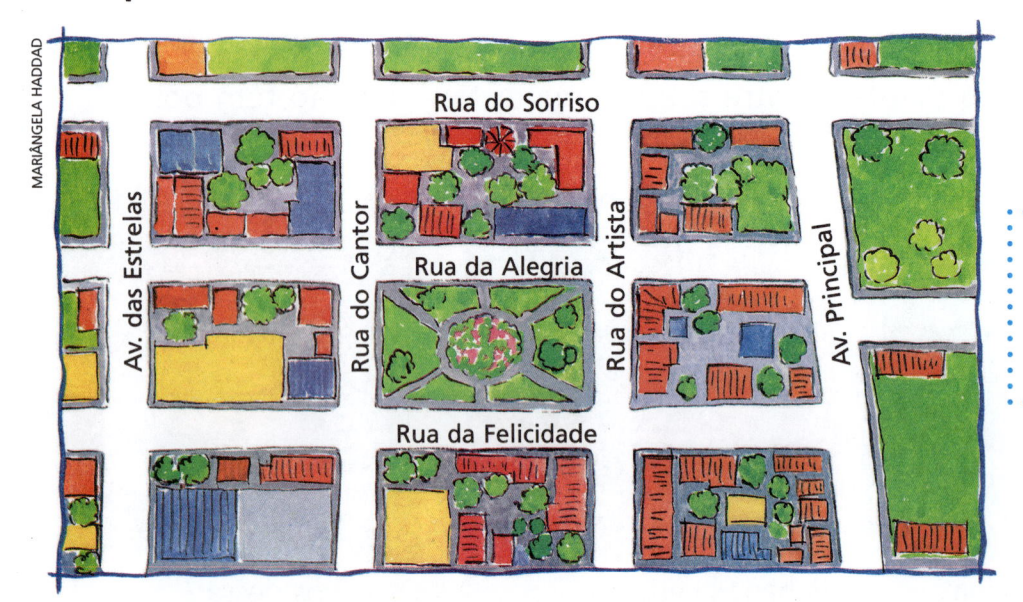

> RETAS QUE SE CRUZAM SÃO CHAMADAS **RETAS CONCORRENTES**.

a) A Rua da Alegria é _____ à Rua da Felicidade.

b) A Rua do Sorriso é _____ à Avenida Principal.

c) A Avenida das Estrelas é _____ à Rua do Sorriso

e _____ à Rua do Cantor.

3.
O GPS é um instrumento que auxilia na localização de endereços. Observe as ruas e avenidas indicadas na tela do GPS e responda.

> GPS É UMA SIGLA QUE SIGNIFICA: *GLOBAL POSITIONING SYSTEM*. É UM SISTEMA DE RADIONAVEGAÇÃO BASEADO EM SATÉLITE.

a) As Avenidas Bem-Te-Vi e Iraí são paralelas ou concorrentes?

_____

b) Pinte, conforme a legenda:

▬ duas ruas paralelas.   ▬ duas ruas não paralelas.

ÂNGULOS

Observe, na vista superior desta praça, que Haroldo está bem no centro, de frente para a árvore.

Sem sair do lugar, ele girou até ficar de frente para o carrinho de cachorro-quente.

Ele girou novamente e, agora, está de frente para o banco.

Haroldo continuou girando e ficou de frente para o lago.

E girando mais um pouco, voltou a ficar de frente para a árvore.

Dizemos que Haroldo deu um **giro completo** ou um **giro de uma volta**.

237

1. Vamos retomar a situação inicial, em que Haroldo está de frente para a árvore.

a) Quanto Haroldo girou para ficar de frente para o banco?

_____

b) E para ficar de frente para o carrinho de cachorro-quente?

_____

c) Quanto ele girou para ficar de frente para o lago?

_____

2. VAMOS BRINCAR NA MALHA!
Veja ao lado como se pode representar na malha o giro de um quarto de volta.

$\dfrac{1}{4}$ de volta

- Agora, represente nesta malha o giro de $\dfrac{1}{8}$ de volta.

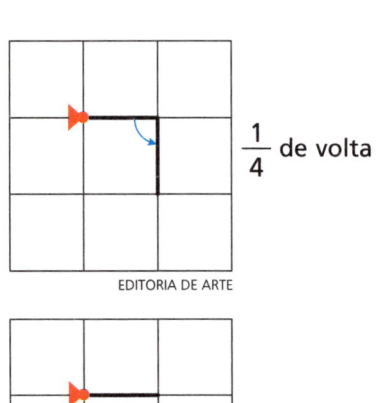

238

FIQUE SABENDO

Observando o giro do ponteiro maior de um relógio, veja como podemos ler as horas.

São 3 horas e $\frac{1}{4}$ de hora ou simplesmente 3 e $\frac{1}{4}$.

São 3 horas e $\frac{1}{2}$ hora ou 3 e meia.

São 3 horas e $\frac{3}{4}$ de hora ou 3 e $\frac{3}{4}$.

Podemos também dizer que falta $\frac{1}{4}$ para as 4.

3. No chão do pátio da escola, desenhe uma rosa dos ventos. Sugira a um aluno que fique em pé sobre ela, olhando para a direção Norte. Depois, oriente um giro e pergunte:

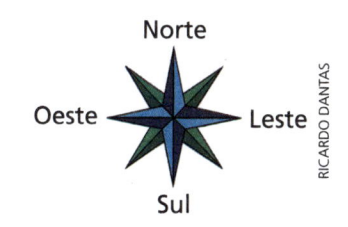

a) Gire $\frac{1}{4}$ de volta para a direita. Qual ponto cardeal está agora à sua frente? _____

b) Volte à posição inicial. Gire agora $\frac{1}{4}$ de volta para a esquerda. Qual ponto cardeal está à sua frente? _____

GIROS E ÂNGULOS

Observe as figuras.

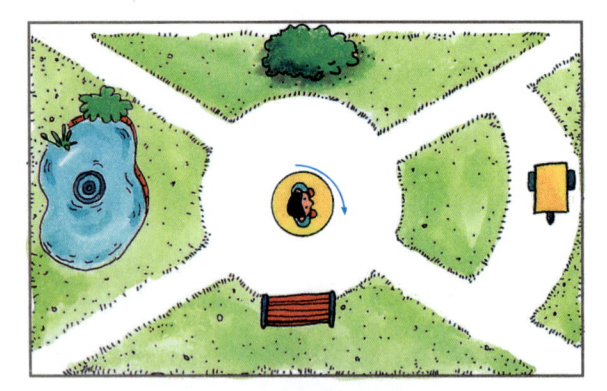

O giro dado por Haroldo corresponde a um **ângulo** de $\frac{1}{4}$ de volta.

Nesse caso, o giro dado por ele corresponde a um **ângulo** de $\frac{1}{2}$ volta.

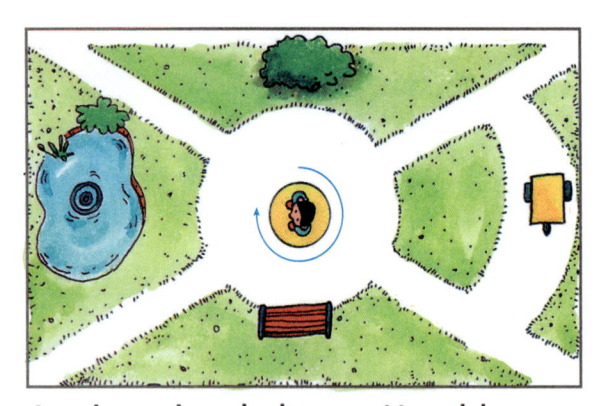

Aqui, o giro dado por Haroldo corresponde a um **ângulo** de $\frac{3}{4}$ de volta.

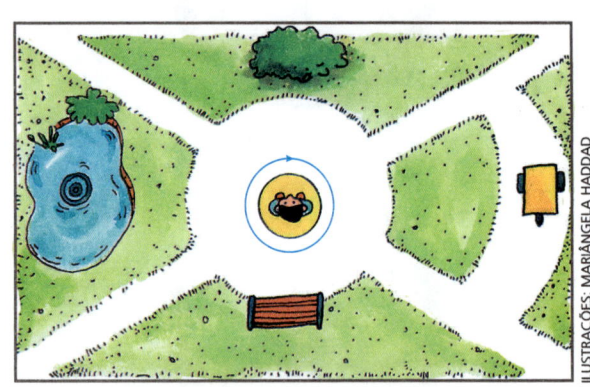

Finalmente, Haroldo deu um giro de uma volta completa.

1. Que fração da volta completa foi o giro para formar o ângulo representado em cada desenho?

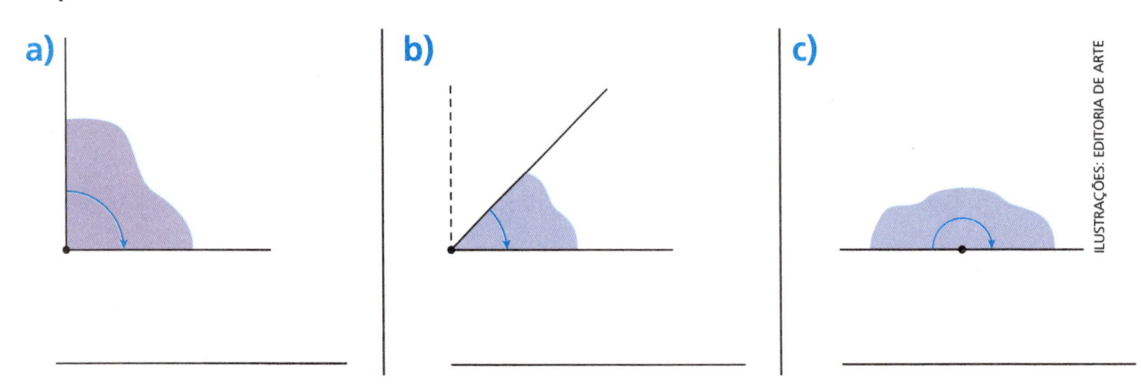

a)

b)

c)

240

2. VAMOS BRINCAR COM PERCURSOS?

O ponto de partida ▶ está assinalado em cada malha. Veja como "caminhar" na malha.

a) Andando 1 passo para a frente.

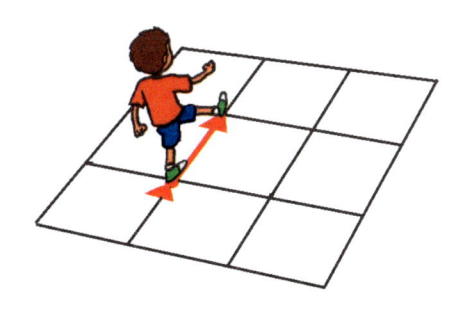

b) Girando $\frac{1}{4}$ de volta para a direita e dando 1 passo para a frente.

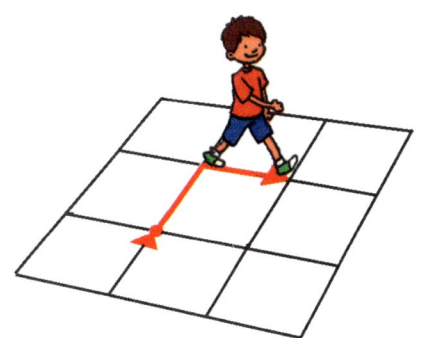

c) Girando $\frac{1}{4}$ de volta para a esquerda e dando 1 passo para a frente.

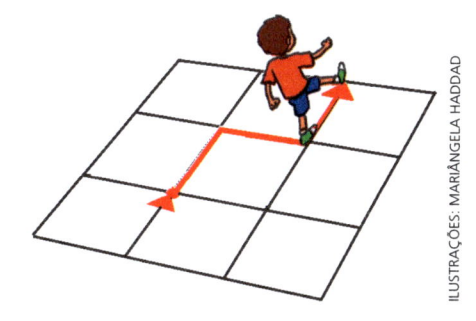

- No quadriculado abaixo, trace um caminho, obedecendo aos seguintes comandos:

   1º) Ande 3 passos para a frente.

   2º) Gire $\frac{1}{4}$ de volta para a direita.

   3º) Ande 5 passos.

   4º) Gire $\frac{1}{4}$ de volta para a esquerda.

   5º) Ande 4 passos.

   Compare o seu traçado com o de um colega e veja se vocês fizeram igual.

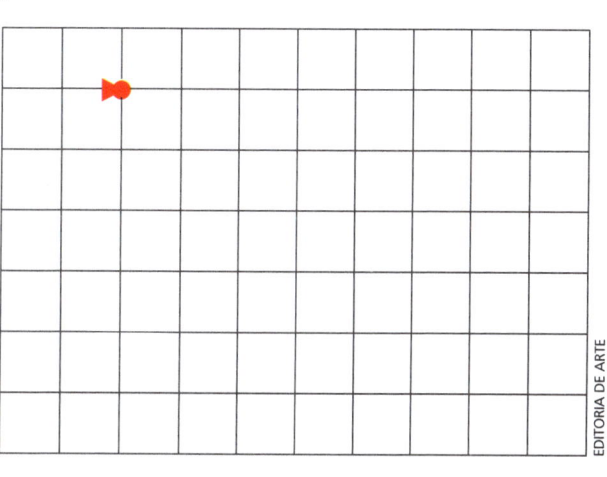

FIQUE SABENDO

O **ângulo reto** corresponde a um giro de um quarto de volta.
Veja a seguir algumas representações.

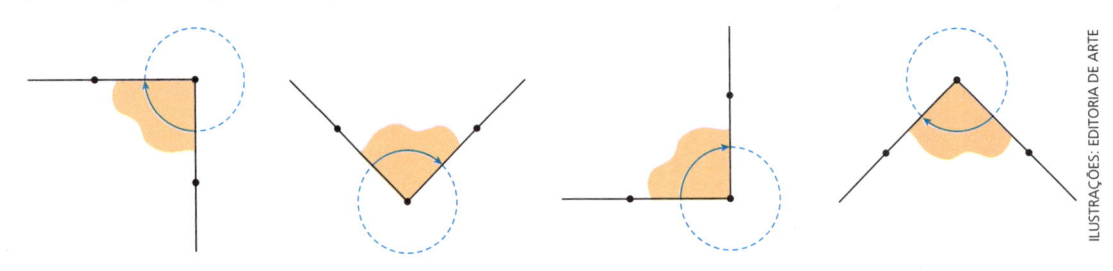

PRODUÇÃO

ÂNGULOS COM DOBRADURAS DE PAPEL

Agora, você vai construir um ângulo reto com dobradura. Para isso, destaque o primeiro círculo da página 285 e dobre-o ao meio e depois ao meio novamente, conforme indicam as figuras.

Dobre ao meio.

Dobre ao meio novamente.

Temos um ângulo de $\frac{1}{4}$ de volta, ou seja, um ângulo reto.

3. Usando o ângulo reto que você construiu, compare-o com os ângulos das figuras abaixo.

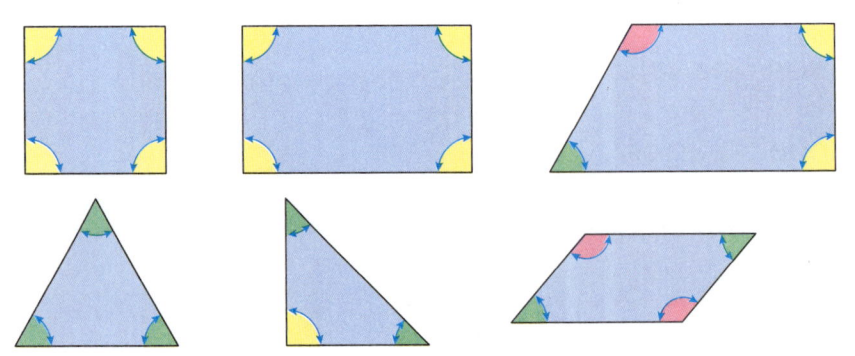

a) Qual é a cor usada para indicar os ângulos retos? _____

b) De que cor estão pintados os ângulos maiores que os retos? E os ângulos menores que os retos? _____

4. Destaque agora o outro círculo da página 285 e dobre-o conforme indicam as figuras.

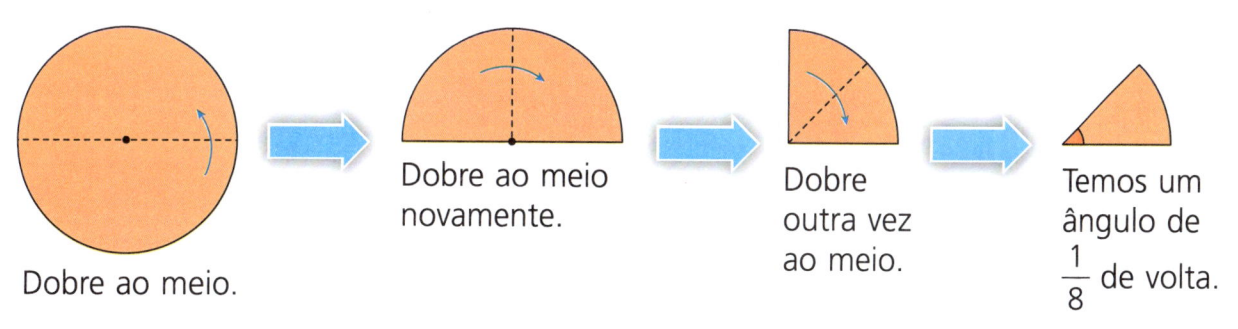

Dobre ao meio. → Dobre ao meio novamente. → Dobre outra vez ao meio. → Temos um ângulo de $\frac{1}{8}$ de volta.

- Usando o ângulo de um oitavo de volta que você construiu, compare-o com os ângulos das figuras.

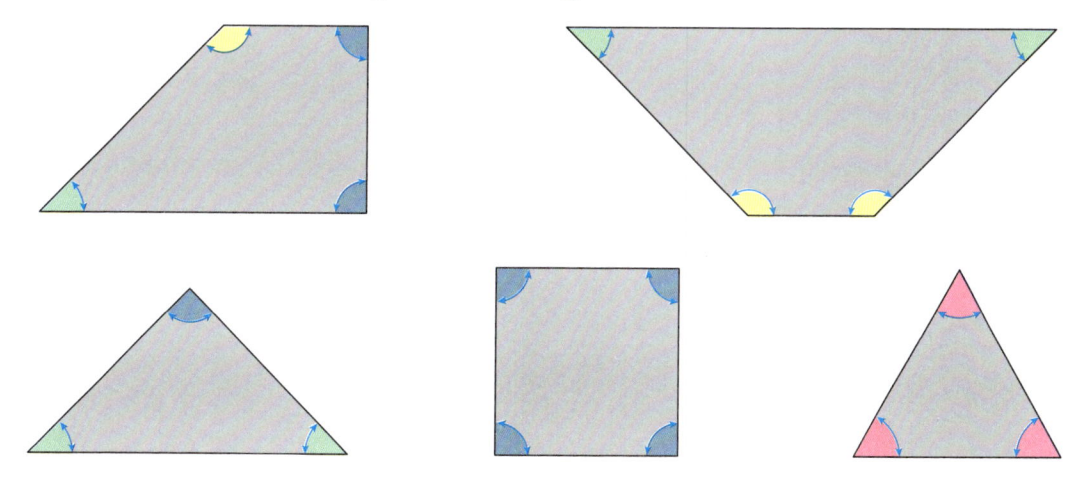

- Qual é a cor usada para indicar os ângulos que medem um oitavo de volta? _____

5. Use os ângulos de um quarto de volta e de um oitavo de volta feitos por você para medir os ângulos das peças do tangram usadas na montagem da figura do gato. Que cor indica os ângulos que medem:

a) $\frac{1}{4}$ de volta? _____ b) $\frac{1}{8}$ de volta? _____

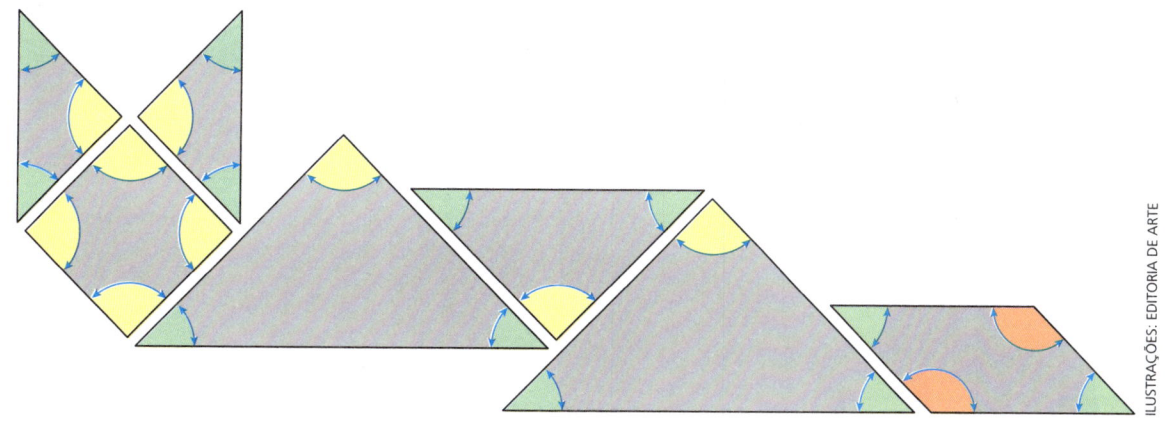

243

MEDINDO ÂNGULOS

Medimos um ângulo comparando-o com outro ângulo, que é tomado como unidade.

> **FIQUE SABENDO**
>
> Há aproximadamente 4 000 anos, existiu um povo que usava um sistema de numeração baseado em grupos de 60. Eram os babilônios. Eles eram bons astrônomos e estudavam os movimentos das estrelas e dos planetas, e faziam cálculos matemáticos fantásticos! Utilizavam a base 60 para seu sistema de numeração, provavelmente devido ao fato de que se pode dividir 60 por vários números obtendo resto zero.
>
> Provavelmente, por esse motivo, dividiram o círculo em 360 partes iguais. Cada uma dessas partes recebeu o nome de **grau**.
>
> O **grau** é a unidade mais utilizada para **medir ângulos**. Uma volta completa mede 360 graus, que indicamos por 360°.
>
> Então, $\frac{1}{360}$ de uma volta completa mede **1 grau**, ou seja, **1°**.

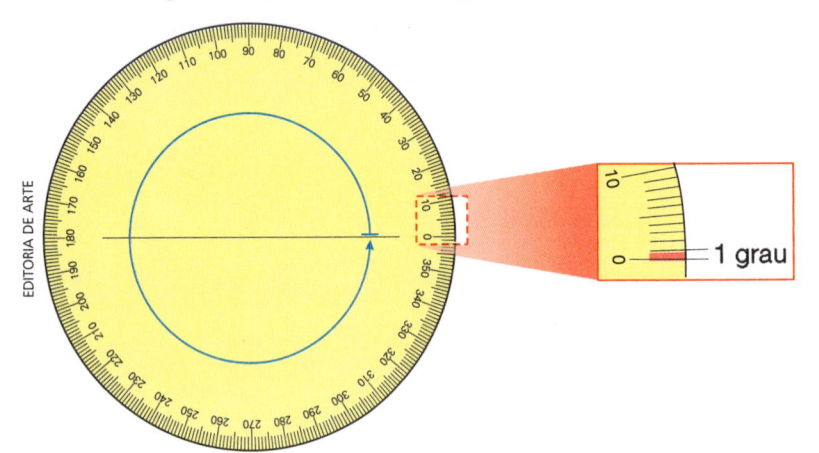

1. Por volta de 2000 a.C., os habitantes da Suméria, antiga região da baixa Mesopotâmia (atual Ásia), construíram carroças com rodas de 6 raios. Cada parte destacada na roda representa um sexto de um giro completo. Se um giro completo mede 360°, quanto mede um sexto de giro?

_____

2. Se um giro de uma volta completa tem 360°, quantos graus tem:

a) $\frac{1}{4}$ de volta? _____

b) $\frac{1}{3}$ de volta? _____

c) $\frac{1}{36}$ de volta? _____

ÂNGULO AGUDO E ÂNGULO OBTUSO

Se a medida de um ângulo for menor que a do ângulo reto, ele é chamado ângulo **agudo**.

Se a medida de um ângulo for maior que a do ângulo reto e menor que a medida do ângulo de meia-volta, ele é chamado **obtuso**.

> A medida do ângulo assinalado é menor que a do ângulo reto.
> **O ângulo é agudo.** 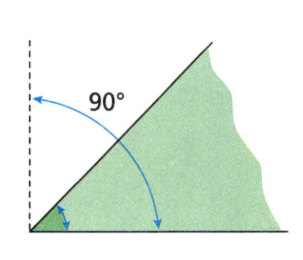
>
> A medida do ângulo assinalado é maior que a do ângulo reto e menor que a do ângulo raso.
> **O ângulo é obtuso.**

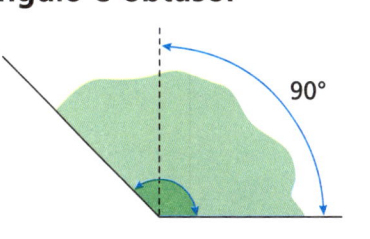

1. Classifique em reto, agudo ou obtuso os ângulos representados abaixo.

a) _____

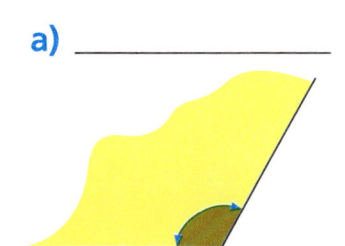

b) _____

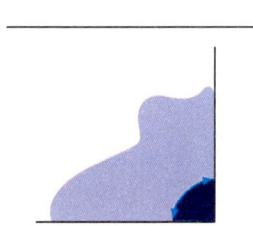

c) _____

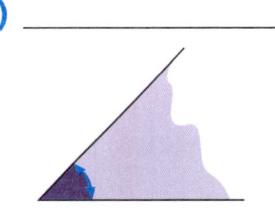

2. Você já conhece o par de esquadros? Esses instrumentos são muito úteis no traçado de figuras geométricas.

No par de esquadros ilustrado, pinte conforme o código: ■ Ângulo agudo ■ Ângulo reto

a)

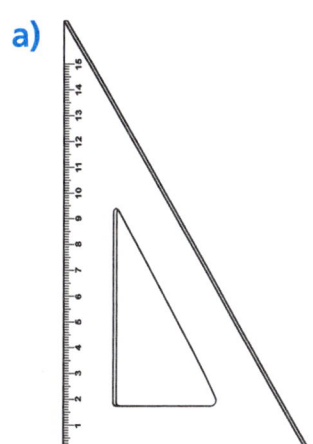

b)

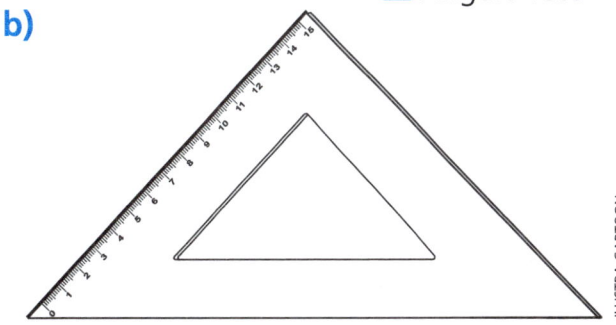

245

3. VAMOS BRINCAR COM PERCURSOS?

(Saresp-SP) Imagine que você tem um robô no formato de uma tartaruga e quer fazê-lo andar num corredor sem que ele bata nas paredes. Para fazer isso, você pode acionar 3 comandos: **avançar** (indicando o número de casas), **virar à direita** e **virar à esquerda**. Para que você acione de forma correta o comando, imagine-se dentro do robô.

Seus comandos para que o robô vá até o final deverão ser:

a) Avançar 4 casas, virar 90° à direita, avançar 3 casas, virar 90° à direita, avançar 2 casas.

b) Avançar 4 casas, virar 90° à esquerda, avançar 3 casas, virar 90° à esquerda, avançar 2 casas.

c) Avançar 4 casas, virar 90° à direita, avançar 3 casas, virar 90° à esquerda, avançar 2 casas.

d) Avançar 4 casas, virar 90° à esquerda, avançar 3 casas, virar 90° à direita, avançar 2 casas.

FIQUE SABENDO

O transferidor é um instrumento usado para medir e construir ângulos.

Feito geralmente de plástico rígido ou acrílico, o transferidor possui divisões de 1 em 1 grau. O transferidor mais comum tem 180 graus ou meia-volta.

Transferidor de 180°.

RETAS PARALELAS E RETAS PERPENDICULARES

1. Você vai marcar, em uma folha de papel, linhas paralelas e concorrentes fazendo dobraduras.

    a) Dobre uma folha de papel, como mostra a figura, de modo que as laterais não coincidam.

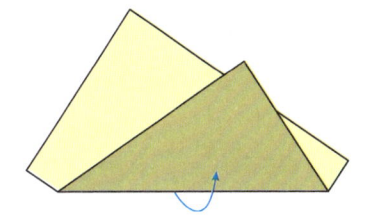

    b) Dobre a folha novamente, fazendo coincidir as laterais indicadas.

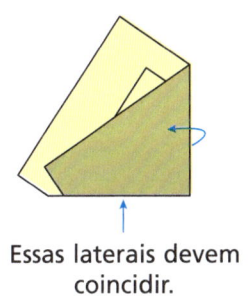

    Essas laterais devem coincidir.

    c) Faça uma nova dobra, de modo que as laterais indicadas coincidam.

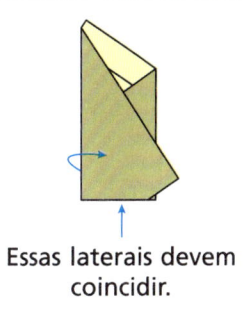

    Essas laterais devem coincidir.

    d) Desdobre a folha. Você vai encontrar marcas de linhas como estas.

    As linhas indicadas pelas setas são **linhas paralelas**.

    e) Na folha desdobrada, cubra com lápis azul as dobras que lembram retas paralelas.

    f) Cubra com lápis verde a dobra que lembra uma reta concorrente às retas paralelas.

2. Quando duas retas concorrentes formam 4 ângulos retos, dizemos que elas são **perpendiculares**. Use o ângulo reto de papel que você construiu e descubra quais destas retas são perpendiculares.

    a)

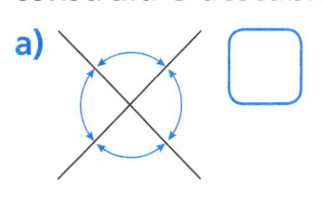

    b)

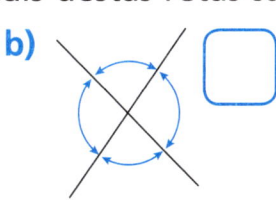

    c)

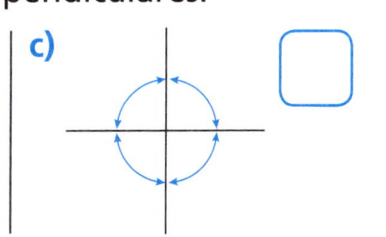

POLÍGONOS

Todas estas figuras representam polígonos.

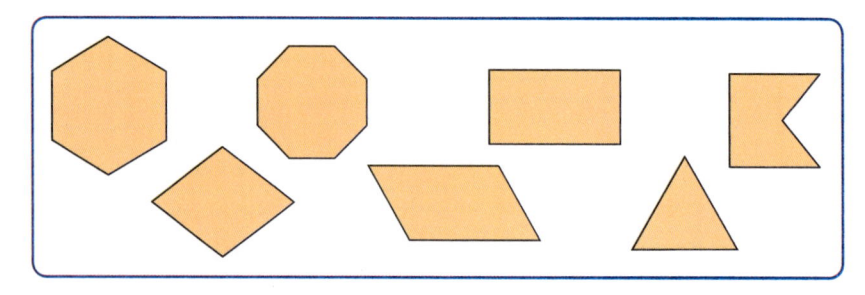

FIGURAS GEOMÉTRICAS PLANAS E FECHADAS COMO ESSAS, NAS QUAIS O "CONTORNO" É FORMADO APENAS POR SEGMENTOS DE RETA QUE NÃO SE "CRUZAM", SÃO CHAMADAS **POLÍGONOS**.

Agora, observe. Nenhuma destas figuras representa um polígono.

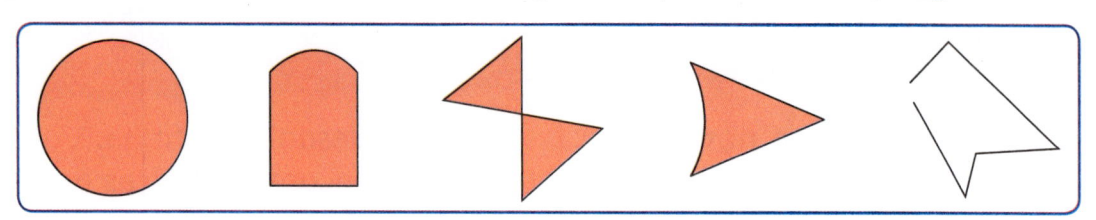

1. Quais destas figuras representam polígonos? _____

a) b) c) d) e) f) g) h)

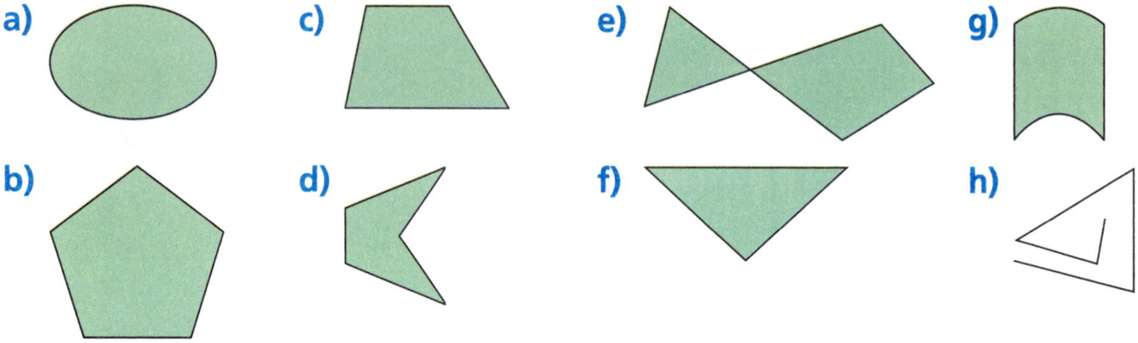

2. Nos revestimentos de pisos, é comum encontrarmos lajotas com formas geométricas.

Em quais destes pisos as formas das lajotas lembram polígonos?

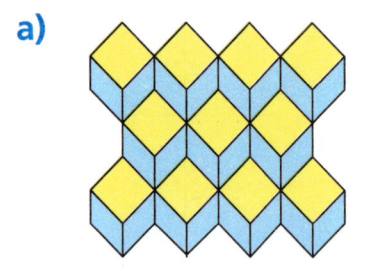

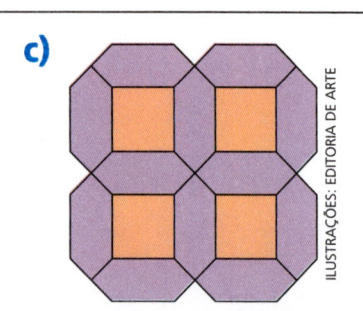

a) b) c)

3. Nos polígonos, podemos identificar: ângulos, vértices e lados. Observe o polígono ABCDE representado abaixo.

   a) Quantos e quais são os ângulos desse polígono? _____

   b) Quantos e quais são os vértices desse polígono? _____

   c) Quantos são os lados? _____

O polígono ABCDE é um pentágono.

Todas estas figuras representam pentágonos.

PENTA SIGNIFICA CINCO.

4. Os polígonos podem ser classificados de acordo com o número de lados.

triângulo ⟶ 3 lados   quadrilátero ⟶ 4 lados   pentágono ⟶ 5 lados

Represente, na malha de pontos, um **triângulo**, um **quadrilátero** e um **pentágono**.

249

TRIÂNGULOS

Como já vimos, o triângulo é um polígono de 3 lados.

Neste triângulo, temos:
- lados: $\overline{AB}$, $\overline{BC}$ e $\overline{CA}$
- vértices: A, B e C
- ângulos: $\hat{A}$, $\hat{B}$ e $\hat{C}$

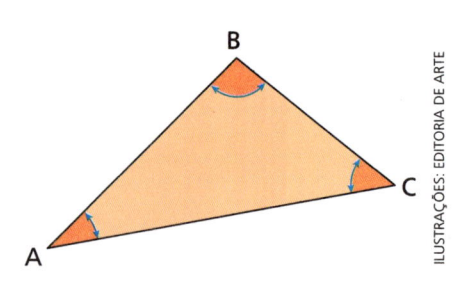

1. Meça o comprimento dos lados dos triângulos a seguir. Anote:

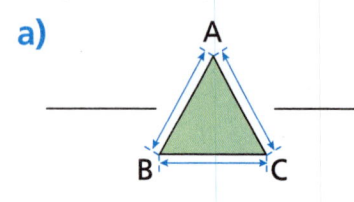

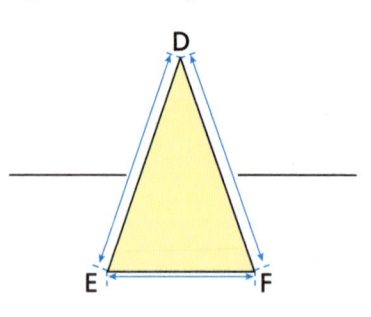

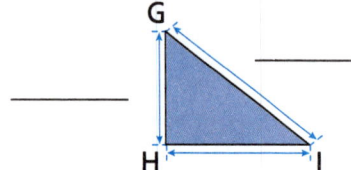

a)

b)

c)

• O que você observa a respeito das medidas dos lados de cada um deles?

FIQUE SABENDO

Você sabia que podemos classificar os triângulos de acordo com as medidas de seus lados e de seus ângulos?

Quanto às medidas dos lados, um triângulo pode ser:

Equilátero: Os três lados têm a mesma medida.
Isósceles: Dois lados têm a mesma medida.
Escaleno: Os três lados têm medidas diferentes.

Quanto às medidas dos ângulos, um triângulo pode ser:

Retângulo: Quando possui um ângulo reto, ou seja, 90°.
Acutângulo: Quando os três ângulos são menores que 90°.
Obtusângulo: Quando um dos ângulos é maior que 90°.

2. Com uma régua, meça o comprimento dos lados de cada um dos triângulos abaixo representados. Depois, classifique-os como equilátero, isósceles ou escaleno.

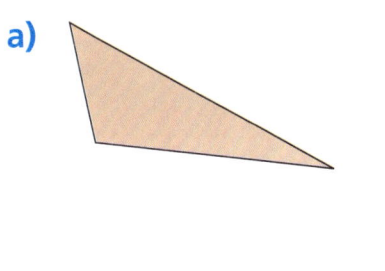

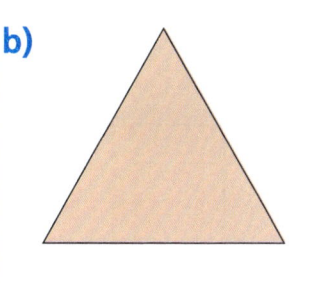

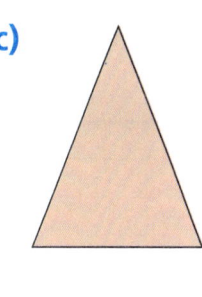

a) _____ b) _____ c) _____

3. Compare os ângulos dos triângulos com o ângulo reto feito por você em papel. Qual é a cor usada para indicar os:

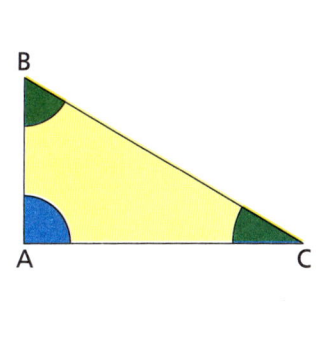

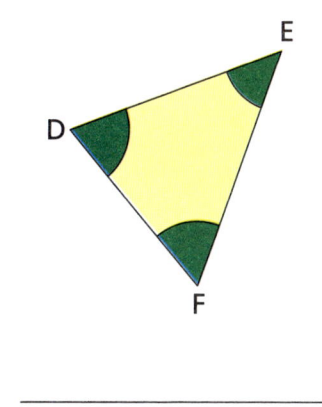

a) ângulos retos? b) ângulos agudos? c) ângulos obtusos?

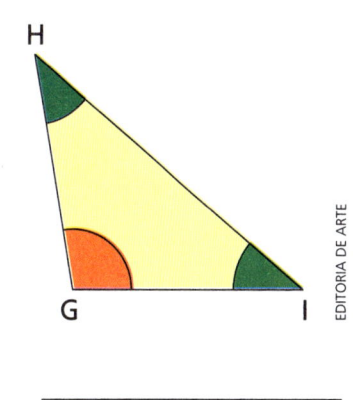

_____ _____ _____

4. Classifique os triângulos da atividade anterior quanto às medidas dos ângulos.

a) _____ b) _____ c) _____

5. Usando régua e esquadro, desenhe abaixo um **triângulo retângulo**. Os lados que formam o ângulo reto devem medir 4 centímetros e 3 centímetros de comprimento.

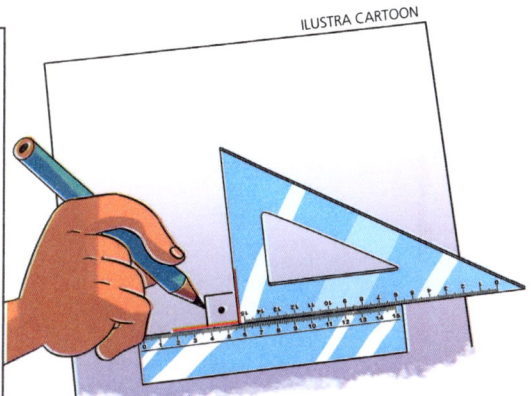

251

QUADRILÁTEROS

1. Observe os quadriláteros representados na malha quadriculada.

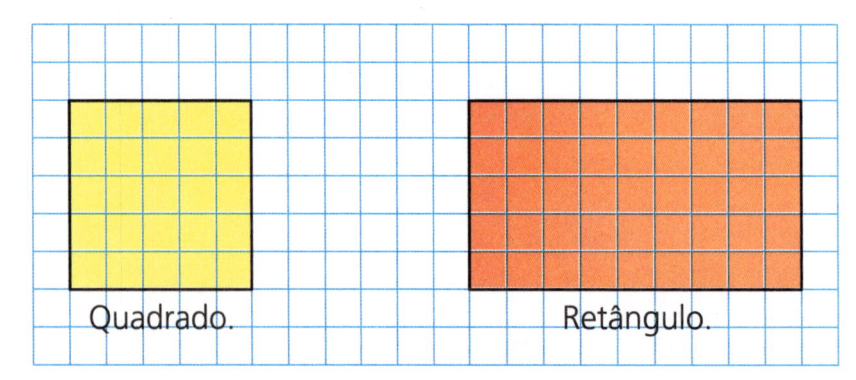

Quadrado.

Retângulo.

QUADRILÁTEROS SÃO POLÍGONOS DE 4 LADOS.

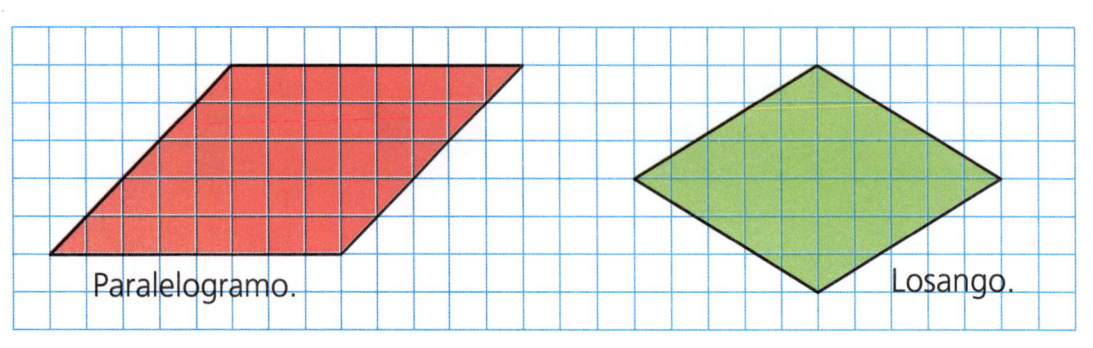

Paralelogramo.

Losango.

💬 O que eles têm de parecido? O que eles têm de diferente?

FIQUE SABENDO

Quadriláteros que têm 2 pares de lados paralelos são chamados **paralelogramos**. Alguns paralelogramos recebem nomes especiais. Veja.

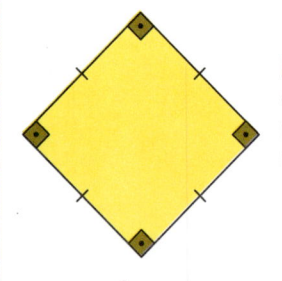

Quadrado.

É o paralelogramo que tem 4 ângulos retos e 4 lados de mesma medida.

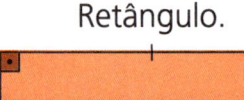

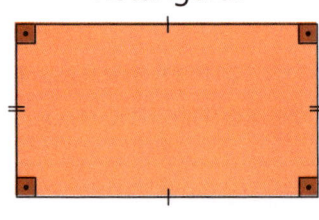

Retângulo.

É o paralelogramo que tem 4 ângulos retos e os pares de lados paralelos de mesma medida.

Losango.

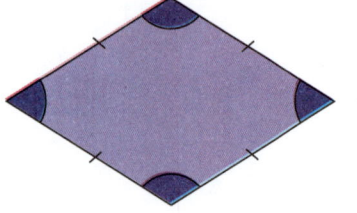

É o paralelogramo que tem os 4 lados de mesma medida.

O QUADRADO É UM PARALELOGRAMO MUITO INTERESSANTE, POIS É UM RETÂNGULO (4 ÂNGULOS RETOS) E TAMBÉM UM LOSANGO (4 LADOS DE MESMA MEDIDA).

2. (Saresp-SP) Alice percebeu que, juntando triângulos lado a lado, poderia obter vários polígonos. Veja a experiência que ela fez.

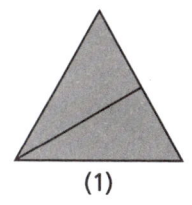

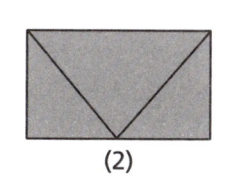

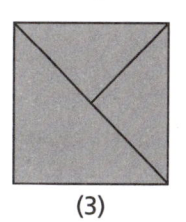

(1)   (2)   (3)

Os polígonos 1, 2, 3 obtidos por Alice são, na ordem:

a) quadrado, triângulo e retângulo.

b) triângulo, retângulo e quadrado.

c) triângulo, retângulo e círculo.

d) trapézio, triângulo e quadrado.

3. (Prova Brasil) Abaixo, estão representados quatro polígonos.

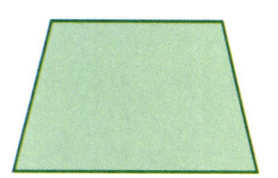

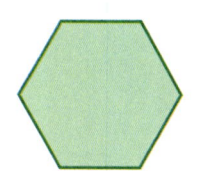

Retângulo.   Triângulo.   Trapézio.   Hexágono.

Qual dos polígonos mostrados possui exatamente 2 lados paralelos e 2 lados não paralelos?

> QUADRILÁTEROS QUE TÊM APENAS UM PAR DE LADOS PARALELOS SÃO CHAMADOS **TRAPÉZIOS**.

a) Retângulo

b) Triângulo

c) Trapézio

d) Hexágono

4. Observe estes outros quadriláteros representados na malha quadriculada.

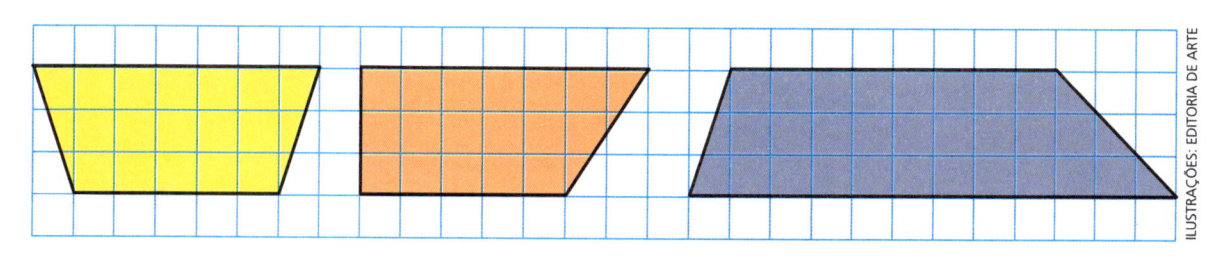

- Agora, responda: por que esses quadriláteros representados na malha não são paralelogramos?

_____

_____

253

5. Veja uma maneira de representar um quadrado usando a régua graduada e o esquadro:

- Represente, usando régua e esquadro, um quadrado com lados medindo 4 centímetros.

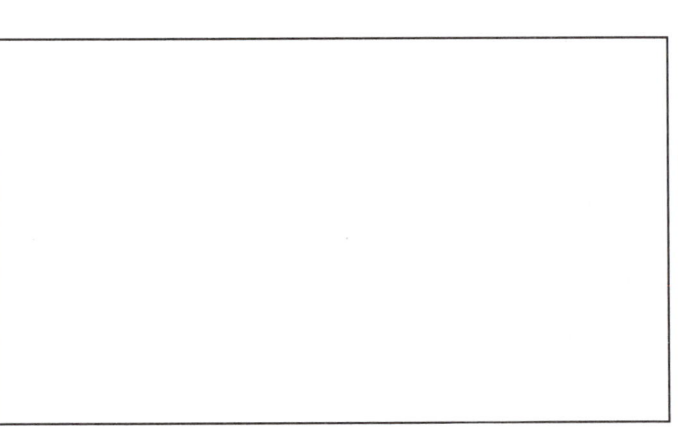

QUAL É A CHANCE?

Vamos construir duas "rodas girantes" e fazer uma atividade interessante. Para isso, siga as orientações da página 287.

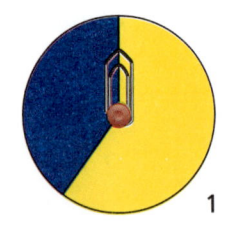

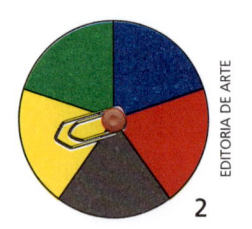

a) Depois de prontas e antes de girá-las, responda.
- Na "roda girante" 1, qual cor tem mais chance de sair? Por quê?

_____

- E na "roda girante" 2? _____

b) Agora, gire 5 vezes a "roda girante" 1 e anote, em um papel, a cor em que parar. Faça o mesmo para a "roda girante" 2.
- Os resultados obtidos no item **b** foram os mesmos que você previu no item **a**? _____

Vamos juntar seus resultados obtidos no item **b** com os resultados dos colegas. As previsões feitas no item **a** se confirmaram?

_____

6. VAMOS BRINCAR COM PERCURSOS?

Veja como construir, passo a passo, um retângulo em papel quadriculado.

- Que instruções você daria, por telefone, para um colega desenhar um retângulo igual a esse?

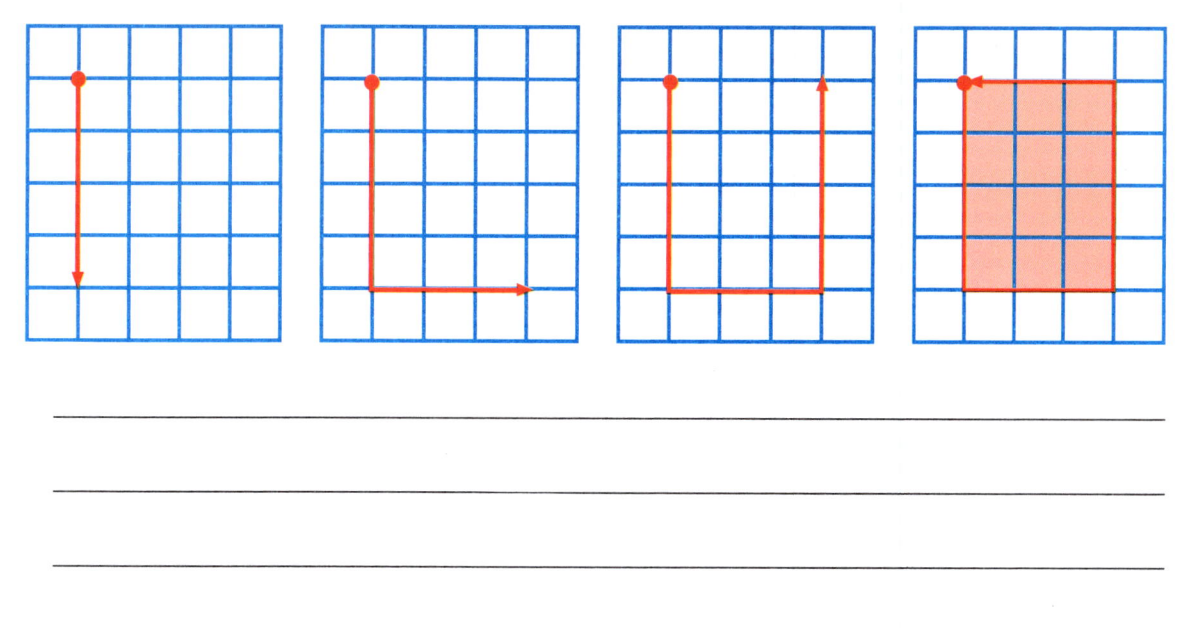

_____
_____
_____
_____

7. VAMOS BRINCAR NA MALHA!

A figura do centro foi usada como modelo.

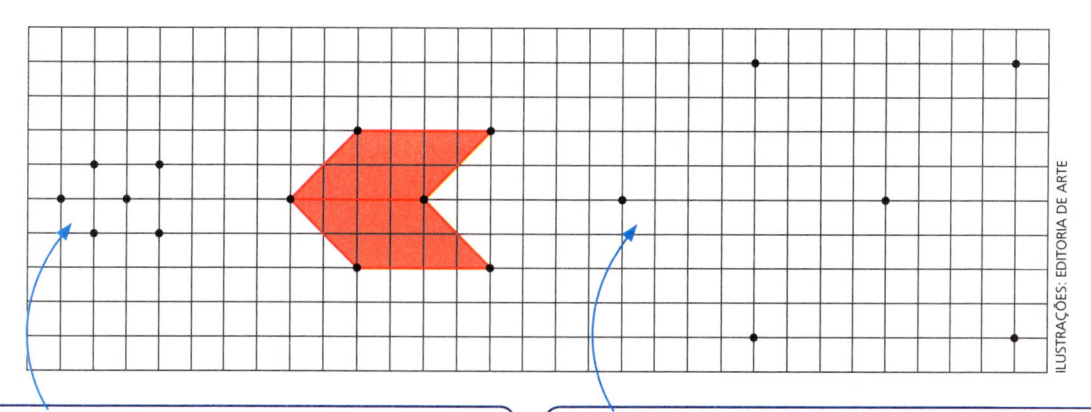

Aqui se **reduziu** a figura do centro. Cada segmento dessa figura tem a metade do comprimento do segmento correspondente na figura do centro.

Aqui se **ampliou** a figura do centro. Cada segmento dessa figura tem o dobro do comprimento do segmento correspondente na figura do centro.

a) Usando o segmento de reta, ligue os pontos da figura reduzida e da figura ampliada. Depois, pinte o interior das figuras como quiser.

b) Compare as medidas dos ângulos nas três figuras: no modelo, na figura reduzida e na figura ampliada. O que é possível concluir?

255

INVESTIGANDO PADRÕES E REGULARIDADES

(Saresp-SP) A professora de Paulo apresentou à classe duas figuras desenhadas em malhas quadriculadas.

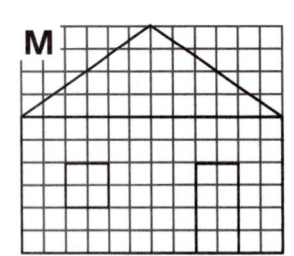

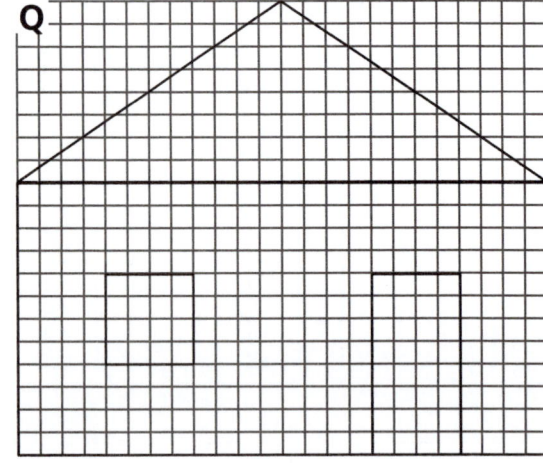

A figura **Q** é uma ampliação da figura **M**.

Cada uma das dimensões de **Q** pode ser obtida a partir das dimensões da figura **M**:

a) multiplicada por 2.
b) somando 2.
c) dividindo por 4.
d) subtraindo 4.

8. Na malha quadriculada abaixo, desenhe uma figura usando segmentos de reta. Depois, amplie-a multiplicando por 2 cada uma das dimensões da figura original.

9. VAMOS BRINCAR NA MALHA!

(Prova Brasil) A figura ao lado foi dada para os alunos e algumas crianças resolveram ampliá-la.

Veja as ampliações feitas por quatro crianças.

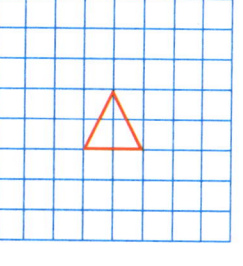

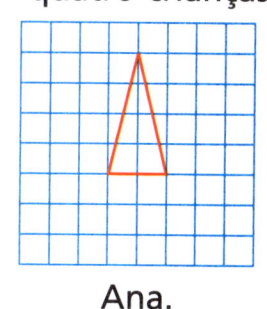

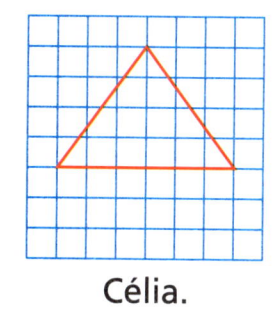

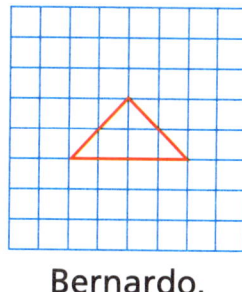

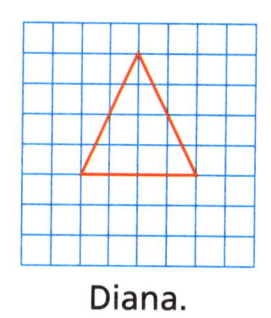

Ana.   Célia.   Bernardo.   Diana.

Quem ampliou corretamente a figura?

a) Ana.   b) Bernardo.   c) Célia.   d) Diana.

10. Observe o quadrilátero representado em um **plano cartesiano**.

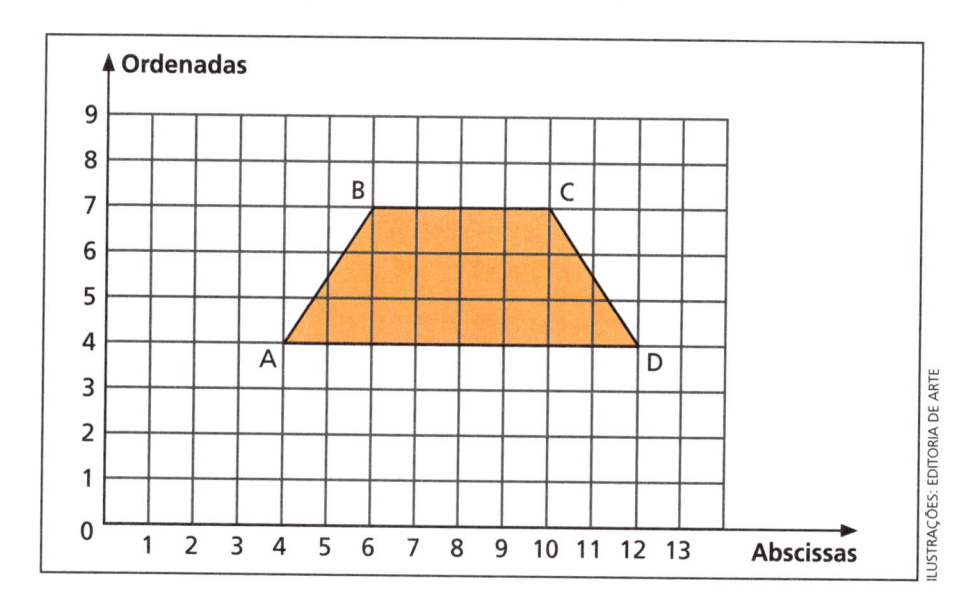

a) Quais são as coordenadas dos pontos que representam os vértices desse quadrilátero? _____

b) Nesse quadrilátero, dois lados são paralelos. Quais são esses lados paralelos? _____

c) Qual o nome do quadrilátero que apresenta apenas um par de lados paralelos? _____

257

11. Represente um trapézio na malha pontilhada abaixo.

12. VAMOS BRINCAR COM PERCURSOS?

Imagine que você está caminhando sobre um plano cartesiano.
Você vai sair do ponto de partida P, passando pelos pontos A, B, C, D até chegar ao seu destino.

a) Quais são as coordenadas dos pontos:

- A? ☐ , ☐
- B? ☐ , ☐
- C? ☐ , ☐
- D? ☐ , ☐

b) Nesse percurso, quantas vezes você mudou de direção? _____

c) Em quais pontos você girou 90° para a direita? _____

d) Em quais pontos você girou 90° para a esquerda? _____

258

SÓ PARA LEMBRAR

1 Veja a representação de um triângulo no plano cartesiano.

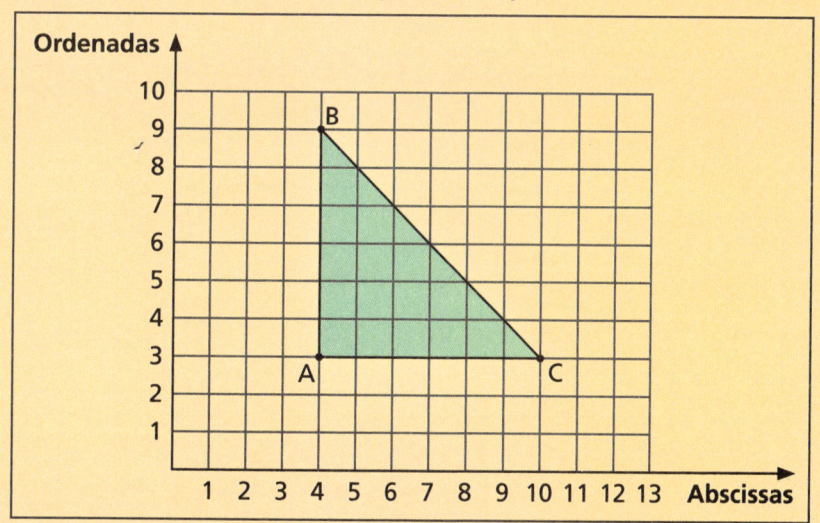

a) Dê as coordenadas cartesianas dos pontos **A**, **B** e **C**.

_____

b) Classifique esses triângulos quanto às medidas dos lados e dos ângulos. _____

2 (Cefet-SP) No mapa, está representado o caminho que Jorge fez para ir de sua casa à farmácia, passando pela escola. Cada esquina por onde Jorge passou foi marcada com um número.
Nessa caminhada, Jorge fez um giro:

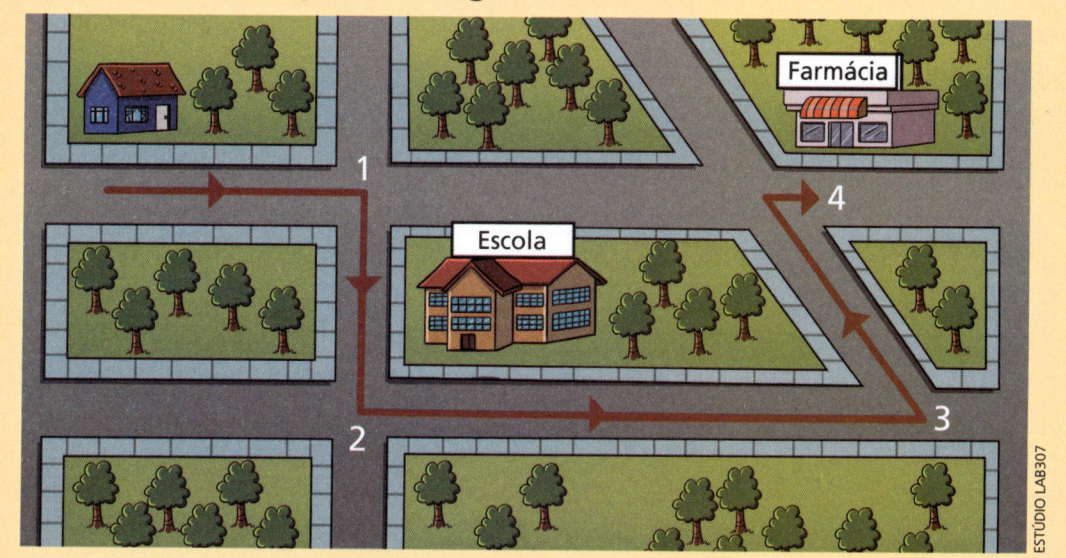

a) de 90° em todas as esquinas.
b) maior do que 90°, na esquina 4.
c) menor do que 90°, na esquina 1.
d) menor do que 90°, na esquina 3.

3 (Encceja-MEC) Observe o desenho ao lado.
Para você completar o desenho do triângulo retângulo na malha quadriculada, partindo do ponto em que o lápis está desenhado e chegando ao ponto **A**, seria necessário:

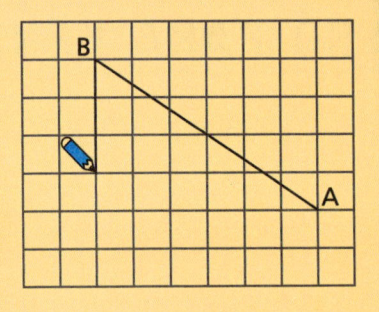

a) virar à direita até o ponto **A**.
b) virar à esquerda até o ponto **A**.
c) descer dois quadradinhos e virar à direita até o ponto **A**.
d) descer um quadradinho e virar à direita até o ponto **A**.

4 A figura do centro foi usada como modelo.

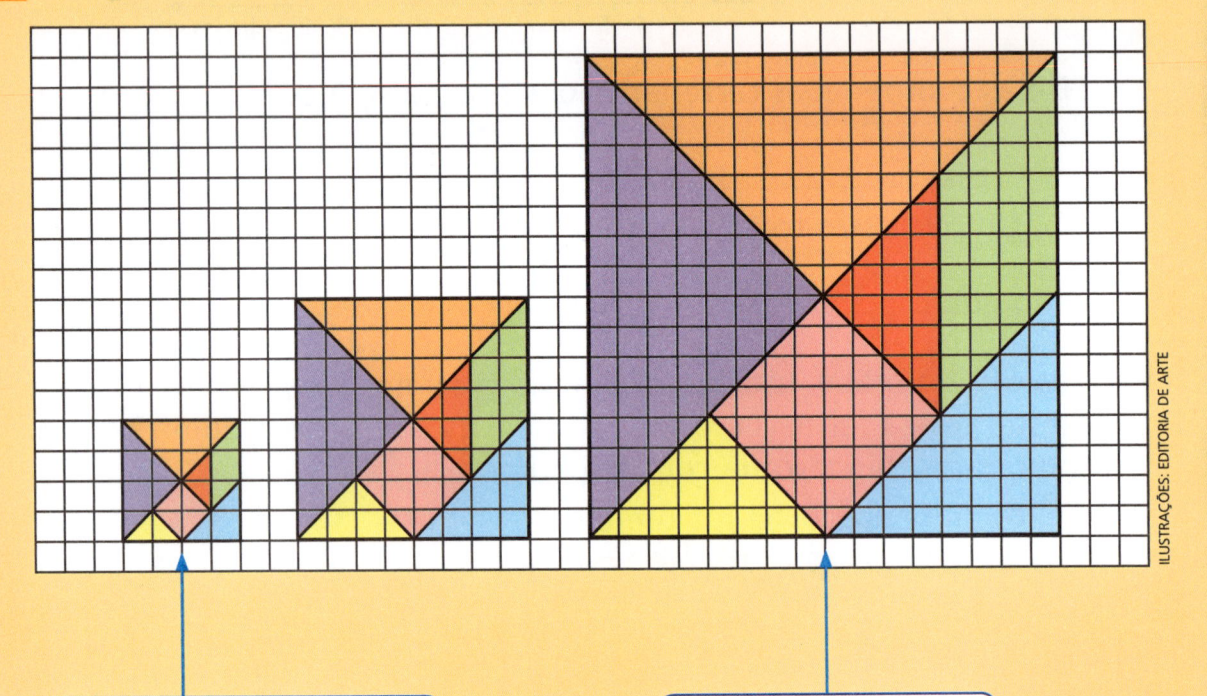

Aqui se **reduziu** a figura do centro.
Cada segmento dessa figura tem a metade do comprimento do segmento correspondente na figura do centro.

Aqui se **ampliou** a figura do centro.
Cada segmento dessa figura tem o dobro do comprimento correspondente na figura no centro.

Compare as medidas dos ângulos nas três figuras. O que é possível concluir?

PEQUENO GLOSSÁRIO ILUSTRADO

ALGARISMO INDO-ARÁBICO

OS SÍMBOLOS DO SISTEMA DE NUMERAÇÃO DECIMAL SÃO TAMBÉM CONHECIDOS COMO ALGARISMOS INDO-ARÁBICOS.

1, 2, 3, 4, 5, 6, 7, 8, 9 e 0

ÂNGULO

Os ponteiros do relógio formam ângulos entre si. Observe.

ÂNGULO AGUDO

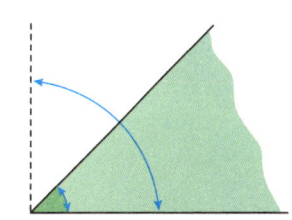

A medida é menor que a do ângulo reto. Esse ângulo é **agudo**.

ÂNGULO OBTUSO

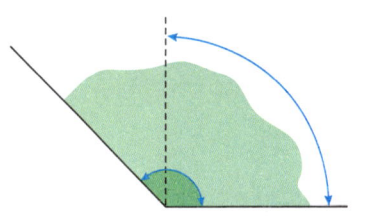

A medida é maior que a do ângulo reto e menor que a correspondente ao giro de meia-volta. Esse ângulo é **obtuso**.

ÂNGULO RETO

O **ângulo reto** corresponde a um giro de um quarto de volta.

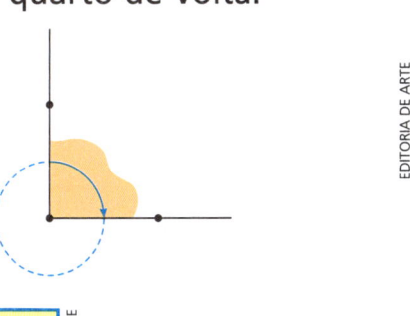

PARA INDICAR ÂNGULO RETO, USAMOS UM SINAL COMO ESTE.

ÁREA

Área é a medida de uma **superfície**.

261

Para expressarmos essa medida usamos um número e uma unidade de medida.

Para saber, por exemplo, qual é a área dessa figura usando o triângulo verde-claro como **unidade de medida** de superfície, é só calcular quantos triângulos verde-claros são necessários para cobrir perfeitamente toda a figura. Você deve ter chegado a 16 triângulos verde-claros.

ARREDONDAMENTO

Para efetuar a adição 560 + 432, Beto arredonda as parcelas para a centena exata mais **próxima**, calculando a soma aproximada.

560 está mais próximo de 600

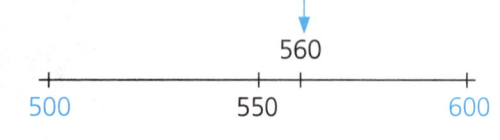

432 está mais próximo de 400

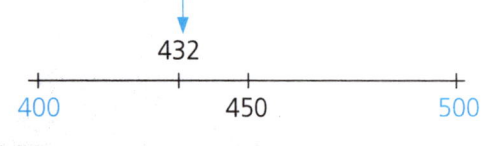

600 + 400 = 1 000

CENTÉSIMO

A figura foi dividida em 100 partes iguais. Cada uma dessas partes corresponde a 1 **centésimo** da figura.

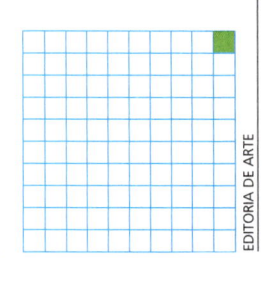

Um centésimo pode ser representado na forma:

fracionária	decimal
$\dfrac{1}{100}$	0,01

CENTÍMETRO

Centímetro é uma unidade de medida de comprimento. Corresponde à centésima parte do metro. O símbolo de centímetro é **cm**.

$$1\ m = 100\ cm$$

O tracinho verde destacado tem 1 centímetro de comprimento.

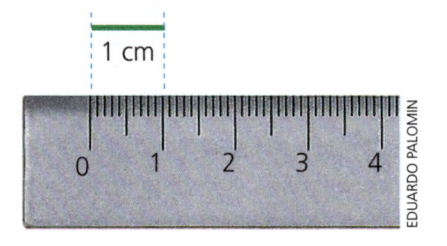

CORPOS REDONDOS

As formas geométricas que possuem superfícies não planas, ou seja, arredondadas, são chamadas **corpos redondos**.

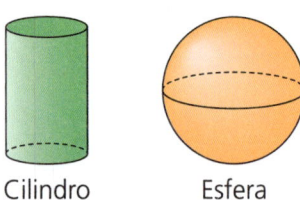

Cilindro   Esfera   Cone

DÉCADA

DÉCADA É O NOME DADO A UM PERÍODO DE 10 ANOS.

DÉCIMO

A figura foi dividida em 10 partes iguais. Cada uma dessas partes corresponde a um décimo da figura.

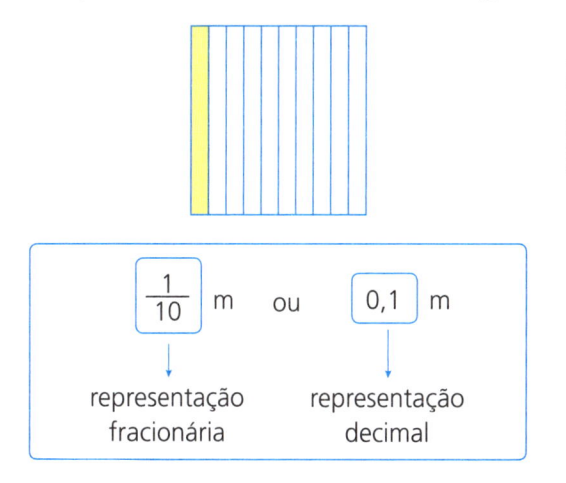

$\frac{1}{10}$ m ou 0,1 m

representação fracionária — representação decimal

DENOMINADOR

Na fração $\frac{4}{5}$, o **5** é o **denominador**.

DIFERENÇA EM UMA SUBTRAÇÃO

Diferença é o resultado da subtração entre duas quantidades.

DIVIDENDO

dividendo = divisor × quociente + resto

ESTIMATIVA

Estimar é avaliar aproximadamente uma quantidade, um preço, quanto tempo é gasto etc. Não precisa ser o número, nem o valor, nem a medida exata.

Exemplo: Estime quantas crianças são ao todo. Depois, conte para ver se a estimativa foi boa.

FATORES

Na multiplicação 3 × 16 = 48, 3 e 16 são os **fatores**.

FRAÇÃO EQUIVALENTE

Frações que indicam a mesma parte de um todo são chamadas **frações equivalentes**.

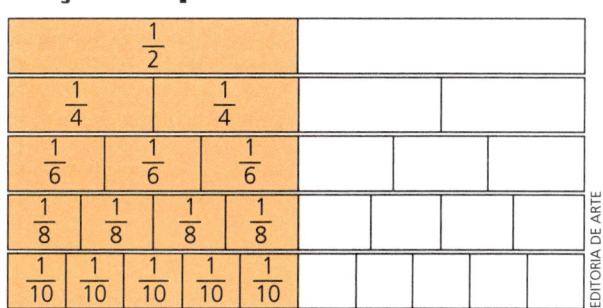

Veja algumas frações equivalentes a $\frac{1}{2}$.

$$\frac{1}{2} = \frac{2}{4} = \frac{3}{6} = \frac{4}{8} = \frac{5}{10}$$

FRAÇÃO SIMPLIFICADA

As frações $\frac{2}{4}$ e $\frac{1}{2}$ são equivalentes.

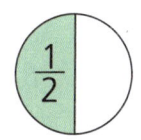

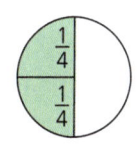

$\frac{1}{2}$ é a fração $\frac{2}{4}$ simplificada.

263

GRAMA

Grama é uma unidade de medida de massa.

> GRAMA É UMA PALAVRA USADA NO MASCULINO QUANDO EMPREGADA COMO UNIDADE DE MEDIDA. EXEMPLOS:
> - PESEI UM **GRAMA** DE OURO.
> - COMPREI DUZENTOS **GRAMAS** DE QUEIJO.
>
> O SÍMBOLO DE **GRAMA** É **g**.

HEXÁGONO

Hexa significa seis.

O hexágono é um polígono de 6 lados.

A figura a seguir representa um hexágono.

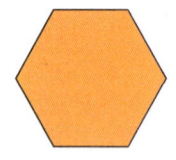

LITRO

O litro é a unidade fundamental de medida de capacidade. O símbolo do litro é ℓ ou **L**.

MEDIDAS DE TEMPO

Para medir o tempo, usamos anos, meses, dias, horas e segundos...

1 ano = 365 dias
1 ano bissexto = 366 dias
1 dia = 24 horas
1 hora = 60 minutos
1 minuto = 60 segundos
1 hora = 3 600 segundos (60 × 60)

METRO

O metro é a unidade fundamental de medida de comprimento.
O símbolo do metro é **m**.

O metro corresponde a 100 centímetros.

1 m = 100 cm

MILÍMETRO

É uma unidade de medida de comprimento. Corresponde à milésima parte do metro ou à décima parte do centímetro.

O símbolo de **milímetro** é **mm**.

1 m = 1 000 mm

Dividindo 1 centímetro em 10 partes iguais, obtemos o milímetro.

O tracinho verde destacado tem 1 milímetro de comprimento.

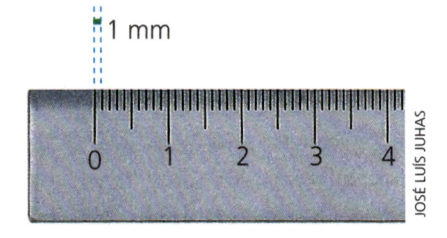

NUMERADOR

Na fração $\frac{4}{5}$, o **4** é o **numerador**.

NÚMERO DECIMAL

1,48, por exemplo, é um **número decimal**. Ele é composto por uma parte inteira e uma parte decimal.

unidades → décimos
U , d c → centésimos
1 , 4 8
parte inteira ← → parte decimal

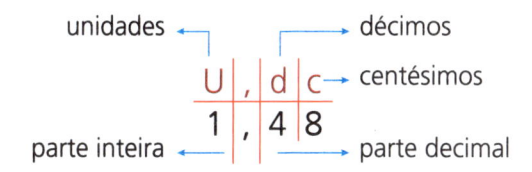

PARALELOGRAMOS

Quadriláteros que têm 2 pares de lados paralelos são chamados **paralelogramos**.

Alguns paralelogramos recebem nomes especiais. Veja.

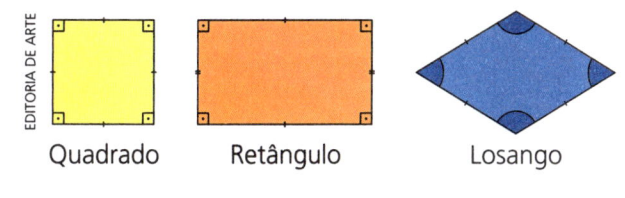

Quadrado   Retângulo   Losango

PENTÁGONO

Penta significa cinco.

O pentágono é uma figura de cinco lados.

A figura a seguir representa um pentágono.

PENTA SIGNIFICA CINCO.

PLANIFICAÇÃO

Desmontando uma caixa, obtemos a **planificação** dessa caixa.

Veja a planificação de uma caixa de forma cúbica.

Veja agora a planificação da pirâmide de base quadrada.

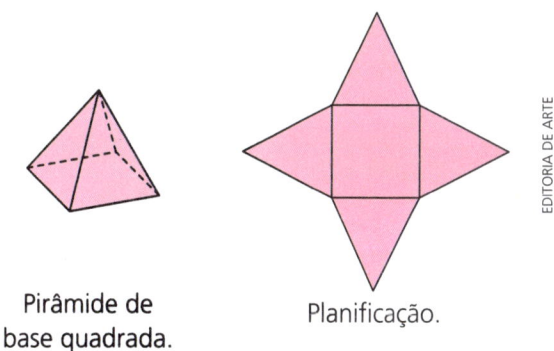

Pirâmide de base quadrada.   Planificação.

Veja a planificação de um prisma de base triangular.

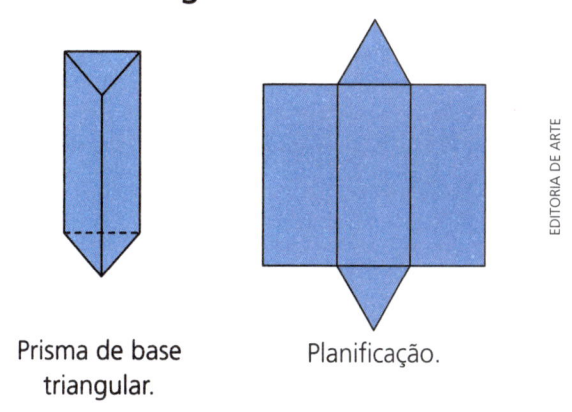

Prisma de base triangular.   Planificação.

POLIEDROS

As figuras geométricas espaciais que possuem todas as superfícies planas são chamadas **poliedros**. Pirâmides e prismas são poliedros.

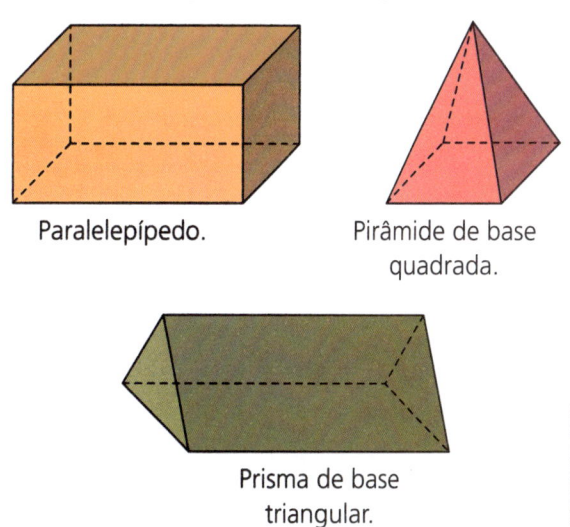

Paralelepípedo.   Pirâmide de base quadrada.

Prisma de base triangular.

265

PORCENTAGEM

A porcentagem indica uma fração centesimal, como, por exemplo, em 10%.

$10\% = \dfrac{10}{100} = \dfrac{1}{10}$

10% É O MESMO QUE A DÉCIMA PARTE!

PRODUTO

Produto é o resultado de uma multiplicação.

NA MULTIPLICAÇÃO, 3 × 12 = 36, 36 É O PRODUTO.

QUILOGRAMA

É uma unidade de medida de massa.

Um quilograma corresponde a 1 000 gramas.

1 kg = 1 000 g

O símbolo de **quilograma** é **kg**.

QUILÔMETRO

É uma unidade de medida de comprimento.

Para medir grandes distâncias, utiliza-se o **quilômetro**.

O símbolo do quilômetro é **km**.

1 quilômetro corresponde a 1 000 metros.

1 km = 1 000 m

QUOCIENTE

Quociente é o resultado de uma divisão.

Veja os quocientes nas seguintes divisões.

resto → 72 | 9
        0 8 ← quociente

resto → 55 | 6
        1 9 ← quociente

RETAS CONCORRENTES

As retas abaixo se cruzam e, portanto, têm um único ponto em comum.

Nesse caso, as retas são chamadas **retas concorrentes**.

RETAS PARALELAS

As retas abaixo mantêm entre si a mesma distância e não têm ponto em comum.

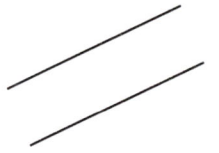

Nesse caso, as retas são chamadas **retas paralelas**.

RETAS PERPENDICULARES

Quando duas retas concorrentes formam quatro ângulos retos, dizemos que elas são **perpendiculares**.

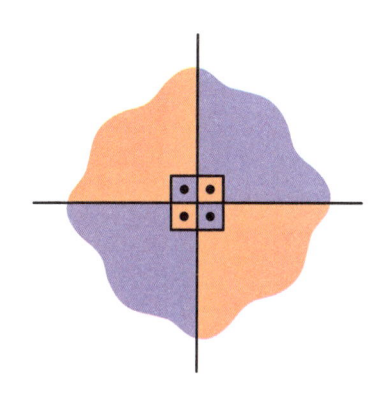

SIMETRIA

Quando fazemos uma dobra numa figura e as duas partes da figura coincidem perfeitamente, é porque a figura apresenta simetria em relação à dobra feita.

A linha azul é o eixo de simetria.

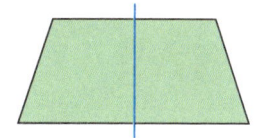

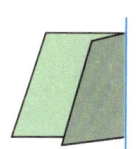

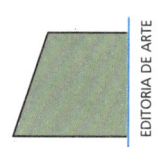

Essa figura apresenta simetria.

A figura a seguir não apresenta simetria.

A linha azul não é o eixo de simetria.

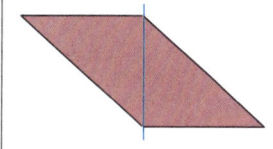

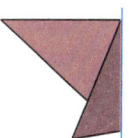

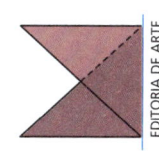

Este azulejo possui 2 eixos de simetria.

SÉCULO

SÉCULO É O NOME DADO A UM PERÍODO DE 100 ANOS.

SEGMENTO DE RETA

Ao ligar dois pontos usando a régua, traçamos o caminho mais curto entre esses dois pontos: um **segmento de reta**.

Este é o segmento de reta $\overline{AB}$

SISTEMA DE NUMERAÇÃO DECIMAL

O sistema de numeração que usamos é o **Sistema de Numeração Decimal**, também conhecido como Sistema Indo-Arábico.

SUPERFÍCIE PLANA, SUPERFÍCIE NÃO PLANA

- Cilindro

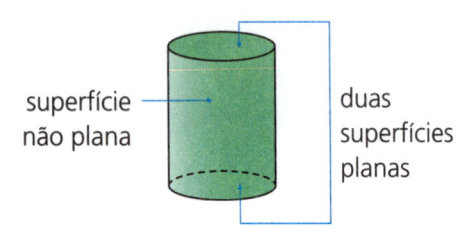

superfície não plana

duas superfícies planas

- Cone

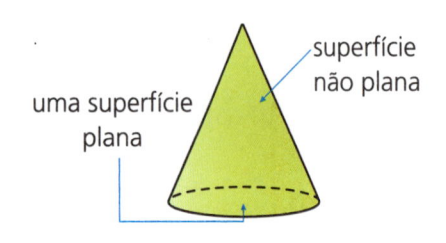

uma superfície plana

superfície não plana

- Esfera

superfície não plana

A esfera não tem superfície plana.

TONELADA

Tonelada é uma unidade de medida de massa.

O símbolo da tonelada é **t**.

Uma tonelada corresponde a 1000 quilogramas.

$$1 \text{ t} = 1000 \text{ kg}$$

TRAPÉZIO

Quadriláteros que têm apenas um par de lados paralelos são chamados **trapézios**.

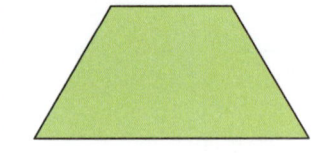

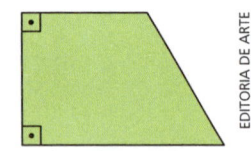

TRIÂNGULOS

Quanto às medidas dos lados, um triângulo pode ser:

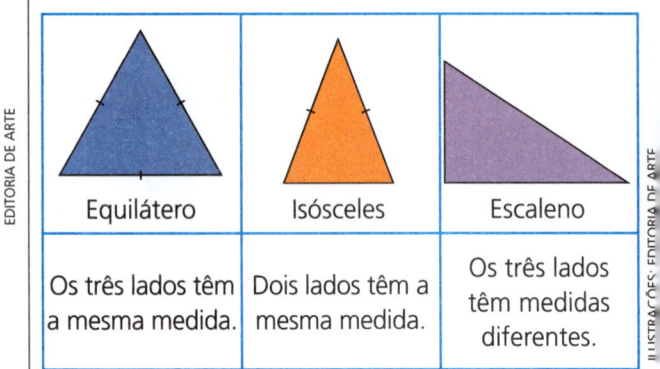

Equilátero	Isósceles	Escaleno
Os três lados têm a mesma medida.	Dois lados têm a mesma medida.	Os três lados têm medidas diferentes.

Quanto às medidas dos ângulos, um triângulo pode ser:

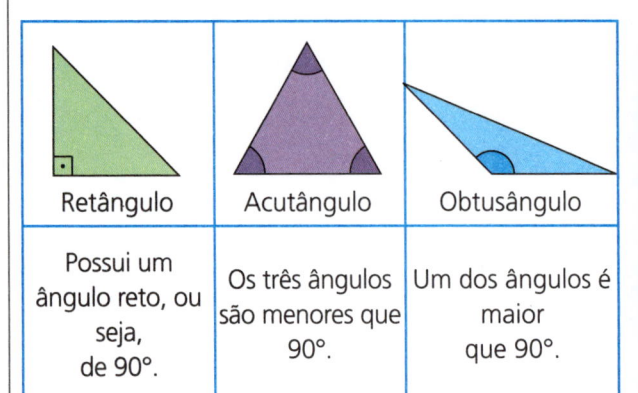

Retângulo	Acutângulo	Obtusângulo
Possui um ângulo reto, ou seja, de 90°.	Os três ângulos são menores que 90°.	Um dos ângulos é maior que 90°.

BIBLIOGRAFIA

ABELLÓ, F. I. U. **Aritmética y calculadoras**. Madrid: Síntesis, 1992.

ABRANTES, P. **Avaliação e educação matemática**. Rio de Janeiro: MEM/Universidade Santa Úrsula-Gepem, 1995. (Série Reflexões em educação matemática).

APM (Associação de Professores de Matemática). **Normas para o currículo e a avaliação em matemática escolar**. Lisboa, 1991.

BELLEMAIN, P. M.; LIMA, P. **Um estudo da noção de grandeza e implicações no ensino fundamental**. Natal: SBHMat, 2002.

BIGODE, A. J. L.; FRANT, J. B. **Matemática**: soluções para dez desafios do professor: 1º ao 3º ano do Ensino Fundamental. São Paulo: Ática, 2011.

BIGODE, Antonio J. L.; RODRÍGUEZ, J. G. **Metodologia para o ensino da aritmética**: competência numérica no cotidiano. São Paulo: FTD, 2009.

BORIN, J. **Jogos e resolução de problemas**: uma estratégia para as aulas de Matemática. São Paulo: CAEM-USP, 1995. v. 6.

BRESSAN, A. P. de; BRESSAN, O. **Probabilidad y estadística**: cómo trabajar con niños y jóvenes. Buenos Aires: Centro de Publicaciones Educativas y Material Didáctico, 2008.

BROITMAN, C. **As operações matemáticas no ensino fundamental I**: contribuições para o trabalho em sala de aula. Trad. Rodrigo Villela. São Paulo: Ática, 2011.

BROITMAN, C. (Comp.). **Matemáticas en la escuela primaria**: números natulares y decimales con niños adultos. Buenos Aires: Paidós, 2013. v. 1.

BROITMAN, C. (Comp.). **Matemáticas en la escuela primaria**: saberes y conocimientos de niños y docentes. Buenos Aires: Paidós, 2013. v. 2.

BROITMAN, C., ITZCOVICH, H. **O estudo das figuras e dos corpos geométricos**: atividades para o ensino fundamental I. Trad. Carmem Caccicarro. São Paulo: Ática, 2011.

BRUNER, J. S. **O processo da educação**. São Paulo: Nacional, 1978.

CARAÇA, B. J. **Conceitos fundamentais da matemática**. Lisboa: Gradiva, 1991.

CARDOSO, V. C. **Materiais didáticos para as quatro operações**. São Paulo: CAEM-USP, 1992. v. 2.

CARRAHER, T. N.; CARRAHER, D. W.; SCHLIEMANN, A. D. **Na vida dez, na escola zero**. 4. ed. São Paulo: Cortez, 1990.

CATALÀ, C. A.; FLAMERICH, C. B.; AYMEMMI, J. M. F. **Materiales para construir la geometría**. Madrid: Síntesis, 1991.

CENTURIÓN, M. **Conteúdo e metodologia da Matemática**: números e operações. São Paulo: Scipione, 1994.

CENTURIÓN, M. et al. **Jogos, projetos e oficinas para Educação Infantil**. São Paulo: FTD, 2004.

D'AMBROSIO, U. **Da realidade à ação**: reflexões sobre educação e Matemática. São Paulo: Summus; Campinas: Editora da Unicamp, 1986.

D'AMBROSIO, U. **Educação matemática**: da teoria à prática. Campinas: Papirus, 1996.

D'AMBROSIO, U. **Educação para uma sociedade em transição**. 2. ed. Natal: EDUFRN, 2011.

D'AMORE, B. **Elementos de didática da matemática**. São Paulo: Editora Livraria da Física, 2007.

DANTE, L. R. **Didática da resolução de problemas**. São Paulo: Ática, 1989.

DEMO, P. **Avaliação qualitativa**. São Paulo: Cortez, 1987.

DEWEY, J. **Como pensamos**. São Paulo: Nacional, 1979.

ESPINOSA, L. P.; PÉREZ, F. C. **Problemas aritméticos escolares**. Madrid: Síntesis, 1995.

FREIRE, P. **Pedagogia da autonomia**: saberes necessários à prática educativa. 43. ed. São Paulo: Paz e Terra, 2011.

FREUDENTHAL, H. **Perspectivas da matemática**. Rio de Janeiro: Zahar, 1975.

GODINO, J. D.; BERNABEU, M. C. B.; CASTELLANO, M. J. C. **Azar y Probabilidad**: Fundamentos Didácticos y Propuestas Curriculares. Madrid: Síntesis, 1996.

HERNÁNDEZ, F.; VENTURA, M. **A organização do currículo por projetos de trabalho**: o conhecimento é um caleidoscópio. 5. ed. Porto Alegre: Artmed, 1998.

IFRAH, G. **História universal dos algarismos**: a inteligência dos homens contada pelos números e pelo cálculo. Rio de Janeiro: Nova Fronteira, 1997. v. 1 e 2.

KAMII, C.; JOSEPH, L. L. **Aritmética**: novas perspectivas: implicações da teoria de Piaget. Campinas: Papirus, 1992.

LUCKESI, C. C. **Avaliação de aprendizagem**: componente do ato pedagógico. São Paulo: Cortez, 2011.

LUCKESI, C. C. O que é mesmo o ato de avaliar a aprendizagem? **Pátio**, Porto Alegre: Artmed, n. 12, fev./abr. 2000.

MACHADO, N. J. **Ensaios transversais**: cidadania e educação. São Paulo: Escrituras, 1997.

MACHADO, N. J. **Epistemologia e didática**: as concepções de conhecimento e inteligência e a prática docente. São Paulo: Escrituras, 1995.

MACHADO, N. J. **Matemática e língua materna**. São Paulo: Cortez, 1990.

MACHADO, N. J. **Matemática e realidade**. São Paulo: Cortez, 1987.

MARINA, J. A. **Teoria da inteligência criadora**. Lisboa: Caminho, 1995. (Caminho da Ciência).

MARTÍNEZ, E. C. et al. **Estimación en cálculo y medida**. Madrid: Síntesis, 1988.

MORIN, E. **A cabeça bem-feita**: repensar a reforma, reformar o pensamento. Rio de Janeiro: Bertrand Brasil, 2004.

OCHI, F. H. et al. **O uso de quadriculados no ensino de geometria**. São Paulo: CAEM-USP, 1992. v. 1.

PAIS, L. C. **Didática da matemática**: uma análise da influência francesa. Belo Horizonte: Autêntica, 2008.

PARRA, C. et al. **Didática da matemática**: reflexões psicopedagógicas. Porto Alegre: Artmed, 1996.

PERRENOUD, P. **Construir as competências desde a escola**. Trad. Bruno Charles Magne. Porto Alegre: Artmed, 1999.

PERRENOUD, P. **Ensinar**: agir na urgência, decidir na incerteza: saberes e competências em uma profissão complexa. 2. ed. Porto Alegre: Artmed, 2001.

PIAGET, J. **Fazer e compreender matemática**. São Paulo: Melhoramentos, 1978.

PIRES, C. M. C. **Currículos de matemática**: da organização linear à ideia de rede. São Paulo: FTD, 2000.

PLAZA, M. del C.C.; GÓMEZ, J. M. B. **El problema de la medida**: didáctica de las magnitudes lineales. Madrid: Síntesis, 1991.

PONTE, J. P. da. **As atividades de investigação, o professor e a aula de matemática**. Lisboa: FCUL: Departamento de Educação, 1998.

POZO, J. I. et al. **A solução de problemas**: aprender a resolver, resolver para aprender. Porto Alegre: Artmed, 1998.

PUIG ESPINOSA, L.; CERDÁN PÉREZ, F. **Problemas aritméticos escolares**. Madrid: Síntesis, 1995.

RATHS, L. E. **Ensinar a pensar**: teoria e aplicação. São Paulo: EPU, 1977.

RECIO, Á. M. et al. **Una metodología activa y lúdica de enseñanza de la geometría elemental**. Madrid: Síntesis, 1989.

ROMERO, L. R.; MARTÍNEZ, E. C.; CASTRO, E. **Números y operaciones**: fundamentos para una aritmética escolar. Madrid: Síntesis, 1988.

SADOVSKY, P. **O ensino de matemática hoje**: enfoques, sentidos e desafios. São Paulo: Ática, 2007.

SAINI, C. **O valor do conhecimento tácito**: a epistemologia de Michael Polanyi na escola. São Paulo: Escrituras, 2004.

SILVA, A.; LOUREIRO, C.; VELOSO, M. G. **Calculadoras na educação matemática**. Lisboa: Associação de Professores de Matemática (APM), 1989.

VYGOTSKY, L. S. **A formação social da mente**. Lisboa: Antídoto, 1979.

WADSWORTH, J. B. **Piaget para o professor de pré-escola e 1º grau**. São Paulo: Pioneira, 1984.

ZUNINO, D. L. **A matemática na escola**: aqui e agora. Porto Alegre: Artes Médicas, 1995.

DOCUMENTOS OFICIAIS

BRASIL. Ministério da Educação. **Base Nacional Comum Curricular**: Educação é a Base. Proposta preliminar. Terceira versão revista. Brasília, DF. 2017. Disponível em: <http://basenacionalcomum.mec.gov.br/images/BNCC_publicacao.pdf>. Acesso em: 14 set. 2017.

BRASIL. Ministério da Educação. Secretaria de Educação Básica. **Pró-letramento**: Programa de Formação Continuada de Professores dos Anos/Séries Iniciais do Ensino Fundamental: Matemática. Brasília, DF, 2008.

BRASIL. Ministério da Educação. Secretaria de Educação Fundamental. **Parâmetros curriculares nacionais**: apresentação dos temas transversais. Brasília, DF, 1997.

BRASIL. Ministério da Educação. **Parâmetros curriculares nacionais**: Matemática. Brasília, DF, 1997.

MINAS GERAIS. Secretaria de Educação. **Guia curricular de matemática**: ciclo básico de alfabetização, ensino fundamental. Belo Horizonte, 1997. v. 1 e 2.

PARAÍBA. Secretaria de Educação e Cultura. Gerência Executiva da Educação Infantil e Ensino Fundamental. **Referenciais curriculares do ensino fundamental**: matemática, ciências da natureza e diversidade sociocultural. João Pessoa, 2010.

PERNAMBUCO. Secretaria de Educação e Cultura. **Parâmetros para educação básica do estado de Pernambuco**. Recife, 2012.

SÃO PAULO. Prefeitura Municipal. **Movimento de reorganização curricular**: Matemática: relatos de prática, 4/8, Documento 6/92. São Paulo, 1992.

SÃO PAULO. Prefeitura Municipal. **Movimento de reorientação curricular**: matemática: visão de área. Documento 5. São Paulo, 1992.

SÃO PAULO. Secretaria da Educação. **Currículo do estado de São Paulo**: Matemática e suas tecnologias. São Paulo, 2011.

SÃO PAULO. Secretaria da Educação do Estado. **Matemática**: construtivismo em revista. São Paulo: FDE, 1993. (Ideias, 20).

SÃO PAULO. Secretaria da Educação do Estado. **Atividades matemáticas**: 4ª série do 1º grau. 2. ed. São Paulo, 1992.

SÃO PAULO. Secretaria da Educação do Estado. **Proposta curricular de matemática para o Cefam e habilitação específica para o magistério**. São Paulo, 1990.

SÃO PAULO. Secretaria da Educação do Estado. **Proposta curricular para o ensino de matemática**: 1º grau. 4. ed. São Paulo, 1991.